黄河小北干流放淤研究与实践

姜乃迁　王自英　黄福贵　张晓丽　著

黄河水利出版社

·郑州·

内 容 提 要

黄河小北干流连伯滩放淤试验(2004~2007年)是处理黄河泥沙的一次重大实践。本书对黄河小北干流连伯滩放淤试验所涉及的放淤闸、输沙渠、弯道溢流堰、淤区布置、退水闸和工程调度运行等运用效果进行了系统和全面的论证分析;总结了各项工程设计和调度运行的经验和教训;从局部到整体,对小北干流连伯滩放淤试验进行了评估;并为以后黄河小北干流的大规模放淤提出了积极的、建设性的意见和建议。

本书可供水利行业及相关领域技术人员和高校师生学习阅读与参考。

图书在版编目(CIP)数据

黄河小北干流放淤研究与实践/姜乃迁等著.—郑州:黄河水利出版社,2021.8

ISBN 978-7-5509-3085-8

Ⅰ.①黄…　Ⅱ.①姜…　Ⅲ.①黄河-放淤-研究　Ⅳ.①TV882.1

中国版本图书馆CIP数据核字(2021)第174814号

出 版 社:黄河水利出版社　　网址:www.yrcp.com

地址:河南省郑州市顺河路黄委会综合楼14层　邮政编码:450003

发行单位:黄河水利出版社

发行部电话:0371-66026940、66020550、66028024、66022620(传真)

E-mail:hhslcbs@126.com

承印单位:河南匠之心印刷有限公司

开本:890 mm×1 240 mm　1/16

印张:10.5

字数:243千字　　印数:1—1 000

版次:2021年8月第1版　　印次:2021年8月第1次印刷

定价:68.00元

前　言

黄河水少沙多,水沙不平衡,大量泥沙的淤积使黄河下游河道成为举世闻名的“地上悬河”,因而泥沙问题是黄河难治的症结所在。根据国务院批准的《黄河近期重点治理开发规划》,为妥善处理和利用黄河泥沙,需要采取“拦、排、放、调、挖”多种措施,综合治理。近年来,“拦、排、放、调、挖”各项措施在黄河上不断得到实践,黄河小北干流放淤是继小浪底水库调水调沙后,处理黄河泥沙的又一重大治黄实践,对减少小浪底水库入库泥沙、降低潼关高程、减缓下游河道淤积、减轻“地上悬河”形势,保持流域经济社会可持续发展有着重要意义。

按照小北干流放淤全面规划、近远结合、分期实施的原则,黄河水利委员会于2004~2007年在黄河小北干流连伯滩组织开展了放淤试验,其中2004年放淤6次,2005年放淤1次,2006年放淤4次,2007年放淤1次,总共放淤12次,累计运行时间约576.5 h。全面检验了连伯滩放淤试验工程,初步实现了“淤粗排细”的目标。

为深化认识,找出规律,解决小北干流放淤“淤粗排细”的关键技术问题,指导今后的放淤工作,对小北干流放淤试验进行评估和总结是十分必要的。由于河势变化的原因,2007年以后黄河小北干流连伯滩适宜放淤的水沙条件已难以满足,虽然2010年和2012年仍有零星放淤,但规模都非常小,测验资料也很少,故没有纳入统计分析。

本书对放淤试验所涉及的放淤闸、输沙渠、弯道溢流堰、淤区布置、退水闸和工程调度等运用效果进行了系统和全面的论证分析;总结了各项工程设计和调度运行的经验和教训;从局部到整体,对小北干流放淤试验进行了评估,并提出了结论和认识,为以后黄河小北干流的大规模放淤提出了积极的、建设性的意见和建议。

梁国亭、陈伟伟、窦身堂、武彩萍、陈孝田、陈俊杰、曹惠提等参加了相关项目的研究工作。

由于作者水平有限,加上相关研究十分复杂,涉及因素众多,不足之处,敬请读者朋友批评指正。

作　者

2020年10月

目　录

第一章 总 论

第一节 放淤在黄河治理中的重要作用

黄河以“水少沙多、水沙关系不平衡”而著称于世。由于泥沙的淤积，下游河道日益抬高，成为高于地面的“悬河”，加上复杂多变的冲淤演变型式，水患威胁一直存在。根据实测资料，1950~1999 年，下游河道共淤积泥沙 93 亿 t，与 20 世纪 50 年代相比，河床普遍抬高 2~4 m。床面高出背河地面 4~6 m，局部河段高出 10 m 以上。伴随着河床高程的不断抬高，河道主槽过水面积逐渐萎缩，至 1999 年，下游河道的平滩流量不足 2 500 m^3/s，高村水文站附近河段的平滩流量不足 2 000 m^3/s。1996 年 8 月花园口水文站出现 7 860 m^3/s 的中常洪水，其洪水位比 1958 年 22 300 m^3/s 的洪水位还高 0.91 m。

由于黄河泥沙量大，处理泥沙的任务异常艰巨。总结多年来的治黄实践经验，处理和利用泥沙的基本思路是“拦、排、放、调、挖”综合治理。“拦”是利用水土保持及中游骨干工程拦减泥沙；“排”是在下游堤防、河道整治工程的约束下，将进入下游河道的泥沙尽可能多地输送入海；“放”主要是在黄河中下游两岸利用低洼地形引洪放淤处理和利用一部分泥沙，尤其是要处理一部分粗颗粒泥沙；“调”是利用水库调节改变不利水沙过程，使其适应河道输沙特性，尽量多排沙入海；“挖”就是挖河淤背，加固黄河干堤，逐步形成“相对地下河”。

小浪底水库于 1999 年 10 月投入运用，拦截了部分泥沙，下泄水流相对较清，缓解了下游河道的淤积趋势，加上近几年的调水调沙，使下游河道的平滩流量逐步恢复到 3 500~4 000 m^3/s。但根据小浪底水利枢纽设计成果，小浪底水库可拦减进入黄河下游河道的泥沙 100 亿 t，拦沙库容淤满后，大量泥沙仍将进入下游，下游河道还会全面回淤。因此，在今后相当长的时间内，黄河下游河道仍将继续淤积抬高。所以，依靠多种手段，妥善处理和利用泥沙是治理黄河的一项紧迫和长期的任务。

黄河下游河道淤积的主体是粒径大于 0.05 mm 的粗颗粒泥沙。根据 2002 年汛后黄河下游河床质取样资料分析，下游河床 4 m 以内的淤积物中，粒径大于 0.05 mm 的粗颗粒泥沙淤积量占总淤积量的 77.6%，粒径大于 0.025 mm 的中粗颗粒泥沙淤积量占总淤积量的 91.6%，粒径小于 0.025 mm 的细颗粒泥沙在黄河下游淤积很少，淤积量仅占总淤积量的 8.4%。

现已查明，入黄泥沙中约有 80%来自位于黄河中游河口镇到龙门之间面积为 7.86 万 km^2 的流域范围，年均入黄泥沙达到 11.8 亿 t。粒经大于 0.1 mm 的粗颗粒泥沙则集中来源于位于黄土高原地区的窟野河、皇甫川等 9 条黄河重点支流流域内，面积为 1.88 万 km^2。虽然粗沙集中来源区仅占多沙粗沙区总面积的 25%，而产生的总沙量、粒径大于 0.05 mm 和 0.1 mm 的粗沙量分别约占多沙粗沙区相应输沙量的 33%、50%和 66%。这些来源于中游的泥沙,尤其是粒径大于0.05 mm的粗沙,不仅严重淤积了下游河道,还大大缩短了三门峡水库的使用寿命,造成潼关河道高程的居高不下,引起渭河、汾河等黄河支流洪水的排泄不畅。因此,通过放淤来减少进入黄河下游的粗泥沙含量是减少黄河下游淤积的一项重要措施。

进入21世纪后,通过对黄河泥沙问题的认真总结和梳理,提出了黄河粗泥沙控制的"三道纺线"。第一道防线是在黄土高原的粗沙区进行重点拦截,实现"拦粗排细",逐步减少入黄泥沙;第二道防线是利用小北干流两岸的有利地形进行人工放淤,实现"淤粗排细";第三道防线是利用小浪底水库拦沙库容实现"拦粗泄细"。总的目的是要在中游把粗泥沙拦截起来,以减少下游河道的淤积。

第二节 小北干流放淤的战略地位与作用

在黄河中下游曾规划过多处放淤地区,有黄河下游背河地区的原阳至封丘、东明、台前,有温(县)孟(县)滩,以及小北干流两岸滩地。黄河下游三处放淤区面积较大,但放淤厚度较薄,放淤量有限,且居住群众较多,社会经济发展较快;温孟滩区已改为小浪底库区移民安置区,放淤难度较大;而小北干流两岸滩区面积广大,经济和社会约束相对较少,是实施大规模放淤堆沙的理想场地。根据1984年有坝放淤规划成果,小北干流滩区335 m高程以上放淤面积为477.7 km^2,放淤厚度2~23 m,放淤总容量可达82.4亿m^3,合107亿t,相当于小浪底水库的拦沙量。

黄河小北干流是指黄河中游禹门口至潼关河段,为晋、陕两省的天然界河,流向由北向南。左岸为山西省运城地区所属河津、万荣、临猗、永济、芮城五县(市),右岸为陕西省渭南市所属韩城、合阳、大荔、潼关四县(市)。河道全长132.5 km,河宽3~18 km,河床纵比降3‰~6‰,上陡下缓,平面形态呈哑铃状,两岸为高出河床50~200 m的黄土台塬。河道总面积约1 100 km^2,其中滩地面积约710 km^2,由左岸的清涧、连伯、宝鼎、永济4个滩区和右岸的昝村、芝川、太里、新民、朝邑5个滩区组成。滩区人口约5.3万,有耕地约69.21万亩(1亩=1/15 hm^2,后同),林地、园地和水产养殖面积20.97万亩,其余为盐碱地或荒地。

黄河小北干流的泥沙主要来自河口镇至龙门河段,该河段是黄河粗沙的主要来源区,泥沙粒径相对较粗。据统计,龙门水文站多年平均悬移质泥沙中数粒径为0.029 mm,与进入黄河下游的泥沙中数粒径0.024 mm相比,泥沙组成相对较粗。因此,黄河小北干流放淤条件相对有利。同时,人工放淤可以通过工程措施实现"淤粗排细",使进入小北干流以下河道的泥沙在数量减少的同时,组成变细,充分发挥放淤对潼关河段和下游河道的减淤作用。因此,小北干流人工放淤在处理黄河粗沙中具有重要的战略地位。

目前,黄河干流已建成龙羊峡、刘家峡、三门峡和小浪底等四座骨干工程,这四座水库与支流的陆浑水库、故县水库联合运用在防洪(防凌)减淤、调水调沙和水量调度等方面发挥了巨大作用,有力地支持了沿黄地区经济社会的持续发展。但是,要塑造和谐的水沙关系、发挥水库群的整体效能,还需要有完善的黄河水沙调控体系,即修建古贤、碛口等大型水库。

小浪底水库由于其优越的地理位置,是黄河水沙调控体系和下游防洪减淤体系中的关键工程,它可以控制黄河几乎全部泥沙和绝大部分径流,具有重大的防洪减淤作用。若小浪底水库在黄河水沙调控体系建设完善之前完成拦沙期,调水调沙库容减小,将不能充分发挥小浪底水库调控水沙及充分地减小下游河道淤积的作用。

黄河小北干流河段实施有控制"淤粗排细"放淤,可有效地拦减粗泥沙,减少小浪底水库入库泥沙,延长小浪底水库的使用寿命,并可以有效减轻下游河道淤积。细泥沙排回黄河,不仅有利于小浪底水库异重流的形成和异重流排沙,而且有利于下游河道粗泥沙的输送。因此,实施小北干流放淤,尽可能延长小浪底水库的拦沙年限,与整个水沙调控体系和减淤措施相配合,最大限度地发挥小浪底水库和整个防洪减淤体系的防洪减淤作用,是非常紧迫和必要的。

第三节　连伯滩放淤试验的必要性

黄河下游河道淤积的泥沙主要是粗颗粒泥沙,而小北干流的泥沙主要来自黄河多沙粗沙区,粒径相对较粗,因而在小北干流放淤有利于淤粗排细。利用小北干流的自然地理条件实施大规模放淤是黄河泥沙处理的一项重要举措,又是一项复杂的系统工程,有很多复杂的关键技术问题,必须坚持全面规划、统筹兼顾、近远结合、分期实施、先期试验、稳步推广的原则,开展放淤工作。由于利用大规模的放淤来治理河流泥沙在国际上尚无先例,尤其是按照淤粗排细的要求进行放淤,过程中很多技术难题需要解决。为了确保放淤在技术上可行、经济上合理、实施上可能,有必要先进行小规模放淤试验,研究引水引沙方式和淤区泥沙运动规律,分析合理的运用方式,为以后大规模放淤提供必要的技术支撑。

目前,小北干流放淤只能采取自流放淤的形式。按照大河水位、滩区地形、社会经济情况等指标分析,小北干流具备自流放淤条件的滩区有 7 个,分别是清涧、连伯、永济、昝村、芝川、新民和朝邑。放淤面积约 319 km^2,可放淤量约 7.5 亿 m^3,其中连伯、永济、新民与朝邑四个滩区近期放淤量均超过 1 亿 m^3,总计可达 7.19 亿 m^3,约占总放淤量的 96%。综合比较来看,连伯滩试验淤区具有社会经济影响小,引水口靠流条件好,与放淤规划总体布局易于结合,可利用汾河围堤作为临河围堤,节省工程量等优点,因此从社会经济影响程度、引水条件、与近期无坝放淤总体布局的结合等因素综合考虑,选择连伯滩作为放淤试验的滩区。连伯滩位于小北干流上游左岸黄淤 65~黄淤 67 断面之间。

连伯滩放淤试验的任务和目标如下:

(1)实现多引沙、引粗沙。以多引沙、引粗沙,特别是多引粗沙为目的,分析大河河势及引水口靠流情况、引水引沙与大河水沙关系,研究放淤闸位的选择及布置型式;研究放淤闸的控制运用方式,引水流量、含沙量及泥沙级配,分析输沙渠水沙运行规律及冲淤变化情况,从而解决放淤闸的布置及运用方式、输沙渠设计及冲淤防护等问题。

(2)实现淤粗排细。以淤粗沙、排细沙,即"淤粗排细"为目标,研究弯道溢流、围格堤、退水闸及沉沙条池的合理布置方案,分析弯道和淤区内水流泥沙运动特性,以及淤积形态、淤积部位及颗粒级配;解决淤区内沉沙控制措施、退水闸控制运用方式等问题。

(3)解决社会约束,实现处理黄河泥沙及放淤改土双赢。研究解决工程占压处理、环境影响等社会约束问题，取得地方政府及群众的大力支持，达到既可以处理黄河泥沙，又能促进当地滩区经济发展的目的，实现双赢目标。

通过放淤试验工程的实施，达到多引粗沙、淤粗排细的目标，为大规模放淤提供科学依据。

第四节　连伯滩放淤成果

一、放淤工程

试验工程包括放淤闸、输沙渠、两个弯道溢流堰、淤区工程、退水闸五部分单项工程。

放淤闸位于小石嘴工程1号坝附近，上距龙门水文站8.7 km。放淤闸纵轴线与黄河主流方向形成的引水角约为40°，4孔闸门，单孔净宽6 m。

输沙渠按照设计引水流量71 m^3/s、加大引水流量108 m^3/s设计，长2.63 km，渠底比降4‰～5‰。渠道底宽20 m，内边坡1∶2，设计水深1.88 m，加大流量设计水深2.4 m。

两座弯道溢流堰用于分选细颗粒泥沙，分别布置在距放淤闸884 m和1 489 m处。为了研究和比较不同弯道半径对泥沙的分选效果，上游弯道溢流堰弯道半径取4倍渠宽，下游弯道溢流堰弯道半径取2.5倍渠宽。弯道溢流堰后接退水渠把含细颗粒泥沙水流退入黄河。

淤区位于汾河口工程背河侧，总面积约为5.5 km^2，设计可放淤量1 258万 m^3。为了研究淤区不同布置型式的淤粗排细效果，通过一横一纵格堤将整个淤区分成3块，分别称为①号、②号、③号淤区（见图1-1），淤区长度分别为4.5 km、8.6 km、4.1 km，平均宽度均为320 m。淤区工程由9.4 km围堤、8.68 km的纵格堤和300 m的横格堤组成。

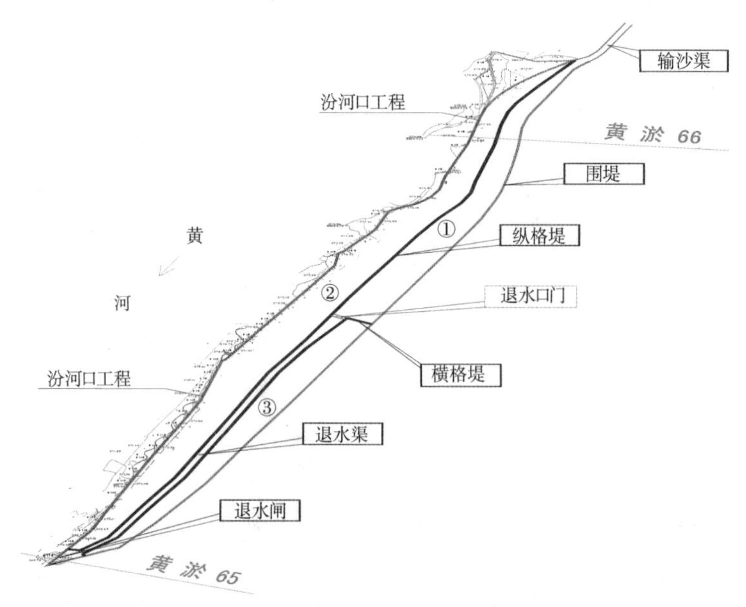

图1-1　2004年黄河小北干流放淤试验工程淤区布置图

退水闸位于淤区末端的汾河口工程上。4 孔闸门,单孔净宽 5 m。为实现拦粗排细的放淤效果,退水闸采用叠梁门,叠梁高度为 0.3 m。

为充分掌握放淤效果和泥沙运行规律,在大河、输沙渠、弯道溢流堰和淤区共布设了 51 个水文观测断面,其中水位、流量、含沙量观测断面 4 个,水位、流速、含沙量观测断面 15 个,水位和含沙量观测断面 4 个、淤积断面 36 个(其中 8 个断面与水位、流速、含沙量观测断面重合)。断面布设位置见图 1-2。

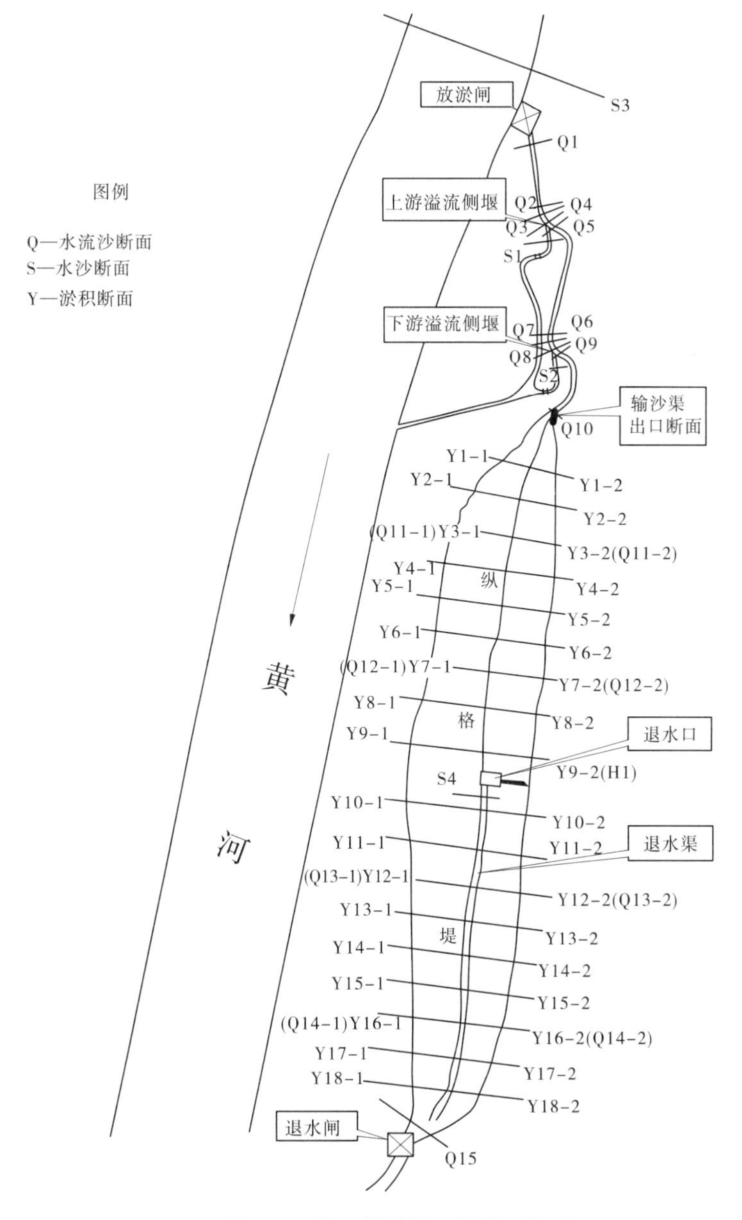

图 1-2 淤区观测断面布置示意图

断面布设和观测内容具体如下:

(1)图 1-2 最上端(大河黄淤 67 断面下游)S3 断面施测水位和单沙。

(2)放淤闸后(Q1)、下弯道进口(Q6)、输沙渠末端(Q10)、退水闸前(Q15)为 4 个水流沙断面,观测水位、流量和含沙量。

(3)在输沙渠每个弯道各布置了 4 个水流沙断面(Q2、Q3、Q4、Q5,Q6、Q7、Q8、Q9),每个弯道溢流堰下游各布设了 1 个退水水沙断面(S1、S2),分别观测水位、流速、含沙量。

(4)①号淤区横格堤退水口下游 1 个水沙断面(S4),观测单沙。

(5)在①号淤区布设 2 个水流沙断面(Q11-2、Q12-2)、②号淤区布设 4 个水流沙断面(Q11-1、Q12-1、Q13-1、Q14-1)、③号淤区布设 2 个水流沙断面(Q13-2、Q14-2)。

(6)在①、③号淤区和②号淤区布设 36 个淤积观测断面(Y1-2~Y 18-2, Y1-1~Y18-1),进行大断面观测和淤积物取样颗分。

二、放淤试验过程

(一)放淤时间及轮次

黄河小北干流放淤试验自 2004 年开始,至 2007 年连续进行了 4 年,其间总共放淤 12 次,累计放淤时间 576.5 h。2004 年放淤 6 次,共历时 298 h;2005 年放淤 1 次,历时 62 h;2006 年放淤 4 次,共历时 156.5 h;2007 年放淤 1 次,历时 60 h。具体放淤时间见表 1-1。

表 1-1 黄河小北干流放淤试验历时统计

年-轮次	开始时间(年-月-日 T 时:分)	结束时间(年-月-日 T 时:分)	历时(h)
2004-1	2004-07-26T16:00	2004-07-28T02:00	34
2004-2	2004-07-30T16:00	2004-07-31T18:00	31
2004-3	2004-08-04T08:00	2004-08-04T18:00	10
2004-4	2004-08-10T20:00	2004-08-15T09:00	109
2004-5	2004-08-21T09:00	2004-08-25T08:00	95
2004-6	2004-08-25T19:00	2004-08-26T14:00	19
2004 年合计			298
2005 年	2005-08-13T05:30	2005-08-15T19:30	62
2006-1	2006-07-31T12:00	2006-08-03T09:00	69
2006-2	2006-08-26T11:00	2006-08-28T11:00	48
2006-3	2006-08-31T05:30	2006-09-01T03:00	21.5
2006-4	2006-09-22T02:30	2006-09-22T20:30	18
2006 年合计			156.5
2007 年	2007-09-02T09:00	2007-09-04T21:00	60
总计			576.5

根据工程设计,淤区运用按照①号、③号、②号顺序进行。2004 年前三轮放淤在①号淤区进行,第 4 轮放淤期间启用了③号淤区,以后各轮放淤均为由①号淤区进入③号淤区,即①、③号淤区联合运用,②号淤区未使用。

(二)引水引沙量

据放淤闸后 Q1 断面水沙观测资料分析计算(见表 1-2),2004~2007 年小北干流放淤试验总共引进水量 11 522.38 万 m³,引进沙量 893.67 万 t,平均含沙量 77.56 kg/m³。引进泥沙中,粒径大于 0.05 mm 的粗沙为 183.25 万 t,占引进沙量的 20.5%;粒径小于 0.025 mm 的细沙为 502.71 万 t,占引进沙量的 56.26%。

表 1-2　放淤闸引水引沙量统计

年-轮次	水量(万 m³)	沙量(万 t)	平均含沙量(kg/m³)	d>0.05 mm		0.025 mm<d<0.05 mm		d<0.025 mm	
				占全沙(%)	沙量(万 t)	占全沙(%)	沙量(万 t)	占全沙(%)	沙量(万 t)
2004-1	550.39	128.73	233.88	26.65	34.3	24.5	31.53	48.85	62.89
2004-2	418.95	79.16	188.94	17.02	13.47	19.75	15.63	63.23	50.05
2004-3	233.18	11.66	50.01	20.26	2.36	26.92	3.14	52.82	6.16
2004-4	2 110.35	262.91	124.58	20.57	54.08	23.03	60.55	56.4	148.28
2004-5	2 607.56	121.26	46.50	23.17	28.09	25.92	31.43	50.91	61.74
2004-6	544.51	22.81	41.89	21.12	4.82	20.9	4.77	57.99	13.23
2004 年合计	6 464.94	626.53	96.91	21.89	137.12	23.47	147.05	54.64	342.35
2005 年	1 666.75	74.12	44.47	20.51	15.20	23.68	17.55	55.81	41.37
2006-1	1 291.70	56.54	43.77	13.56	7.67	19.95	11.28	66.49	37.60
2006-2	882.74	60.28	68.29	16.47	9.93	23.57	14.21	59.96	36.14
2006-3	329.77	33.16	100.55	16.44	5.45	23.33	7.74	60.23	19.97
2006-4	267.15	18.19	68.09	23.02	4.19	25.80	4.69	51.18	9.31
2006 年合计	2 771.36	168.17	60.68	16.19	27.24	22.55	37.92	61.26	103.02
2007 年	619.33	24.85	40.12	14.84	3.69	20.90	5.19	64.26	15.97
总计	11 522.38	893.67	77.56	20.50	183.25	23.24	207.71	56.26	502.71

按年度统计,2004 年共引进水量 6 464.94 万 m³,引进沙量 626.53 万 t,平均含沙量 96.91 kg/m³;粒径大于 0.05 mm 的泥沙 137.12 万 t,占引进沙量的 21.89%;粒径小于 0.025 mm 的细沙 342.35 万 t,占引进沙量的 54.64%。2005 年共引进水量 1 666.75 万 m³,引进沙量 74.12 万 t,平均含沙量 44.47 kg/m³;粒径大于 0.05 mm 的泥沙 15.20 万 t,占引进沙量的 20.51%;粒径小于 0.025 mm 的细沙 41.37 万 t,占引进沙量的 55.81%。2006 年共引进水量 2 771.36 万 m³,引进沙量 168.17 万 t,平均含沙量 60.68 kg/m³;粒径大于 0.05 mm 的泥沙 27.24 万 t,占引进沙量的 16.19%;粒径小于 0.025 mm 的细沙 103.02 万 t,占引进沙量的 61.26%。2007 年共引进水量 619.33 万 m³,引进沙量 24.85

万 t，平均含沙量 40.12 kg/m³；粒径大于 0.05 mm 的泥沙 3.69 万 t，占引进沙量的 14.84%；粒径小于 0.025 mm 的细沙 15.97 万 t，占引进沙量的 64.26%。各轮次引水引沙量详见表 1-2。

(三)退水退沙量

根据退水闸前 Q15 断面水沙资料的分析计算(见表 1-3)，2004～2007 年小北干流放淤试验总共退水量 8 290.2 万 m³，退沙量 279.09 万 t，平均含沙量 33.66 kg/m³。退出进泥沙中，粒径大于 0.05 mm 的泥沙为 20.21 万 t，占退出沙量的 7.24%；粒径小于 0.025 mm 的细沙为 217.3 万 t，占退出沙量的 77.86%。

表 1-3　退水闸退水退沙统计

年-轮次	水量(万 m³)	沙量(万 t)	平均含沙量(kg/m³)	d>0.05 mm		0.025 mm<d<0.05 mm		d<0.025 mm	
				占全沙(%)	沙量(万 t)	占全沙(%)	沙量(万 t)	占全沙(%)	沙量(万 t)
2004-1	334.28	27.39	81.92	3.71	1.02	11.21	3.07	85.08	23.3
2004-2	328.17	38.63	117.7	3.31	1.28	11.26	4.35	85.43	33
2004-3	198.05	1.51	7.62	3.01	0.05	8.06	0.12	88.93	1.34
2004-4	1 420.7	49.01	34.49	2.13	1.05	7.85	3.85	90.02	44.11
2004-5	1 881.2	37.21	19.78	5.52	2.06	14.59	5.43	79.89	29.72
2004-6	458.85	10.34	22.54	6.58	0.68	14.99	1.55	78.43	8.11
2004 年合计	4 621.25	164.09	35.50	3.74	6.14	11.20	18.37	85.06	139.58
2005 年	1 057.3	21.76	20.58	9.6	2.09	16.67	3.63	73.73	16.04
2006-1	1 111.3	32.54	29.28	12.06	3.92	17.44	5.68	70.5	22.94
2006-2	529.22	29.99	56.67	15.23	4.57	23.82	7.15	60.95	18.28
2006-3	260.19	16.5	63.42	12.45	2.05	20.93	3.45	66.62	10.99
2006-4	196.87	6.76	34.34	15.83	1.07	36.09	2.44	48.08	3.25
2006 年合计	2 097.58	85.79	40.90	13.53	11.61	21.82	18.72	64.65	55.46
2007 年	514.07	7.45	14.49	4.95	0.37	11.53	0.86	83.52	6.22
总计	8 290.2	279.09	33.66	7.24	20.21	14.90	41.58	77.86	217.3

按年度统计，2004 年共退出水量 4 621.25 万 m³，退出沙量 164.07 万 t，平均含沙量 35.50 kg/m³；粒径大于 0.05 mm 的泥沙 6.14 万 t，占退出沙量的 3.74%；粒径小于 0.025 mm 的细沙 139.58 万 t，占退出沙量的 85.06%。2005 年共退出水量 1 057.3 万 m³，退出沙量 21.76 万 t，平均含沙量 20.58 kg/m³；粒径大于 0.05 mm 的泥沙 2.09 万 t，占总退出沙量的 9.6%；粒径小于 0.025 mm 的细沙 16.04 万 t，占退出沙量的 73.73%。2006 年共退出水量 2 097.58 万 m³，退出沙量 85.79 万 t，平均含沙量 40.90 kg/m³；粒径大于 0.05 mm 的泥沙 11.61 万 t，占总退出沙量的 13.53%；粒径小于 0.025 mm 的细沙 55.46 万 t，占总退出沙量的

64.65%。2007年退出水量514.07万 m^3,退出沙量7.45万t,平均含沙量14.49 kg/m^3;粒径大于0.05 mm的泥沙0.37万t,占总退出沙量的4.95%;粒径小于0.025 mm的细沙6.22万t,占总退出沙量的83.52%。各轮次退水退沙量详见表1-3。

三、放淤试验总体效果

根据断面法计算及淤区取样颗分结果(见表1-4),2004~2007年小北干流放淤试验共淤积泥沙417.4万 m^3,其中粒径大于0.05 mm的粗沙淤积量为161.1万 m^3,占总淤积量的38.6%;粒径介于0.025 mm和0.05 mm之间的中沙淤积量为134.8万 m^3,占总淤积量的32.3%;粒径小于0.025 mm的细沙淤积量为121.5万 m^3,占总淤积量的29.1%。

表1-4 各级泥沙淤积量

年份	泥沙淤积	全沙	d>0.05 mm	0.025 mm<d<0.05 mm	d<0.025 mm
2004	淤积量(万 m^3)	300.5	127.4	98.2	74.9
	百分比(%)	100	42.4	32.7	24.9
2005	淤积量(万 m^3)	50.1	15.5	15.6	19.0
	百分比(%)	100	31.0	31.1	37.9
2006	淤积量(万 m^3)	47.3	14.9	15.9	16.5
	百分比(%)	100	31.5	33.6	34.9
2007	淤积量(万 m^3)	19.5	3.3	5.1	11.1
	百分比(%)	100	16.8	26.1	57.1
合计	淤积量(万 m^3)	417.4	161.1	134.8	121.5
	百分比(%)	100	38.6	32.3	29.1

按年度统计,2004年放淤共淤积泥沙300.5万 m^3,其中粒径大于0.05 mm的粗沙淤积量为127.4万 m^3,占总淤积量的42.4%;2005年放淤共淤积泥沙50.1万 m^3,其中粒径大于0.05 mm的粗沙淤积量为15.5万 m^3,占总淤积量的31.0%;2006年放淤共淤积泥沙47.3万 m^3,其中粒径大于0.05 mm的粗沙淤积量为14.9万 m^3,占总淤积量的31.5%;2007年放淤共淤积泥沙19.5万 m^3,其中粒径大于0.05 mm的粗沙淤积量为3.3万 m^3,占总淤积量的16.8%。

在2004~2007年小北干流放淤试验中,2004年的放淤在历时上约占四年总历时的52%,在淤积量上更是占四年总淤积量的72%,因此2004年是主要放淤时段。其他年份放淤时间短和淤积量少的原因主要是大河来水来沙条件以及河势的变化不利于放淤。

实地试验表明,通过对放淤闸、输沙渠、弯道溢流堰、淤区围格堤和退水闸的合理布置及运用,淤粗排细是可以实现的。

小北干流放淤试验对连伯滩放淤工程进行了全面检验,探索了“淤粗排细”的调度和运行方法,初步实现了“淤粗排细”的试验目标,为今后大规模放淤提供了经验和技术支持。

第二章　“淤粗排细”措施及理论依据

“淤粗排细”是小北干流放淤试验的目标，这一目标的实现，除了需要放淤闸及淤区能引入适合的洪水泥沙过程外，还有赖于一定的工程措施。小北干流放淤试验“淤粗排细”的工程措施主要有两个：一是在输沙渠上设置弯道溢流堰，通过弯道和溢流堰将表层挟带较细泥沙的水流排入大河，增加进入淤区水流的粗沙含量；二是通过退水闸控制进入淤区水流的停留时间，利用粗细沙落淤时间的不同，使得粗颗粒泥沙尽可能落淤，细颗粒泥沙尽可能排出。

第一节　弯道溢流

一、弯道水沙特性

(一)弯道水流特性

1. 水面横比降

水流由直段进入弯段后，惯性离心力的作用使弯道的径向自由水面从凸岸向凹岸逐渐升高，形成具有一定倾斜角度的横比降。由试验可知，进入弯段后水面即有从凸岸向凹岸倾斜的横比降 J_r 出现(通过凹岸水位升高、凸岸水位降低来实现)，最大横比降发生在弯顶以下，继而逐渐减小(通过凸岸水位回升及凹岸水位下落来实现)，但直至弯段出口处仍有一定数值，出弯段后迅速消失。图 2-1 为弯道水流示意图。

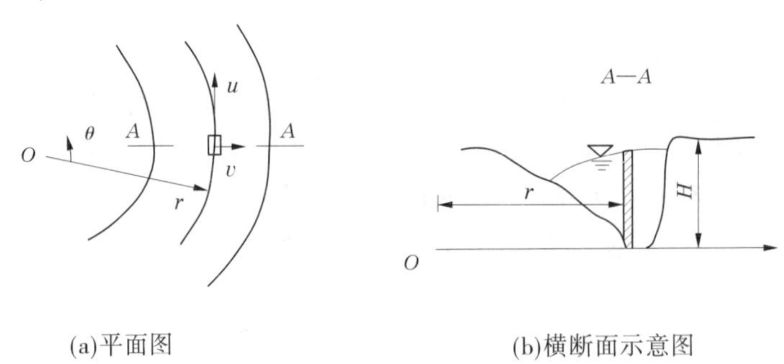

图 2-1　弯道水流示意图

水面横比降可用下式近似计算：

$$J_r = a_0 \frac{u^2}{gr} \tag{2-1}$$

式中：u 为纵向流速；a_0 为流速分布系数，可依流速分布公式求得。

两岸的水面高差 Δz，通常称为超高。对于弯曲半径为河宽 2~4 倍以上的河湾，纵向流速沿河宽的分布变化对超高的影响并不明显。水面超高可用下式估算：

$$\Delta z = a_0 \frac{\overline{U}^2}{g r_0}(r_2 - r_1) \tag{2-2}$$

式中：$\overline{U}$ 为断面平均流速；r_0、r_1、r_2 分别为弯道中心线半径、内岸半径、外岸半径。

2. 纵向流速分布

弯道流速分布受过水断面形状及其纵向变化、边壁粗糙程度、因弯道离心力而中弘偏离等因素的影响，呈现复杂的三维流动。弯道中的纵向流速受到横向环流的反作用，流速分布较顺直河道有所不同。

实测数据表明，从平面来看，最大流速在进入弯道之前就离开了它的正常位置而偏向弯道的凸岸，在弯顶处回归至渠道中心，此后逐渐摆向凹岸，至出弯后仍然靠近凹岸，经相当长的距离逐渐恢复至正常位置。

从流速垂线分布来看，在弯道的凸岸区、弯道进口区及弯道出口区基本服从顺直河道的垂线典型分布（如对数分布、指数分布等），但在凹岸区流速沿垂线具有“凸肚”的特性，即最大流速位于水面以下，如图 2-2 所示。

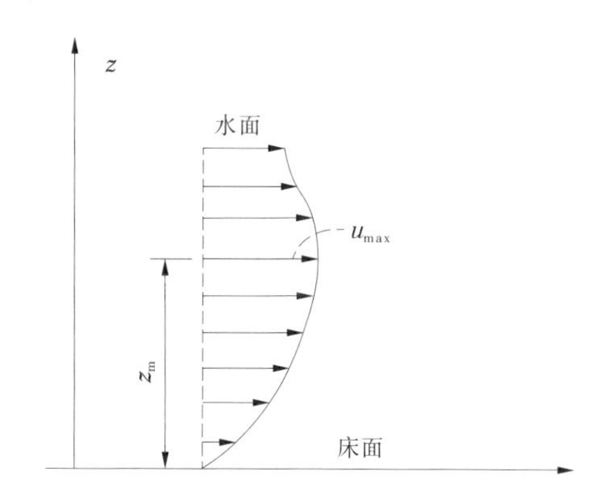

图 2-2 凹岸区纵向流速分布图

弯道凹岸处的流速可采用 Thorne 和 Rains 通过实测资料给出的表达式：

$$\frac{u}{U} = 11 z_m^{0.75}\left[z_m^2 - \left(\frac{z}{H} - z_m\right)^2\right]\left(\frac{r}{r_0}\right)^{-m} \tag{2-3}$$

$$m = 1\ 500\left(\frac{r_0}{B}\right)^{-0.1}\left(\frac{\overline{H}}{B}\right)^{0.3}(Re)^{-0.3}$$

式中：z_m 为流速最大处的相对水深；r_0 为弯道中心线半径；B 为水流宽度；$\overline{H}$ 为断面平均水深；Re 为水流雷诺数；U 为纵向垂线平均流速。

3. 横向流速分布

弯道中，表层水流的流速较大，底层流速较小，因表层水流的向心加速度大于底层水流的向心加速度，水流存在着径向的压力梯度。因此，表层水流趋于向外运动，而底层水流则趋于向内运动，靠近河岸处将形成平衡性垂向流速分量，该流速分量的方向在凸岸为向上，在凹岸为向下，从而形成对弯道河床断面产生很大影响的螺旋流，螺旋流在横断面上的投影即为横向环流分量。横向流速的垂线分布在表层指向凹岸、底部指向凸岸，见图 2-3。

国内外借助于紊流半经验理论和纵向流速垂线分布的假定,引入相应边界条件、连续条件及假定,提出了许多关于稳定、充分发展的弯道环流流速分布的理论计算公式。可采用 Vriend(1977)提出的纵、横两方向的流速公式:

$$u = U\left[1 + \frac{\sqrt{g}}{\kappa C} + \frac{\sqrt{g}}{\kappa C}\ln\eta\right] = Uf_{\mathrm{m}}(\eta) \qquad (2\text{-}4a)$$

$$v = Vf_{\mathrm{m}}(\eta) + \frac{U}{\kappa^2 r}\left[2F_1(\eta) + \frac{\sqrt{g}}{\kappa C}F_2(\eta) - 2\left(1 - \frac{\sqrt{g}}{\kappa C}\right)f_{\mathrm{m}}(\eta)\right] \qquad (2\text{-}4b)$$

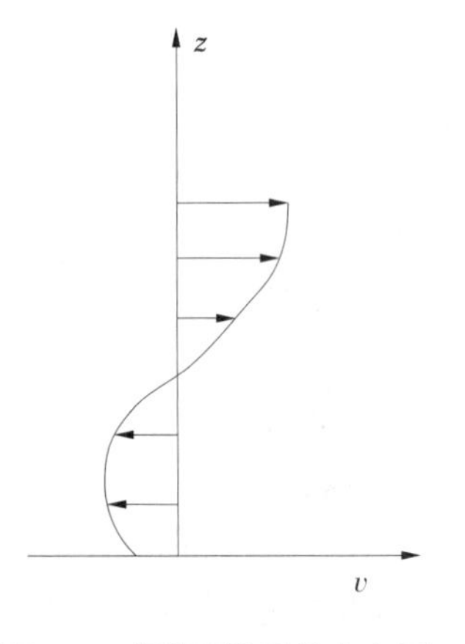

图 2-3　弯道环流垂线分布图

$$f_{\mathrm{m}}(\eta) = 1 + \frac{\sqrt{g}}{\kappa C} + \frac{\sqrt{g}}{\kappa C}\ln\eta$$

式中:g 为重力加速度;κ 为卡门常数;C 为谢才系数;η 为距河底相对距离;V 为横向垂线平均流速。

(二)弯道泥沙悬移质基本特性

弯道中的悬沙横向输移主要与环流强度和含沙量垂线分布有关,通常表层水流指向凹岸、底部流速指向凸岸,含沙量上小下大,故总的横向悬沙输移是不平衡的,净输沙量总是朝向环流下部所指的方向。弯道中悬移质运动与螺旋流的关系也是非常密切的,螺旋流将表层含沙较小而粒度较细的水体带到凹岸,并折向河底攫取泥沙,而将下层含沙较多而粒度较粗的水体带向凸岸边滩,形成横向输沙不平衡,见图 2-4。

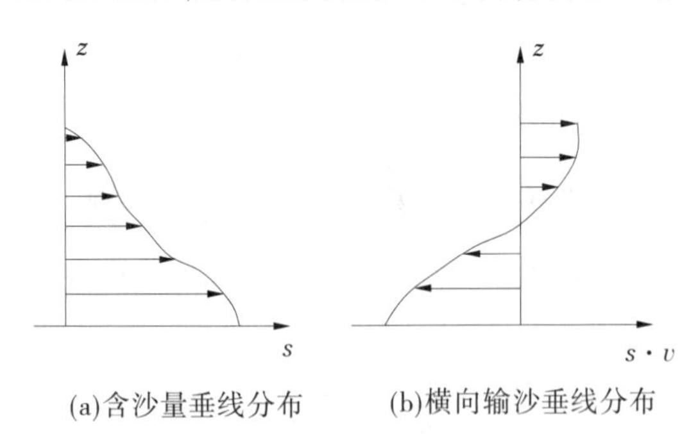

图 2-4　弯道横向输沙示意图

弯道中的含沙量垂线分布需要考虑横向环流的影响,但工程上可近似采用奥布莱恩-劳斯含沙量垂线分布公式:

$$\frac{S}{S_a} = \left[\frac{\frac{H}{z} - 1}{\frac{H}{a} - 1}\right]^{\frac{\omega}{kU_*}} \qquad (2\text{-}5)$$

横向输沙的不平衡,将使含沙较多的水体和较粗的泥沙集中靠近凸岸,该处含沙量沿水深分布更不均匀;而凹岸附近含沙较小且泥沙较细,含沙分布也较为均匀。

二、弯道溢流堰分水分沙

利用弯道水流泥沙特性,因势利导在河道及河岸合理布设溢流堰可起到调节水位、分水分沙的作用。在弯道溢流堰分流的同时,输沙渠表层水流中颗粒较细的泥沙亦随水流排出,对于不同粒径泥沙,由于含沙量垂线分布不同,分沙效果亦不相同。一般来说,泥沙颗粒越粗,含沙量垂线分布越不均匀,溢流堰分沙量越小;泥沙颗粒越细,含沙量垂线分布趋于均匀,溢流堰分沙量越大。从而通过溢流堰分沙可达到泥沙分选、留粗排细的目的。

由此可见,影响弯道溢流堰分沙效果的主要因素为溢流堰过流能力和溢流含沙量。对于确定的来水来沙条件,弯道的几何特征决定了弯道内(包括弯顶溢流堰处)的流速特性与含沙量分布规律,而溢流堰的形式与尺寸则决定此水力条件下的溢流能力,两者共同决定了溢流堰的分沙效果。

(一)弯道溢流堰分流量

如图 2-5 所示,对于无侧向收缩的矩形薄壁堰的自由溢流问题,有流量 Q 公式:

$$Q = \left(1 + \frac{v_0^2}{2gH}\right) mbH^{3/2} \qquad (2\text{-}6)$$

式中: m 为流量系数; b 为溢流堰宽度。

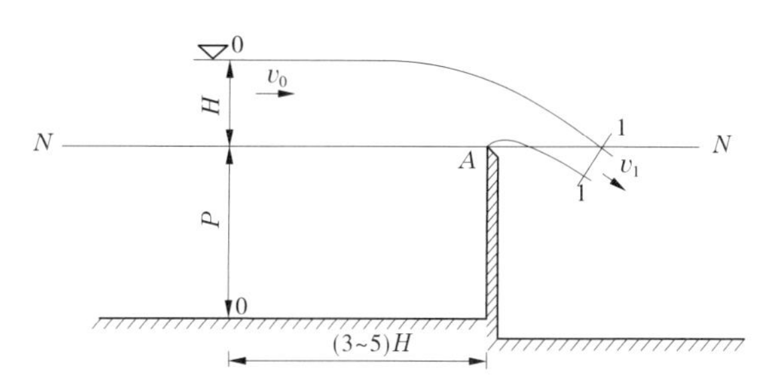

图 2-5 溢流堰溢流示意图

黄河小北干流输沙渠溢流堰属于侧堰布设,是布置在渠道侧边的一种溢流堰形式,当流体表面超过堰顶时,它可使流体侧流。侧堰的溢出流态与近流垂直堰的溢出流态有所不同,侧堰溢流是空间变流的一种典型状态,而且侧堰溢流量还受干渠流速分布的影响。对于布设于弯道凹岸的侧向溢流堰,由于表层水流受横向环流的作用本身具有指向外岸的流速 v'_0,因此流速 v_0 应包含环流流速 v'_0 的影响, v'_0 的大小可按横向环流流速公式(2-4b)求得。

(二)弯道溢流堰分沙量

设弯道(输沙渠)内为非均匀沙,共计 K 组。第 k 组沙的分沙量 G_k 为

$$G_k = \int_{H_1}^{H_2} bv_0 f(S_k, h)\, dh \qquad k = 1,2,3,\cdots,K \qquad (2\text{-}7)$$

式中: b 为溢流堰宽度; $f(S_k, h)$ 为第 k 组泥沙含沙量垂线分布函数,可按含沙量垂线分布公式(2-5)求得。

则溢流堰分沙效果(分沙后的级配)为

$$p_k = \frac{(S_0 \cdot p_{k0} - G_k)}{S_1} \qquad k = 1,2,3,\cdots,K \tag{2-8}$$

式中：S_0 为分沙前含沙量；p_{k0} 为分沙前的级配；S_1 为分沙后含沙量；p_k 为分沙后的级配。

因此,合理设计弯道(输沙渠)的几何特征、选定较为理想的来水来沙条件、优化溢流堰的形式及尺寸,均可提高溢流堰的分沙效果。

第二节　淤区及退水控制

一、淤粗排细关键因素

挟沙水流自输沙渠进入放淤区后,突然扩散,流速骤减,泥沙有发生淤积的趋势。由于粗沙需要较大的悬浮功和紊动能,流速减小后,粗沙落淤迅速;而细颗粒泥沙则可随水流继续前进一定距离,特别是作为冲泻质的细沙,至退水闸处亦不会发生沉降。退水闸的控制对放淤区内的水流条件起着一定的调节作用,可通过闸门的开启与闭合调节淤区内的水深与流速。因此,放淤区的平面形态布置和尺寸设计以及退水闸的控制共同决定了淤区内泥沙淤积分布形态,以及落淤泥沙的粒径大小,即水流分选落淤问题。

由此可见,优化淤区布置形式、合理确定淤区尺寸,调节退水闸的控制水位,对进入淤区的非均匀泥沙可起到淤粗排细、分选落淤的作用,对合理利用淤区容积、最大限度地发挥淤区效用至关重要。

二、放淤区泥沙沉降分析

淤区要求较粗悬沙尽量落淤,细颗粒可适当放出,故需要计算含沙量沿程的变化,判断某一粒径泥沙是否落淤,理论上可用准静水沉降法,叙述如下：

设放淤区的平均水深为 h ,平均流速为 u ,泥沙的沉速为 ω (不同粒径颗粒沉速不同,粗沙沉速较大、细沙沉速较小)。假定泥沙在沉沙池中按静水沉速下沉,则由水面降至河底的历时应为 t 。与此同时,泥沙还沿水流方向前进一段距离 L ,这个 L 即为泥沙沉底处至起始断面的距离,如图 2-6 所示。然而,水流并非静水,泥沙在下沉过程中还会受到向上紊速 ω' 的作用,实际沉速将小于静水沉速 ω 。考虑这一因素的影响,引进一个大于 1 的系数 K

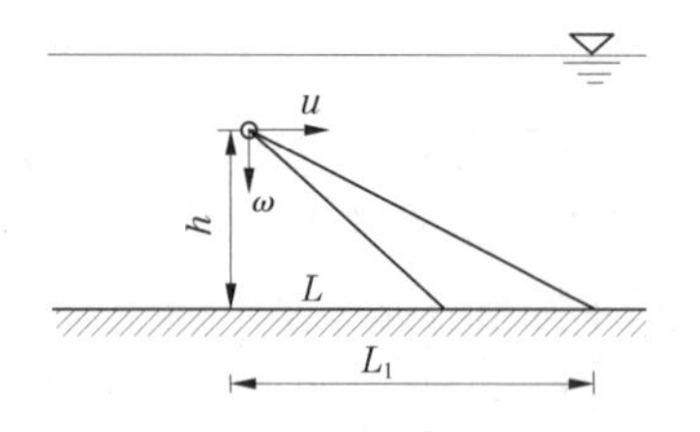

图 2-6　泥沙沉降示意图

$$L_1 = KL = K\frac{hu}{\omega} \tag{2-9}$$

式中：K 主要与水流紊动和泥沙沉速有关,山东省水利科学研究所分析打渔张等灌区条渠沉沙池试验资料,沉沙条渠使用前期, $K = 7\,500\omega^{0.85}$,使用后期 $K = 1\,100\omega^{0.85}$(沉速单位为 m/s)；引入水流紊动作用，格罗稀考夫建议 $K = \dfrac{1}{1 - \dfrac{(0.1 \sim 0.2)u}{\omega}}$。

由分析可见，粗颗粒泥沙沉速较大，所需沉降距离较短；细颗粒泥沙所需沉降距离较长。所以，达到淤粗排细的目的是可能的。

三、不平衡输沙理论

放淤区悬移质泥沙运动的基本规律是不平衡输沙问题。悬移质泥沙包括三个方面的问题：含沙量沿程变化、淤积过程中悬移质的沉降分选(淤粗排细)，以及放淤区的床沙级配变化。

水流具有挟带泥沙的能力。在一定的水流和泥沙综合条件(这些条件包括水流流速 u、过水面积 A、水力半径 R、比降 J、泥沙沉速 ω、水流密度 ρ、泥沙密度 ρ_s 等)下，水流能够挟带的悬移质泥沙的多少，称为水流挟沙力。通常，河道输沙处于不平衡状态，即含沙量和挟沙力并不相等，特别当水流条件(流速、过水面积、水力半径)变化剧烈时，二者差别很大，放淤区的泥沙淤积属于超饱和输沙情形。

假定水流中挟带 K 组粒径分别为 $d_k(k = 1,2,\cdots,K)$ 的非均匀沙，暂不考虑各粒径组泥沙的相互作用，对每个粒径组 k，不平衡输沙可用方程表示为

$$\frac{\partial(HS_k)}{\partial x} = -\alpha_k\omega(S_k - S_{*k}) \tag{2-10}$$

式中：S_{*k} 为挟沙力，$S_{*k} = k\left(\dfrac{u^3}{gh\omega_k}\right)^m$，$k$、$m$ 为参数；α_k 为恢复饱和系数，反映含沙量向挟沙力靠近的快慢程度，可由实测资料反求。

在短河段内，对挟沙力 S_{*k} 做线性简化后，可求得经过距离 L 的衰减(恢复)后含沙量 S_k 的解析解：

$$S_k = S_{*k} + (S_{0k} - S_{0*k})\mathrm{e}^{-\frac{\alpha_k\omega L}{q}} + (S_{0*k} - S_{*k})\frac{q}{\alpha_k\omega L}(1 - \mathrm{e}^{-\frac{\alpha_k\omega L}{q}}) \tag{2-11}$$

水体泥沙与河床泥沙的不平衡交换使得河床发生冲淤变化，分组沙河床变形可用方程表示为

$$\gamma'\frac{\partial(Z_{bk})}{\partial t} = \alpha\omega_k(S_k - S_{*k}) \tag{2-12}$$

式中：γ' 为泥沙湿容重；Z_b 为河床高程。

求非均匀沙总的河床的冲淤变形，可先求出每组冲淤量，再求和计算变形总量，然后根据各组沙冲淤量的大小对床面泥沙级配进行调整，可表示为

$$(1 - p_0)\frac{\partial E_m p_{bk}}{\partial t} = \alpha\omega(S_k - S_{*k}) + (1 - p_0)p_{bk}\left(\frac{\partial Z_b}{\partial t} - \frac{\partial E_m}{\partial t}\right) = 0 \tag{2-13}$$

式中：p_{bk} 为床面的第 k 组泥沙比例；p_0 为床沙孔隙率；E_m 为混合层厚度。

第三章　小北干流放淤前期研究

鉴于小北干流放淤在黄河泥沙治理中的重要性和战略地位，且利用大规模放淤来治理河流泥沙在国际上尚无先例，尤其又提出了“淤粗排细”放淤目标，工程设计及放淤过程有很多关键问题需要解决。因此，对小北干流连伯滩放淤试验开展了多项前期研究，包括黄河小北干流放淤试验工程放淤闸引沙效果试验、干流实体模型试验、淤区实体模型试验和数学模型研究等，为小北干流放淤工程设计和调度运用提供了科学的试验依据。

第一节　放淤闸闸位选取及引沙效果试验研究

一、研究目的及任务

黄河小北干流放淤目标是“淤粗排细”，即拦截对下游河道淤积危害最大的粗泥沙，因此放淤闸的设计不同于一般的引水闸，必须实现“多引沙，引粗沙”的目的。为此，专门对放淤闸位置、引水角度（引水渠轴线与河道主流的交角）、大河单宽流量、引水单宽流量比、悬沙粒径和含沙量对引沙效果的影响进行了试验研究，以使引入淤区的水流具有较高的含沙量和较粗的泥沙粒径，增加放淤的效果，为连伯滩放淤试验工程设计提供科学依据。

二、研究方法和条件

采用实体模型试验进行研究。模型水平比尺1:120，垂直比尺1:20。在研究河段内，共设置9个放淤闸闸位，进口直线段设3个，弯道段设6个，弯道夹角15°、30°、45°及60°处凹岸各设1个；弯道夹角15°及60°处凸岸各设1个。模型布置如图3-1所示。为了对比悬沙粒径对引沙效果的影响，模型选取了粗沙（中数粒径为0.037 mm）、细沙（中数粒径为0.023 mm）和粗细混合沙（中数粒径为0.031 mm）三种级配，进行了多种组合试验。

三、主要研究成果和建议

（1）从引沙效果来看，直线河段和弯道河段凸岸的闸位引沙效果好于弯道河段凹岸，在直线河段和弯道凸岸闸位引进水流含沙量以及泥沙粒径与大河相比均大于1，且凸岸闸位比值又大于直线段闸位。弯道凹岸闸位引进水流含沙量以及泥沙粒径与大河相比小于1，且引沙效果随闸位所处弯道夹角的增大而逐渐减小。

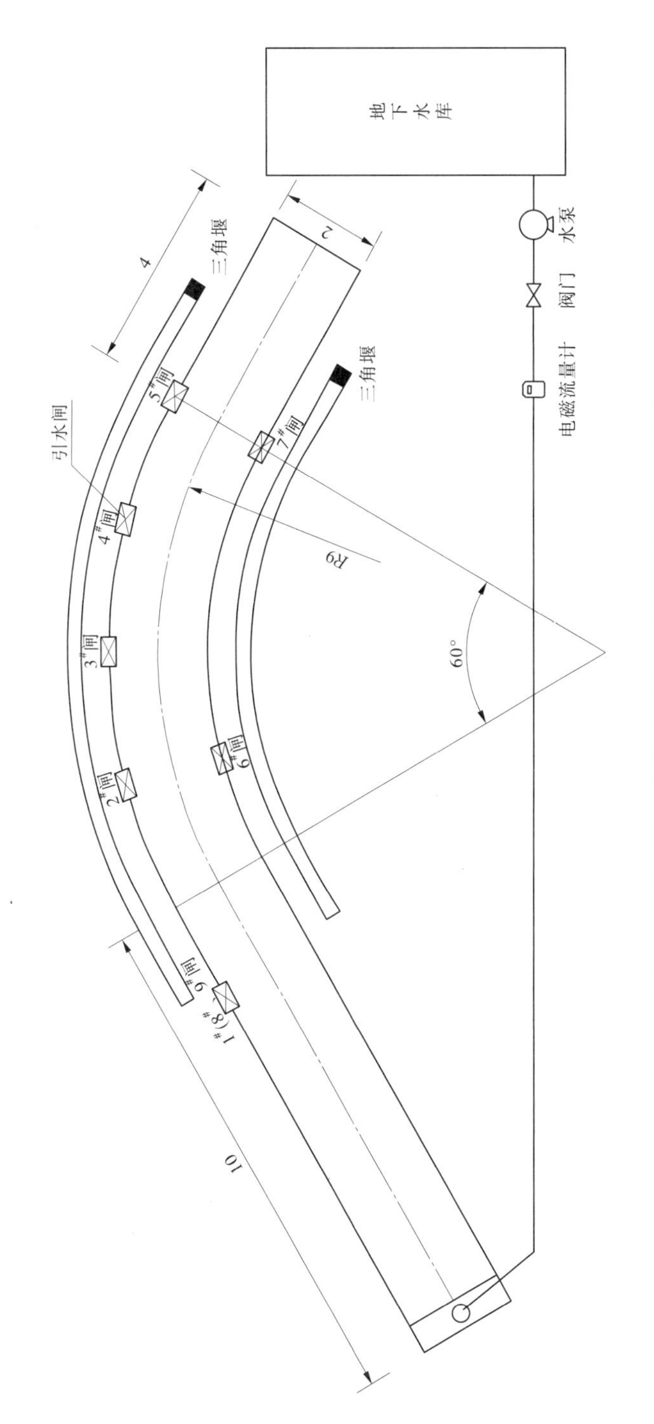

图 3-1　小北干流放淤试验工程放淤闸引沙效果模型布置图　（单位:m）

(2)如不考虑引水保证率,放淤闸布设在弯道末端凸岸引沙效果最好,进闸含沙量与大河含沙量比值远大于1,进闸悬沙粒径也最粗。但由于凸岸变化迅速,引水条件很差,引水保证率不高。放淤闸布设在直河段,进闸含沙量与大河含沙量比值大于1,进闸悬沙粒径也大于大河。放淤闸布设在弯道河段的凹岸上段,引水保证率相对较大,且由于闸位距上游直河段较近,仍具有直段水流泥沙运动特征,引沙效果与直河段比较接近。放淤闸布设在弯道河段的凹岸下段,进闸含沙量与大河含沙量之比小于1,引沙效果明显较差。建议放淤闸闸位选择在弯道上段的凹岸小石嘴工程处。

(3)引水角度对放淤闸引沙效果影响很小,引水角度30°~90°时,进闸含沙量与大河含沙量的比值变化为5%左右。连伯滩放淤闸引水角度约45°,不会影响放淤闸引沙效果。

(4)放淤闸上游大河来沙条件(悬沙粒径、含沙量)对引沙效果的影响程度远大于来水条件的影响,悬沙粒径较粗的高含沙浑水,对引沙效果的影响非常明显。悬沙粒径较细时,无论含沙量多少,对引沙效果的影响都非常小。

第二节　干流河势稳定性试验

一、研究目的及任务

研究在龙门站设计水沙条件下放淤闸处主流摆动和水沙变化情况,预测设计水沙条件下小北干流试验河段河势变化,提出闸门开启时机和持续时间,并根据含沙量垂线分布为闸门运用控制开启度提供参考。

二、研究方法和条件

采用实体模型试验模拟黄河干流放淤试验河段情况。模型平面比尺为1:350,垂直比尺为1:80。模型试验范围上自龙门水文站,下至退水闸后,模拟河道长度22 km、宽6.5 km,模型河道长60 m、宽20 m。初始地形采用2003年汛后大断面资料,水沙条件采用引水典型年1998年、引水不利年2001年、引水有利年1992年汛期水沙过程。试验河段河道状况见图3-2。

三、主要研究成果和建议

(1)三个设计水沙系列年放淤闸处主流摆幅均较小,靠流情况较好,表明设计放淤闸位置选择合适。

(2)模型进口含沙量测验值与原型含沙量比较接近;最大平均含沙量均分布在河槽的主流线附近,且当龙门含沙量增大时,其横向含沙量也整体向上抬升;水流含沙量沿垂线分布有一定梯度,水流上部含沙量较小,底部相对较大,且越靠近主流线附近,垂线平均含沙量越大,含沙量沿垂线分布越来越均匀;引入输沙渠悬沙的中径与放淤闸前大河接近,且龙门水文站含沙量越高,所引沙中粗沙含沙量就越高,同时龙门水文站流量越大,所引泥沙中粗沙含沙量也越大。

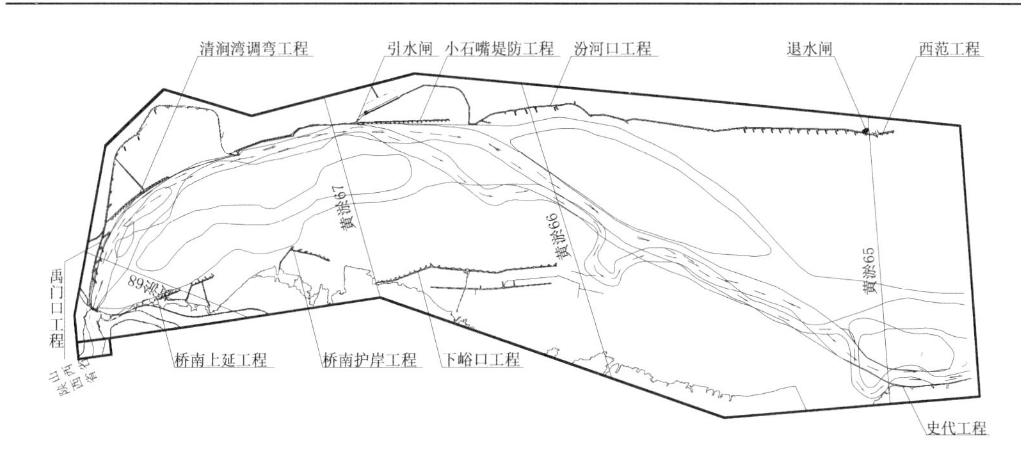

图 3-2　试验河段河道状况

(3)放淤闸引水流量受河势变化、主流摆动影响,同时受放淤闸前水位影响较大,汛期随着河道淤积抬升,放淤闸附近水位高于设计水位,引水流量将大于设计值。

(4)根据各组试验含沙量沿程变化、横向分布、垂向分布以及引沙比、悬移质级配成果分析,三个设计水沙系列年放淤闸引沙比总体接近于1。

(5)三个设计水沙系列年设计引水时间为1998年16 d、2001年7 d、1992年28 d,可以得到保证。并建议当龙门流量大于400 m^3/s,同时含沙量大于40 kg/m^3,尤其是悬沙中径大于0.025 mm时,就可以考虑开闸引水。因此,放淤闸开启持续时间可以有所增加。

(6)小北干流放淤试验目的是淤粗排细,为更好地满足试验要求,应考虑争取多引粗沙。放淤闸前水流含沙量沿垂线分布有一定梯度,水流上部含沙量较小,底部相对较大,放淤闸应根据闸前水深适当关闭上部闸门,进行闸门开启度控制。据此建议,连伯滩原型放淤工程增加了局部开启调度方案。

第三节　淤区放淤实体模型试验

一、研究目的及任务

研究设计水沙条件下输沙渠的冲淤特性及弯道溢流堰的分沙效果;研究设计淤区布置型式和边界条件下,淤区内不同断面流速、含沙量、悬沙颗粒组成的纵横向分布,主流摆动及顶冲位置,以及淤积物纵横向分布、淤积厚度等;研究淤区格堤布置型式对淤区淤积形态、淤积数量、泥沙淤积粒径的影响作用,寻找有利于多淤粗沙的布置型式;研究淤区退水闸与横格堤口门的运用方式,包括闸门控制时机和控制高度等。

二、研究方法和条件

采用实体模型试验进行研究。模型水平比尺1∶120,垂直比尺1∶20。分别进行了原设计方案试验和经改进的实施方案试验。

原设计方案:输沙渠长2.5 km,渠底纵比降为3‰,输沙渠底宽取34 m。淤区上段设一纵格堤,格堤长 5. 1 km,格堤将淤区上段分成左右两条条渠。先淤右条渠,待右条渠淤满后,再淤左条渠。放淤试验工程原设计方案总体布置如图 3-3 所示。

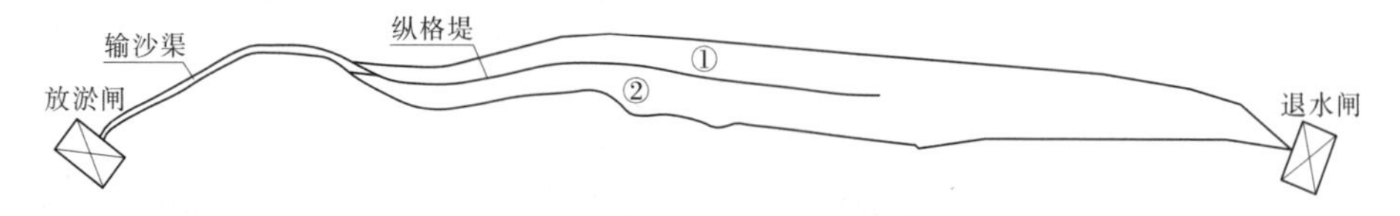

图 3-3　原设计方案平面布置图

改进后实施方案:在输沙渠中增设两个不同曲率半径弯道,利用弯道环流特性分选出表层细沙,退回原河道。按原设计方案模型试验结果提出的建议,输沙渠渠底宽度由 34 m 减小到 20 m,渠道坡度由 3‱增大至 4‱(第一个弯道以上)和 5‱(第一个弯道以下)。取消了退水闸的驼峰堰,闸底板高程降为 368. 30 m。淤区内设置一纵一横格堤,淤区纵格堤由 5. 1 km 加长至 8. 6 km,左条渠 4. 4 km 处加设横格堤,将淤区分成 3 个区。放淤试验工程实施方案总体布置如图 3-4 所示。

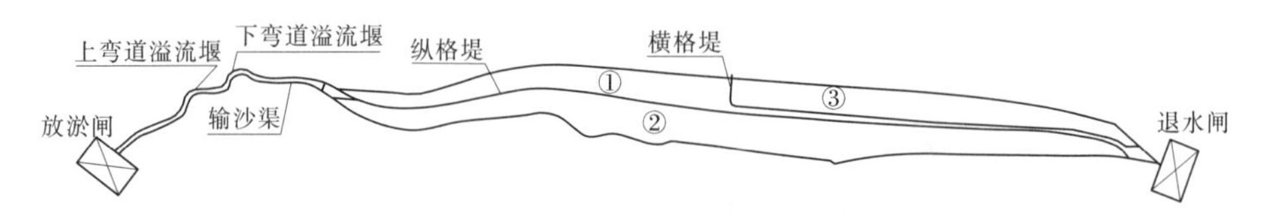

图 3-4　实施方案平面布置图

原设计方案和改进后实施方案试验的水沙条件均按设计 1998 年典型年水沙过程进行施放。

三、主要研究成果和建议

(一)原设计方案

(1)输沙渠比降偏小,造成输沙渠淤积,水位抬高。连伯滩放淤试验工程河段大河多年平均比降约 5. 2‱,放淤闸在典型年引水引沙条件下,输沙渠冲淤平衡比降变化在 5‱~6‱。建议输沙渠比降适当增加,不小于大河多年平均比降。此成果被接受,在实施方案设计中,已将输沙渠比降加大至 4‱~5‱。

(2)输沙渠与淤区衔接断面处存在有 1. 12 m 的跌坎,水流由输沙渠跌入淤区,易造成输沙渠末端的冲刷。此成果被接受,将跌坎改为了缓坡。

(3)为使淤区水位与大河水位平顺衔接,在平底闸室内设一驼峰堰。但试验结果表明,驼峰堰增大了退水闸上下游水位差,造成闸前水位抬高,淤区上段出现明显壅水。放淤初始,大量细沙落淤,无法实现“淤粗排细”放淤目标。建议驼峰堰取消,在实施方案设计中,驼峰堰改为平底闸。

(4)纵格堤长 5. 1 m,格堤末端下游围堤宽度较大,流速减小,造成细沙大量淤积。建议纵向格堤延长至退水闸,有利于淤区下段“淤粗排细”目标实现。工程实施方案设计中据此将纵向格堤延长至退水闸,并又增加了一条横格堤。

(5)淤区末端水位是通过退水闸叠梁门控制,叠梁门每层高度 0. 3 m,原调度运用四孔同时加高,每增加一层叠梁门闸前水位相应升高 0.3 m,在一定时间内,退水闸上游出现一定壅水,在设计流量 67 m^3/s 情况下,淤区末端流速将由 1.2 m/s 突然减小为 0.3 m/s,影响到"淤粗排细"放淤效果,建议退水闸叠梁门调度采用四孔依次轮换加高的调度运用方式,得到了采纳。

(二)实施方案

(1)表层溢流堰有一定的"撇清撇细"分沙效果,进入淤区含沙量和中数粒径略大于放淤闸引入含沙量和悬沙粒径。

(2)输沙渠比降加大后,在典型年设计引水引沙和溢流堰分流条件下,输沙渠基本处于微冲微淤的平衡状态。

(3)在设计水沙条件下,淤区淤积总量约为 1 129 万 m^3。其中,①、②、③三个区的淤积量分别占总量的 16%、49%、35%。淤区最终淤积形态均为条带状分布,淤积厚度沿程增加,上段平均淤积厚度 2~2.5 m,下段平均淤积厚度 2.5~3.5 m,滩地淤积比降上段为 5.3‱,下段为 3.2‱,平均为 4.4‱。

(4)经过历时 37 d 的放淤,全沙淤积比达到 66%,粒径大于 0.05 mm 的粗沙约占淤积总量的 25%,淤积比达 83%,即进入淤区的粗沙有 4/5 以上的淤积在淤区内。粒径小于 0.025 mm 的较细泥沙约占淤积总量的 41%,淤积比为 54%。

(5)在纵格堤左侧条渠增加横格堤之后,左条渠的淤积物颗粒组成较右条渠淤积物组成要粗,有利于淤粗排细,但横格堤处简易口门调度难度比较大。

(6)弯道溢流堰分流时流速达 1.5~2.0 m/s,设计采用摆放混凝土板块调节分流量操作方法实施非常困难,建议采取简单固定措施。

(7)为了减少条渠轮换放淤时扒口和堵口次数,放淤次序建议改为①、③、②区放淤次序,得到采纳。

第四节　淤区放淤数学模型计算

一、研究目的及任务

黄河小北干流放淤试验成功与否的判别标准是"淤粗排细",要实现"淤粗排细",需要重点研究黄河小北干流放淤试验工程中的淤区平面布置方案和淤区运用方式。由于受多种因素的影响和制约,通过原型和模型试验研究各种淤区平面布置方案和淤区运用方式不仅难度大,而且也不经济。数学模型可以既容易又经济地进行多种方案的分析计算,通过对各种方案进行分析比较,推荐一种或几种比较优选的方案,再通过物理模型对优选方案进行试验研究,最终提出优选方案,为现场放淤试验工程提供科学依据,确保放淤试验达到"淤粗排细"的目的。

二、研究方法和条件

采用黄河中游一维恒定流泥沙数学模型进行淤区平面布置和运用方式方案计算。该模型以水流、泥沙运动力学和河床演变基本规律为基础建立,曾应用于三门峡水库运用方式调整等研究工作。为开展小北干流放淤淤区平面布置和运用方式研究，利用收集的人民胜利渠沉沙池第四条渠试验资料对模型进行了参数率定和验证计算。

三、主要研究成果和建议

(一)淤区平面布置

模型计算以连伯滩放淤试验工程设计方案为基础，又增加了三个淤区平面布置方案进行泥沙冲淤计算比较。方案1为淤区内不设纵格堤；方案2为淤区内设一条纵格堤；方案3为淤区内设两条纵格堤。模型计算结果表明：方案1运行时间最短，平均为1.75年；方案3运行时间最长，平均运行2.63年；方案2与设计方案运行时间接近，平均为2.12年。方案1淤积量最小，方案3淤积量最大，方案2与设计方案淤积量比较接近，介于方案1与方案3之间。方案1各个河段淤积物粗颗粒泥沙所占比重最小，方案2次之，方案3与设计方案各个河段淤积物中粗、细沙所占比例比较接近，且粗沙所占比例较方案1和方案2大，即方案3和设计方案拦粗排细效果较方案1和方案2大。

若从运行时间和拦粗排细效果两个方面进行考虑，可以认为方案3较其他方案好。从运行管理费用和拦粗排细效果综合考虑，目前采用设计方案也是较优方案，拦粗排细效果也是比较明显的。

(二)淤区数学模型参数改进与率定

淤区初始河床地形属于平底且宽度较大，没有明显河槽，随着淤区的不断淤积，淤区河道断面逐渐形成一个稳定的河相关系。为了模拟淤区河道断面形态在淤积过程中的变化趋势，利用黄河小北干流连伯滩试验工程原型的观测资料，对淤区断面形态随水沙变化进行分析研究，得出了淤区稳定河相关系为 $\frac{\sqrt{B}}{h}=28.5Q^{0.45}$。

淤区床沙级配变化直接影响到挟沙能力和含沙量沿程变化。由于淤区一般均处在明显淤积状态，因此床沙级配即为淤积物级配，与悬移质级配有直接关系。根据床沙质与悬移质级配随河道冲淤的关系式，利用淤区断面观测的悬移质和床沙质实测资料，对淤区数学模型的床沙级配和悬移质相互之间的关系及调整计算方法进行了改进，并对不同参数进行了率定和验证。

通过对模型参数改进和模型率定，数学模型能够较好地模拟淤区断面形态随着淤区淤积不断调整的过程，较好地模拟淤区淤积物级配的变化，以及淤区含沙量、悬移质级配沿程变化过程和淤区淤积分布规律。为进一步研究淤区平面布置型式、淤区运用方式，以及大规模开展放淤提供技术支撑。

第五节　弯道溢流分沙效果试验

一、研究目的及任务

在黄河引洪放淤工程上，采用弯道溢流堰分水分沙来达到淤粗排细的目的尚无先例。在小北干流放淤试验工程淤区实体模型上虽然进行了弯道溢流堰水沙特性研究，但由于模型的变率($e=6$)较大,使得弯道水流水沙因素纵横向分布变形,难以真实地反映泥沙运行规律。因此,有必要研究弯道内各断面水位、流速、含沙量以及粒径组成等水沙要素在弯道内的纵横向分布、变化过程,确定弯道溢流堰最佳位置;通过对三个不同弯道半径(R/B=6、4、2.5)及溢流堰各断面水位、含沙量、泥沙颗粒级配的观测,分析不同弯道曲率半径对弯道溢流堰分沙效果影响。

二、研究方法和条件

采用实体正态模型进行研究,几何比尺 1:20。以连伯滩放淤工程输沙渠为原型,渠底宽 20 m,比降 4‰,弯道中心角 60°,渠道设计流量 71 m^3/s,模型布置如图 3-5 所示。模型选取了三种弯道半径,分别为 6 倍、4 倍和 2.5 倍的渠宽。弯道上下段接一段直线渠段。模型施放流量分别为 50.71 m^3/s 和 90 m^3/s,含沙量分别为 100 kg/m^3、200 kg/m^3、300 kg/m^3,悬沙中数粒径分别为 0.038 mm、0.030 mm 和 0.024 mm,溢流堰分流比分别按照 5%、8%、13%进行控制。

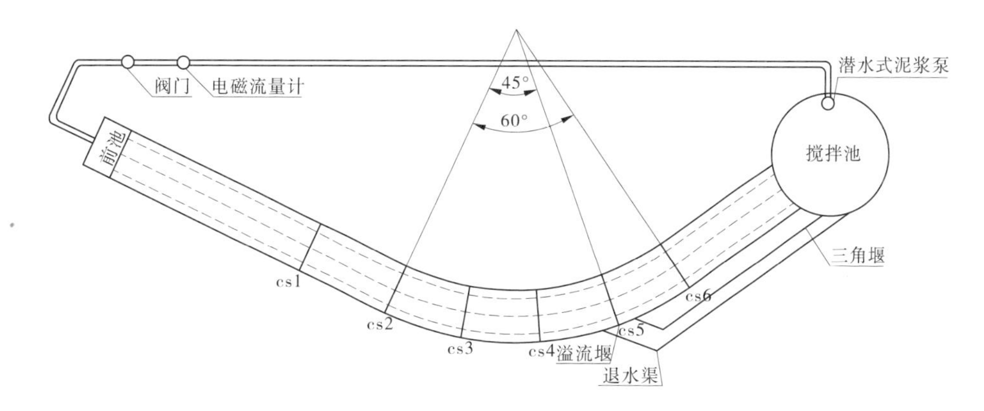

图 3-5　模型布置及测量断面位置

三、主要研究成果和建议

(1)清水试验观测表明,水流进入弯道后,水流表面形成横向比降,最大横比降位于弯顶断面。弯道曲率半径越小,水面最大横向比降越大,流速偏离系数也越大。凹凸岸流速调整的位置,随着弯道半径的减小而向下游推移,即弯道半径越小,离心力越大,水流流速调整的位置越靠向弯道下游。

(2)悬沙试验观测表明,弯道含沙水流水面横比降、流速场分布不仅与流量、弯道半径有关,而且随着水体所含泥沙的浓度、泥沙颗粒粗细的不同而不同。浑水时弯道断面流速偏离程度较清水时大,流速调整的位置较清水时上提。

(3)弯道前直渠段,泥沙场(含沙量和悬沙粒径场)分布对称均匀,悬沙浑水进入弯道后,在弯道流场变化调整的同时,泥沙场也相应发生变化和调整,凹岸含沙量和悬沙粒径逐渐减小,凸岸含沙量和悬沙粒径逐渐增大,在弯道末端断面处,凸岸含沙量与凹岸含沙量比值达到最大值,相应凸岸悬沙中数粒径与凹岸悬沙中数粒径比值也达到最大。不同弯道半径、流量、含沙量和悬沙中数粒径对上述两比值大小起着不同的作用:悬沙粒径越细,两比值越小,越接近 1;含沙量越大,两比值越小,也越趋近于 1;流量越小,两比值越大,越偏离于 1;不同弯道半径对两比值影响规律比较复杂,$R/B=2.5$ 时,两比值略小于 $R/B=6$ 和 $R/B=4$ 比值。

(4)溢流堰分流分沙时,随着流量的减小,“撇清撇细”效果增加;随着悬沙粒径的增大,“撇清撇细”分沙效果也增加;随着含沙量的增加,“撇清撇细”分沙效果减小;随着分流比的增加,“撇清撇细”分沙效果减小。$R/B=2.5$ 的弯道溢流堰“撇清撇细”分沙效果略小于 $R/B=4$ 和 $R/B=6$ 两种弯道溢流堰。因此,弯道溢流堰半径不宜小于 $R/B=2.5$;另外,考虑到输沙渠线路走向及使输沙渠线路最短,弯道半径也不宜大于 $6B$。

第四章　放淤试验工程及运用效果[1]

围绕“淤粗排细”的放淤目标，根据前期研究的一系列成果及有关理论和规范，经过反复修改完善，设计部门提出了黄河小北干流放淤试验工程最终优化设计方案。试验工程包括放淤闸、输沙渠、两个弯道溢流堰、淤区工程和退水闸五个部分。这些试验工程的运用效果需要在放淤实践中进行检验。

第一节　放淤闸

一、放淤闸设计

放淤闸是实现试验工程“淤粗排细”目标的第一道工程措施，其设计思想是“多引沙、多引粗沙”。围绕“淤粗排细”的试验目标，放淤引水口布置的原则是：靠流稳定，靠流条件较好；有利于多引沙、多引粗沙；有利于引水闸工程的布设和施工。

（一）闸位选择

为实现放淤闸“多引粗沙”的目标，工程设计中采用了理论分析、实体模型试验及实测资料分析等多种研究手段，来确定放淤闸闸位。

放淤闸引沙效果实体模型试验结果表明，在凹岸、凸岸及直河段均靠流的条件下，弯道凹岸上游较下游引沙效果好，弯道凹岸自上而下引沙效果随弯道夹角的增大而减小，直河段较凹岸上游好，弯道凸岸下游较直河段好。但考虑引水口应选在靠流条件较好的一岸，游荡性河段凹岸一般靠流较好，直河段（过渡段）靠流条件较差，凸岸靠流条件更差。因此，将放淤引水口设在弯道凹岸弯顶上游位置较好。

根据原型观测资料分析结果，从含沙量及悬沙中数粒径沿横断面的变化情况看，自弯道上游至下游，无论是弯道段还是直河段，最大垂线平均含沙量及最大垂线平均中数粒径均分布在主流线和深泓线附近。对于弯道河段来说，主流及深泓线均稳定靠近凹岸，在弯顶处主流线及深泓线紧临凹岸，主河槽横断面形态为不对称三角形；直河段主流及深泓线不稳定，一般比较居中。从多引沙特别是多引粗沙的角度考虑，放淤闸应设置在凹岸弯顶附近。

连伯滩试验工程左岸小石嘴1#坝位于试验工程淤区上游2.5 km，在整个连伯滩淤区的上游，上距龙门水文站8.7 km，大河挟带的粗泥沙到此尚未充分淤积，靠流较稳定，预测靠流概率为85%，位于主流区。在中小水时，为弯道凹岸弯顶附近；在大洪水时，为弯道凹岸弯顶上游。

通过理论分析、放淤闸引沙效果实体模型试验研究和原型观测资料分析，考虑连伯滩

[1] 本章中有关工程设计部分参考了黄河勘测规划设计有限公司的设计报告。

淤区地形地貌、靠流条件等实际情况,从引沙放淤、多引沙,特别是多引粗沙的目的及试验工程与近期放淤相结合出发,将连伯滩放淤闸布置在小石嘴工程 1#坝处。

(二)闸底板高程确定

研究表明,放淤闸采用较低的底板高程有利于引粗沙,但过低则会增加水闸的工程量,且会出现淤堵问题。而采用过高的底板高程,引粗沙效果相对较差,尤其会在黄河冲刷严重、水位降低较多时难以引出足够的水量,达不到工程预期的设计引水引沙规模。放淤闸底板高程的确定还应结合引水水位、引水量和放淤高程的要求,满足闸上游引渠和下游输沙渠的连接要求;闸门型式、闸孔尺寸的选择;考虑黄河河道冲淤变化大、会发生"揭河底"冲刷下切情况的特点。

经综合分析,小北干流连伯滩放淤试验工程放淤闸底板高程确定为 375.48 m,该高程接近该河段的河底高程。

(三)放淤闸型式

放淤闸采用开敞式平底闸闸型。在保证安全的前提下,尽可能使放淤闸紧靠河岸,力求缩短闸前引渠的长度,以减少水头损失和减轻泥沙淤积。但黄河小北干流河道冲淤变化剧烈,水位变幅大,施工期间河势紧靠左岸,施工难度大,为满足施工要求,放淤闸后移 10 m 建设。

为了减小引水口处回流,使水流平顺地进入引水口,引水口的左右边坡做成圆弧线,使引水口口门呈不对称的喇叭口形。

放淤闸包括闸室和上、下游的连接段及防冲防护段。为了使放淤闸引水引沙效果好,设计闸室纵轴线与黄河主流呈 40°夹角。闸室上游连接段采用圆曲面与小石嘴护岸工程连接。放淤闸下游消力池末端采用扭曲面并通过海漫和防冲槽与输沙渠连接。闸孔数量主要根据工程引水指标和运行情况确定。根据水力计算,连伯滩放淤闸闸孔数为 4 孔,每孔净宽 6 m,闸室长度为 20 m。

(四)设计引水放淤条件

设计引水放淤条件主要体现在多引沙特别是多引粗沙方面,因此放淤主要依据龙门水文站来水流量、含沙量与粗沙含量。根据含沙量与泥沙中数粒径的关系,含沙量越高,粒径就越粗,这是由于高含沙水流主要来自于多沙粗沙区。因此,放淤只考虑在汛期进行。一般情况下,当黄河龙门水文站出现含沙量大于 50 kg/m^3、流量大于 500 m^3/s、泥沙中数粒径大于 0.023 mm、粒径大于 0.05 mm 的粗沙百分比超过 16%的洪水过程时,可以进行引洪放淤。

(五)设计引沙比

引沙比是指通过放淤闸引入的水流含沙量与同期的闸前大河含沙量之比。合理确定引沙比是设计淤区引沙量及过程的重要前提。根据典型引水口的实测资料分析,结合连伯滩放淤工程引水闸靠流条件,放淤闸按多引沙、多引粗沙进行,设计引沙比为 1。

二、放淤闸运用及效果

(一)放淤闸运用

黄河小北干流放淤试验 2004 年从 7 月 26 日 16 时开始,至 8 月 26 日 14 时结束,共进行了6个轮次放淤，总历时298 h；2005年从8月13日5时30分开始，至8月15日19时30分结束，进行了1个轮次放淤，历时62 h；2006年从7月31日12时开始，至9月22日20时30分结束，共进行了4个轮次放淤，总历时156.5 h；2007年从9月2日9时开始，至9月4日21时结束，进行了1个轮次放淤，历时60 h。各年及轮次具体放淤时间和历时见表1-1。

各轮次放淤闸引水引沙量统计见表1-2。2004年共引进水量6 464.94万 m^3，引进沙量626.53万t，其中粒径大于0.05 mm的泥沙137.12万t，占引进沙量的21.89%。2005年共引进水量1 666.25万 m^3，引进沙量74.12万t，其中粒径大于0.05 mm的泥沙15.20万t，占引进沙量的20.51%。2006年共引进水量2 771.30万 m^3，引进沙量168.17万t，其中粒径大于0.05 mm的泥沙27.24万t，占引进沙量的16.19%。2007年共引进水量619.33万 m^3，引进沙量24.85万t，其中粒径大于0.05 mm的泥沙3.69万t，占引进沙量的14.84%。

四年放淤试验中，以2004年放淤时间最长，引水量和引沙量也最大，2007年放淤时间最短，引水量和引沙量最小。以单个轮次分析，2004年第4轮时间最长，2004年第5轮次之；从引水量上来讲，2004年第5轮最多，2004年第4轮次之；从引沙量、引粗沙量上比较，均以2004年第4轮最多，2004年第1轮次之；以单位时间引沙量比较，以2004年的第1轮最大，2004年第2轮次之，2007年最小。

从引水平均含沙量上看，大于200 kg/m^3 有2004年第1轮，介于150~200 kg/m^3 的有2004年第2轮，介于100~150 kg/m^3 有2004年第4轮和2006年第3轮，小于50 kg/m^3 的有4次，即2004年的第5和第6轮、2005年、2006年的第1轮和2007年。

从引入泥沙粒径组成上看，以2004年引进 $d>0.05$ mm含量最高，以后逐年降低，2007年最小；引进 $d<0.025$ mm含量与之相反，以2004年最小，2007年最大。从单个轮次讲，引进 $d>0.05$ mm含量以2004年第1轮最大，2004年第5轮、2006年第4轮次之，2006年第1轮最小；单位时间引粗沙量看，以2004年的第1轮最大，2004年第4、第2轮次之。

2004年引水最大流量为97.5 m^3/s，最大含沙量524 kg/m^3，最小含沙量24.3 kg/m^3；$d>0.05$ mm含量最大为39.9%。2005年引水最大流量为96.8 m^3/s，最大含沙量85.9 kg/m^3，最小含沙量21.5 kg/m^3；$d>0.05$ mm含量最大为29.2%。2006年引水最大流量为72.5 m^3/s，最大含沙量137 kg/m^3，最小含沙量16.1 kg/m^3；$d>0.05$ mm含量最大为29.6%。2007年引水最大流量为46.9 m^3/s，最大含沙量85.6 kg/m^3，最小含沙量19.5 kg/m^3；$d>0.05$ mm粒径含量最大为19.9%。

2004年放淤试验引水共18 d，日平均流量大于50 m^3/s 的天数为11 d，集中在后3轮；日平均含沙量大于50 kg/m^3 的天数为14 d，主要发生在前4轮。2005年实际引水3 d，日平均流量均大于50 m^3/s，仅有1 d日平均含沙量大于50 kg/m^3。2006年实际引水9 d，日平均流量大于50 m^3/s 的天数为4 d，日平均含沙量大于50 kg/m^3 的天数为5 d。2007年实际引水3 d，日平均流量均小于50 m^3/s，日平均含沙量均小于50 kg/m^3。

(二)引水引沙效果

1. 引水引沙与大河水沙关系

S3断面为放淤试验大河上重要的来水来沙条件控制断面,位于放淤闸上游100 m左右处,其来水来沙情况反映了黄河干流的水沙变化,Q1断面为放淤试验工程的控制断面,分析二者之间的关系,可揭示引水引沙与大河水沙之间的相互关系。

1)含沙量

点绘2004~2007年黄河小北干流连伯滩放淤试验期间Q1、S3两断面同期观测的含沙量、粗颗粒含沙量、悬沙中数粒径(见图4-1~图4-3),可见两断面观测值具有很好的关系,点子均匀地分布在对角线两侧。含沙量点子分布比较集中,说明两断面的含沙量非常接近;粗颗粒含量和中数粒径点子较为分散,但两断面相关趋势仍非常明显。放淤试验初期,在闸后输沙渠无淤积的情况下,引水含沙量略大于大河含沙量,引进输沙渠的粗颗粒泥沙含量也略大于大河泥沙的粗颗粒泥沙含量;当闸后淤积较严重时,引水含沙量和引沙粗颗粒泥沙含量小于大河含沙量。

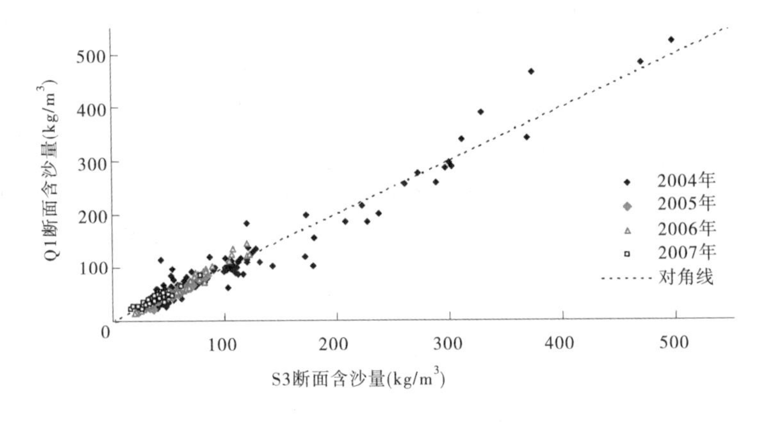

图4-1　2004~2007年放淤闸前后含沙量关系

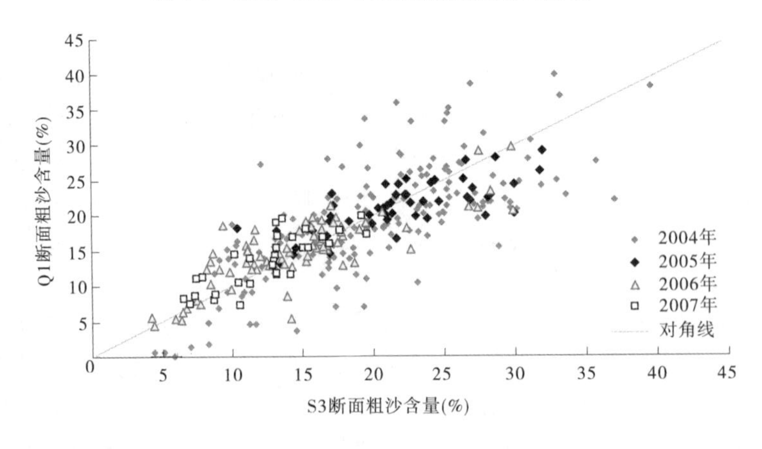

图4-2　2004~2007年放淤闸前后悬沙粗沙含量关系

2)引沙比

引沙比是指通过放淤闸引进水流含沙量与同期闸前大河含沙量的比值。各轮放淤

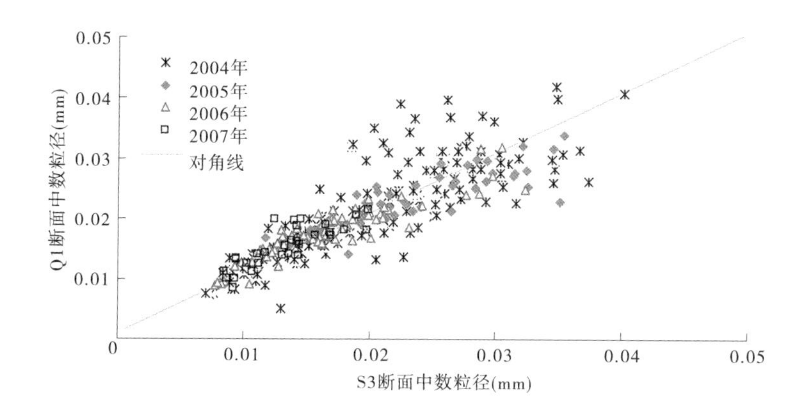

图 4-3　2004～2007 年放淤闸前后中数粒径关系

Q1、S3 两个断面同期全沙含沙量、d>0.05 mm 含沙量的比值及变化范围见表 4-1。

表 4-1　各轮放淤 Q1、S3 断面含沙量、粗沙含量比值

年-轮次	全沙含沙量		d>0.05 mm 含沙量	
	范围	平均比值	范围	平均比值
2004-1	0.89～1.15	0.98	0.79～1.51	1.07
2004-2	0.70～1.09	0.92	0.11～1.46	0.62
2004-3	0.92～1.07	0.97	0.57～1.12	0.86
2004-4	0.58～1.52	0.98	0.40～2.26	1.06
2004-5	0.56～1.82	1.03	0.37～1.73	0.95
2004-6	0.89～1.19	1.03	0.91～1.51	1.16
2005 年	0.65～1.17	0.96	0.42～1.75	0.99
2006-1	0.84～1.07	0.95	0.37～1.98	1.13
2006-2	0.87～1.21	1.10	0.71～1.36	1.00
2006-3	0.96～1.27	1.13	0.67～1.36	1.03
2006-4	0.24～1.35	0.84	0.77～1.21	0.99
2007 年	0.68～1.46	1.09	0.87～1.43	1.09

可以看出，Q1、S3 断面的全沙含沙量平均比值较 d>0.05 mm 的粗沙含沙量比值稳定，Q1、S3 断面的全沙含沙量平均比值均接近 1；d>0.05 mm 比值变化较大。2004 年第 2 轮、第 3 轮分沙比值比较小，其原因一是受大河河势变化的影响，放淤前大河主流靠左岸，7 月 27 日高含沙洪水后，在黄淤 67 断面上游约 800 m 处，长约 1 700 m、宽约 1 100 m 的夹心滩将大河水流分为两股，主流靠向右岸，左股水流小，主槽下切，主流外移近 30 m，造成放淤闸前引水困难；二是由于引水流量较小，水流挟沙能力较低，部分较粗粒径泥沙在 S3、Q1 断面之间产生淤积。2006 年第 3 轮、第 4 轮也是由于大河主流外移，放淤闸引水困难（最后几个小时引水流量不足 5 m^3/s），放淤试验被迫停止。

2004 年第 5 轮、第 6 轮引沙比较大,主要原因是由于在这两次放淤期间,大河来水流量大、含沙量低,且大河主流已从右岸转至左岸,左股流量占龙门总流量的 60%,引水顺畅,对放淤闸前后先前的淤积泥沙产生冲刷,使得 Q1 断面的含沙量增加,特别是粗沙含量有所增大。

2007 年试验开始前,放淤闸前河势不顺,主要为汊流或边流,含沙量较低,不利于淤区多引水、引粗沙。采取人工开挖疏导水流的方式对闸前心滩进行疏浚后,河势和引水条件得到极大改善,放淤闸引水得到一定程度保证。

分析可知,放淤闸前大河主流带位置、引水口靠流情况、引水流量大小以及闸前的淤积程度等情况都会对引水含沙量和粒径组成产生影响。当大河主流带位置左移,引水口靠流、引水角度好,闸前淤积程度小,引水流量大、引水顺畅时,"多引沙、引粗沙"的目的就容易实现。

2. 工程出险对引水引沙效果的影响

2004 年 7 月 26 日 16 时至 7 月 26 日 21 时,放淤闸开度由 0.3 m 逐渐加大到 0.6 m,引水流量逐渐加大到 50.9 m^3/s,之后左围堤 1+700~1+900 出现了堤坡坍塌的重大险情。为确保试验正常进行,26 日 23 时 10 分放淤闸开度减小至 0.1 m,引水流量减小至 10 m^3/s 左右。7 月 28 日 0 时 30 分,①号淤区退水口左侧裹头临河堤脚坍塌,1 时 20 分堤肩坍塌,左侧约 20 m 长的钢桁架严重变形,为确保试验正常进行,于 28 日 1 时 20 分关闭了放淤闸,第 1 轮放淤结束。亦即 2004 年第 1 轮放淤期间的小流量引水以及第 1 轮放淤的停止,均是由于工程出险而致。尤其是 7 月 28 日停水之刻正是该次放淤引水流量达到最大(81.5 m^3/s)、含沙量接近 300 kg/m^3 之时。若不是工程出现意外,第 1 轮的放淤可以延续到第 2 轮放淤的结束。因此,本次的间断引水对引水引沙效果产生了较大的影响。

图 4-4 是 2004 年放淤期间龙门水文站来水来沙和 Q1 断面的引水引沙过程线。可以看出,在 7 月 26~30 日期间,无论来水流量,还是来水含沙量都符合开闸引水条件。

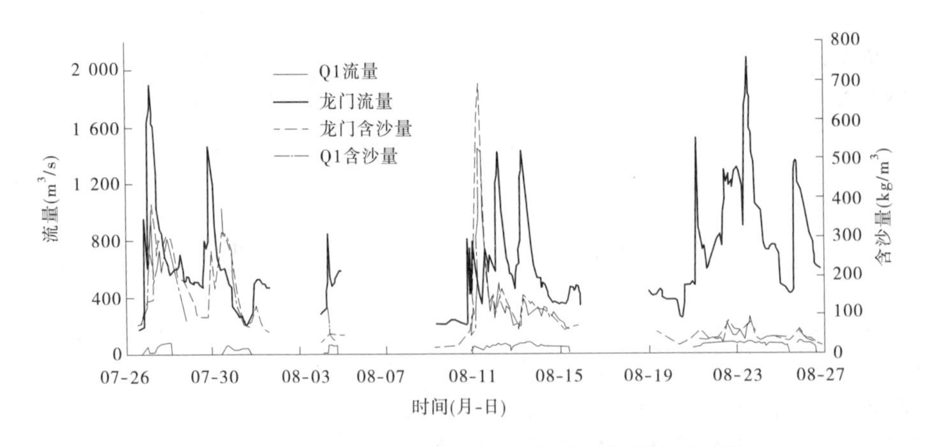

图 4-4　2004 年龙门水文站和 Q1 断面引水引沙过程线

从黄河来水来沙与河势变化分析中可知,龙门水文站与 S3 断面有很好的水位和含沙量关系,根据建立的停水期间前后时段龙门站与 S3、S3 与 Q1 断面之间的水位和含沙量关系,以及 Q1 断面的水位流量关系,求出停水期间 Q1 断面可能引进的流量和含沙量及其粒径组成，分别计算出相应时段的引水量和引沙量(包括分组粒径量)。

7 月 26 日 23 时至 27 日 8 时时段内，可能的引水流量平均为 50.62 m^3/s，实际引水流量平均为 17.44 m^3/s，减少了 131 万 m^3 水量；该时段的引水含沙量及其粒径组成按实测值计算，减少的引沙量为 29.2 万 t。

第 1 轮停水时间从 7 月 28 日 2 时开始，到 7 月 30 日 12 时第 2 轮正常引水，该时段可能的引水流量平均为 74.0 m^3/s，引水量为 1 573 万 m^3，可能的引水含沙量为 179 kg/m^3，引沙量为 282 万 t。

分析可知，两个时段长 67 h，占 2004 年度放淤历时的 21.8%，少引水量 1 704 万 m^3，占 2004 年度引水总量的 26.4%；少引沙量 311 万 t，占引沙总量的 49.7%；$d>0.05$ mm 的粗沙量少引了 63 万 t，占引进粗沙总量的 46.0%。表 4-2 是两个时段内减少的引水引沙量及其相应分组沙量，以及这两个时段内的引水引沙量分别占 2004 年度引水引沙总量的比例。

表 4-2 2004 年工程出险时段少引水沙情况分析

时段 (月-日 T 时)	平均流量 (m^3/s)	水量 (万 m^3)	沙量 (万 t)	平均含沙量 (kg/m^3)	$d>0.05$ mm		$0.025\ mm<d<0.05$ mm		$d<0.025$ mm	
					占全沙(%)	沙量(万 t)	占全沙(%)	沙量(万 t)	占全沙(%)	沙量(万 t)
07-26T23~07-27T08	33.18	131.38	29.22	222.41	25.91	7.57	27.38	8	47.71	13.65
07-28T02~07-30T12	74.05	1 572.9	282.1	179.35	19.68	55.53	23.29	65.69	57.03	160.89
合计		1 704.28	311.32	182.67	20.27	63.1	23.67	73.69	56.06	174.54
占总量百分比(%)		26.4	49.7			46		50.1		51

2004 年放淤试验期间，如果能够正常及连续开闸引水，引进的水量可以达到 8 169 万 m^3，引进的泥沙总量可以达到 938 万 t，引进 $d>0.05$ mm 的泥沙量可达到 200 万 t。因此，放淤前一定要做好各项准备工作，当有利的黄河来水来沙条件来临之时，抓住机会以免贻误战机，有效地提高放淤试验效果，实现“多引沙、多引粗沙”的目标。

(三)效果评估

2004~2007 年黄河小北干流连伯滩试验工程放淤闸的运行实践表明，放淤闸的引水引沙过程与大河的水沙条件有着十分密切的关系，引沙比和引粗沙比均为 1 左右，达到了引沙比为 1 的设计目的，说明放淤闸引粗沙效果明显，基本实现了“多引沙、多引粗沙”的目标。根据放淤设计时的大河河势、主流位置、水沙条件等实际情况，放淤闸的设计能够满足放淤试验要求。放淤闸位置选择、引水角度、闸底板高程确定基本合理。

黄河小北干流河段为典型的游荡性河段，主流摆动频繁且幅度大，同时放淤闸下游高速公路桥的修建，更加剧了主流的摆动，导致了 2006 年以后放淤闸的脱流。小北干流河势的变化、闸前主流外移受到诸多因素的影响，但这并不影响对在连伯滩放淤而将放淤闸建在目前位置上的肯定。

由于放淤闸紧靠黄河，加之黄河水位、含沙量变幅大，因此在放淤闸停止引水期间，闸前 20 m 长的范围内易形成严重淤积。说明设计中应配备闸前清淤设备。另外，运行中要尽量避免大流量高含沙量水流时关闭放淤闸。大流量高含沙量时,黄河水位较高,这时关闭放淤闸,闸前淤积面较高,当开闸时黄河流量小于关闸时黄河流量时,闸前水位可能低于闸前淤积面,往往需要借助清淤才能使放淤闸正常运行。若放淤闸运行时能够做到关闸水位低于开闸水位,闸前淤积问题较易解决。

第二节　弯道溢流堰

一、工程设计

弯道溢流堰是实现淤区淤粗排细效果的第二道工程措施,包括输沙渠弯道、溢流堰及溢流堰退水渠。利用弯道溢流堰分选泥沙,是实现淤粗排细的一种新尝试。通过分析计算和实体模型试验,初步研究了弯道溢流堰分选泥沙的效果以及弯道半径对泥沙分选效果的影响,认为利用弯道溢流堰可以提高淤粗排细效果。

(一)弯道平面形态参数选定

弯道曲率半径越小,弯道的环流强度及横向流速就越大;表层的引水宽度越大,分选泥沙的效果也应该越好。但是,当弯道半径特别小时,弯道环流强度剧烈,此时掺混作用也加剧,可能会使泥沙颗粒的垂线分布及含沙量的垂线分布更均匀。因此,目前国内外人工弯道设计半径一般取直河段断面平均宽度的4~8倍。

为了提高淤粗排细的效果,研究不同弯道半径对泥沙分选的作用,在输沙渠上设计了两个不同半径的弯道溢流堰,分别布设在输沙渠0+793~0+916和01+406~01+516处,上游弯道溢流堰弯道半径取4倍渠宽,为110 m,溢流堰距弯道进口距离91 m,弯道中心角64°,弯道夹角47°,溢流堰高度1.33 m。下游弯道溢流堰弯道半径取2.5倍河宽,为66 m,溢流堰距弯道进口距离83 m,弯道中心角80°,弯道夹角60°,溢流堰高度1.15 m。

为使弯道的环流作用更加发育,分别在弯道进、出口凹岸侧前、后10 m(Q0+783~Q0+793、Q0+916~Q0+926)范围设一段渐变段,弯道进口处边坡坡度由1:2渐变至1:1,在弯道出口处边坡坡度由1:1渐变至1:2。渐变段及弯道凹岸边坡均采用浆砌石结构。溢流堰也采用浆砌石结构,底板采用素混凝土,厚0.5 m,以保证上部的整体性。

弯道参数如图4-5所示,两个弯道的弯道夹角、弯道中心角设计成果见表4-3。

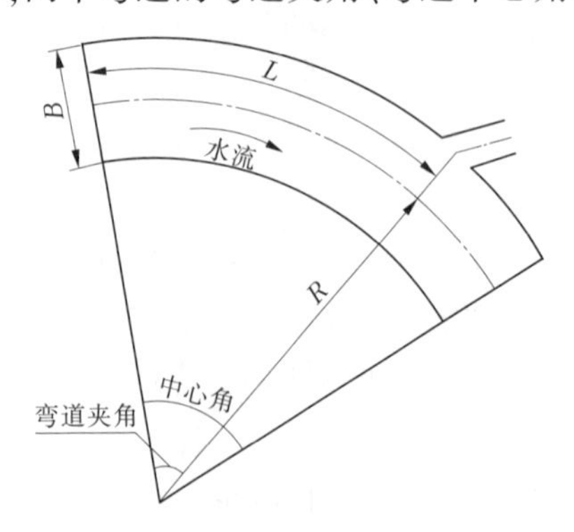

图4-5　弯道溢流堰布置及参数示意图

表 4-3　弯道平面形态参数

项目		上游弯道	下游弯道
设计流量(m^3/s)		71	61
底宽(m)		20	20
水深(m)		1.88	1.62
弯道半径(m)		110	66
溢流堰位置	距弯道进口距离 L(m)	91	83
	弯道夹角(°)	47	60
弯道中心角 (°)		64	80

(二)溢流堰高度的确定

根据淤粗排细方案研究的有关成果,堰上水深越大,需要的堰宽越小,从溢流堰回大河的沙量越大,粒径越粗,进入淤区的沙量越少,但进入淤区的泥沙颗粒组成差别不大。因此,从进入淤区的沙量多、颗粒粗、溢流堰不能过宽等综合考虑,取用相对水深 0.3(堰上水深为干渠水深的 30%)的溢流方案。

按照放淤闸设计成果,黄河流量为 1 000 m^3/s 时,放淤闸过流 71 m^3/s。溢流堰的高度按引水 71 m^3/s 流量时相对水深 0.3 以上溢流确定。上游弯道堰高取 1.33 m,下游弯道堰高取 1.15 m。根据输沙渠线路布置、进口渠底高程及纵坡降,推至上游溢流堰底板高程为 374.67 m,下游溢流堰底板高程为 374.36 m。溢流堰高度设计成果见表 4-4。

表 4-4　溢流堰堰高确定

项目	上游弯道	下游弯道
输沙渠设计流量(m^3/s)	71	61
输沙渠底宽(m)	20	20
输沙渠水深(m)	1.88	1.62
堰高(m)	1.33	1.15

(三)溢流堰退水渠

上游弯道溢流堰后通过 120 m 长的输水渠与穿堤涵管相连,出涵管以后接退水渠,退水渠采用宽浅式,设计纵坡降为 2‰,550 m 后接下游溢流堰的退水渠。下游弯道溢流堰护坦后通过 157 m 长的输水渠道与穿堤涵管相连,出涵管以后接退水渠,退水与上游弯道溢流堰退水汇合后退入黄河。

(四)设计分流效果

上游溢流堰:堰高 1.33 m,堰宽 20 m。通过在堰顶摆放不同层数的预制混凝土块(每块厚 0.06 m)来满足堰上水深的要求。当输沙渠内通过 71 m^3/s 流量时,溢流堰溢流量为 10 m^3/s;放淤闸引水 108 m^3/s 时,溢流堰溢流量为 14.5 m^3/s。

下游溢流堰:堰高 1.15 m,堰宽 20 m,当输沙渠内通过 71 m^3/s 流量时,溢流堰溢流量为 5 m³/s；放淤闸引水 108 m³/s 时，溢流堰溢流量为 11.5 m³/s。

溢流堰运行方式：上游溢流堰的运用方式为：当输沙渠内过 71 m³/s、水深 1.88 m 时，堰上水深保持 0.3H，溢流 10 m³/s；当输沙渠内过 71~108 m³/s 时，调整堰高，以保证堰顶水深 0.3H。下游溢流堰的运用方式为：当放淤闸引水流量 71 m³/s、上游溢流堰分流 10 m³/s 以后，下游弯道处水深 1.62 m，堰上水深保持 0.3H；当引水闸引水流量为 71~108 m³/s 时，根据下游弯道不同水深，调整堰高，满足堰上水深 0.3H。

放淤闸不同引水流量情况下，上、下游溢流堰泄流量及堰上水深见表 4-5。

表 4-5　弯道溢流堰泄流曲线

放淤闸引水流量(m³/s)	34.2	39.2	58.9	71.2	78.1	84.1	90.3	96.6	103.2	108.6
上堰处输沙渠水深 $H_上$(m)	1.23	1.33	1.69	1.88	1.99	2.07	2.16	2.24	2.33	2.4
上堰堰上水深 $h_上$(m)	0	0	0.36	0.55	0.6	0.62	0.65	0.67	0.7	0.71
上堰 $h_上/H_上$	0	0	0.213	0.293	0.302	0.300	0.301	0.299	0.300	0.296
上游溢流堰溢流量(m³/s)	0	0	5	10	11.2	12	12.7	13.5	14.2	14.5
下堰处输沙渠水深 $H_下$(m)	1.15	1.2	1.5	1.62	1.7	1.78	1.85	1.93	2.01	2.07
下堰堰上水深 $h_下$(m)	0	0.1	0.35	0.47	0.49	0.51	0.52	0.54	0.56	0.62
下堰 $h_下/H_下$	0	0.083	0.233	0.290	0.288	0.287	0.281	0.280	0.279	0.300
下游溢流堰溢流量(m³/s)	0	0.7	4.9	7.5	8.2	8.5	8.9	9.3	9.8	11.5

二、弯道溢流堰运用及效果

（一）弯道溢流堰运行情况

2004 年放淤期间，溢流堰退水渠发生了淤堵，使溢流堰不能按设计情况正常运行。第 1 轮放淤开始时段，溢流堰运行比较正常，时间约在 7 月 26 日晚间和 27 日 8 时 45 分至 11 时。其余时间由于溢流堰退水渠淤堵，退水不畅，溢流堰基本上为无控制情况下的非正常溢流，溢流水量很小，为 2~3 m³/s，达不到设计要求。2004 年放淤结束以后对溢流堰退水渠进行了改建，2005~2007 年放淤期间溢流堰运行基本正常。表 4-6 是两个溢流堰的运行时间统计。

表 4-6　弯道溢流堰调度运行时间统计

年-轮次	上弯道		下弯道	
	起止时间（年-月-日 T 时:分）	平均水位（m）	起止时间（年-月-日 T 时:分）	平均水位（m）
2004-1			2004-07-26 T21:13~23:00	376.77
	2004-07-27 T08:45~11:00	377.05	2004-07-27 T08:45~11:00	376.77
	2004-07-27T11:00~	倒流	2004-07-27T11:00~	倒流
2004-2~6		非正常溢流		非正常溢流
2005 年	2005-08-14T02:00~08-15T19:30	377.32	2005-08-13T17:30~08-15T19:06	377.15
2006-1	2006-08-02T16:24~08-03T09:00	377.32		
2006-3	2006-08-31T09:48~T11:50	377.21		
2006-4	2006-09-22T08:00~T16:00	377.72		
2007 年			2007-09-04T04:00~14:00	377.43

（二）溢流堰运行效果分析

1.“留粗排细”作用

由放淤闸引进的含沙水流在经过弯道溢流堰分流后，表层较细颗粒的泥沙随水流排出，从而使进入淤区的水流含沙量及粗颗粒含量增加。表 4-7 为 2004 年的一组断面观测资料。表中，Q1 为放淤闸闸后断面，Q6 为下弯道进口断面，S1 和 S2 分别为上、下弯道溢流堰堰后断面。可以看出，S1 和 S2 断面的含沙量与 $d>0.05$ mm、$0.025\ mm<d<0.05$ mm 两个粒径组含量均小于 Q1 断面和 Q6 断面，而 $d<0.025$ mm 粒径组泥沙含量却高于 Q1 断面和 Q6 断面。说明溢出的含沙水流的确变清变细了。

表 4-7　2004 年 7 月 27 日 10 时断面资料统计

断面项目	Q1	S1	Q6	S2
含沙量（kg/m^3）	216	143	217	149
$d>0.05$ mm 含量（%）	27.1	12.5	29.4	15.8
$0.025\ mm<d<0.05$ mm 含量（%）	27.2	25.7	30.4	27.1
$d<0.025$ mm 含量（%）	45.7	61.8	40.2	57.1

对比 Q1 和 Q6 断面含沙量和颗分资料可见,两个断面含沙量差别不大,但粗、细粒径含量却不相同,Q6 断面 d>0.05 mm 的粗颗粒含量比 Q1 断面提高了 2.3 个百分点,同时 Q6 断面 d<0.025 mm 细颗粒含量比 Q1 断面减小了 5.5 个百分点。

表 4-8 是 2005 年的一组断面观测资料。表中,Q4、Q5 分别是上弯道溢流堰弯道前、后断面,Q10 为输沙渠末端断面。可以看出,S1 断面 d>0.05 mm 粗粒径组含量均比输沙渠各断面小,d>0.05 mm 的粗泥沙含量在经过弯道溢流后沿程增大,而 d<0.025 mm 细粒径泥沙含量却沿程减小。Q10 与 Q1 断面相比,粗颗粒含量提高了 2.8 个百分点,细颗粒含量减小了 2.6 个百分点。

表 4-8　2005 年 8 月 13 日 8 时断面资料统计

断面	Q1	Q4	S1	Q5	Q10
含沙量(kg/m³)	35.5		27.0		44.0
d>0.05 m 含量(%)	27.8	25.3	17.2	29.2	30.6
0.025 mm<d<0.05 mm 含量(%)	26.8	27.1	27.0	27.9	26.6
d<0.025 mm 含量(%)	45.4	47.6	55.8	42.9	42.8

上述两例观测资料说明,弯道溢流的确有“留粗排细”的作用。

2. 溢流堰分水、分沙比

溢流堰分水、分沙比是指通过溢流堰从输沙渠中溢流出来的水量和沙量与输沙渠进口断面(Q1 断面)同时段的水量和沙量的比值。由于 2004 年放淤期间溢流堰退水渠淤堵,溢流堰有时出现倒流现象,因此在此没有分析。

1)2005 年

2005 年放淤前将溢流堰两侧斜坡用浆砌石进行了局部封堵,利用钢管焊制了门槽对溢流堰进行改造,为溢流堰的灵活调度运用提供了便利条件。2005 年放淤时间虽然不长,但先后进行了两个弯道溢流堰单独溢流和同时溢流的试验。

表 4-9 和表 4-10 是两个溢流堰单独和同时溢流时各自的分水、分沙统计。

上游溢流堰单独运行时,放淤闸引水平均流量为 74.82 m³/s,平均含沙量为 29.69 kg/m³,上游溢流堰溢出的平均流量为 12.46 m³/s,平均含沙量为 24.32 kg/m³,溢出的水、沙比例分别为 16.65%和 13.64%,溢出的粗、细沙比例分别为 9.95%和 16.15%。溢出的沙量比例和溢出的粗沙比例都小于溢出的水量和溢出的细沙比例,溢流堰后的粗沙含量由放淤闸闸后的 24.77%减小至 17.95%,减小了 6.82 个百分点,而相应的细沙含量则由 45.56%提高到 53.85%,提高了 8.29 个百分点。由此可见,上弯道溢流堰排细“留粗”分选泥沙效果明显。

下游溢流堰单独运行时,放淤闸引水平均流量为 72.25 m³/s,平均含沙量 75.75 kg/m³,溢流堰溢出的平均流量为 16.31 m³/s,平均含沙量为 69.2 kg/m³,溢出的水、沙比例分别为 22.99%和 21.0%,溢出的粗、细沙比例分别为 14.01%和 23.53%。溢出的沙量比例和溢出的粗沙比例也都小于溢出的水量和溢出的细沙比例，溢流堰堰后粗沙含量由放淤闸闸后的17.58%减小至11.72%，减小了5.86个百分点，而相应的细沙含量由61.04%提高到68.38%，提高了7.34个百分点。可见，下弯道溢流堰也同样具有排细"留粗"分选泥沙的效果。

表4-9　2005年上游溢流堰分水、分沙统计

断面	开始时间(月-日T时:分)	08-13T07:00	08-13T17:40	08-14T17:30	合计
	结束时间(月-日T时:分)	08-13T17:40	08-14T09:30	08-15T19:00	
	运行状况	单堰	两堰	两堰	
	历时(h)	10.7	15.8	25.5	52
Q1	水量(万 m^3)	288.22	365.96	773.59	1 427.77
	沙量(万 t)	8.56	12.48	36.24	57.28
	平均流量(m^3/s)	74.82	64.34	84.27	76.27
	含沙量(kg/m^3)	29.69	34.09	46.84	40.12
	$d>0.05$ mm 沙量(万 t)	2.12	2.24	7.82	12.18
	$d<0.025$ mm 沙量(万 t)	3.90	7.50	19.80	31.2
	$d>0.05$ mm 含量(%)	24.77	17.95	21.58	21.26
	$d<0.025$ mm 含量(%)	45.56	60.10	54.64	54.47
S1	水量(万 m^3)	48.00	44.78	71.6	164.38
	沙量(万 t)	1.17	1.29	3.17	5.63
	平均流量(m^3/s)	12.46	7.87	7.80	8.78
	含沙量(kg/m^3)	24.32	28.90	44.27	34.25
	$d>0.05$ mm 沙量(万 t)	0.21	0.16	0.47	0.84
	$d<0.025$ mm 沙量(万 t)	0.63	0.88	2.02	3.53
	$d>0.05$ mm 含量(%)	17.95	12.40	14.83	14.92
	$d<0.025$ mm 含量(%)	53.85	68.22	63.72	62.70
分水、分沙比例(%)	水量	16.65	12.24	9.26	11.51
	沙量	13.64	10.37	8.75	9.83
	$d>0.05$ mm 沙量	9.95	6.97	6.01	6.90
	$d<0.025$ mm 沙量	16.15	11.78	10.18	11.31

注：分水、分沙比例为S1断面与分水同时段的Q1断面水、沙量的比值。

表 4-10　2005 年下游溢流堰分水、分沙统计

断面	开始时间(月-日 T 时:分)	08-13T17:40	08-14T09:30	08-14T17:30	合计
	结束时间(月-日 T 时:分)	08-14T09:30	08-14T17:30	08-15T19:00	
	运行状况	两堰	单堰	两堰	
	历时(h)	15.8	8	25.5	49.3
Q1	水量(万 m^3)	365.96	208.08	773.59	1 347.63
	沙量(万 t)	12.48	15.76	36.24	64.48
	平均流量(m^3/s)	64.34	72.25	84.27	75.78
	含沙量(kg/m^3)	34.09	75.75	46.84	47.85
	$d>0.05$ mm 沙量(万 t)	2.24	2.77	7.82	12.83
	$d<0.025$ mm 沙量(万 t)	7.5	9.62	19.8	36.92
	$d>0.05$ mm 含量(%)	17.95	17.58	21.58	19.90
	$d<0.025$ mm 含量(%)	60.10	61.04	54.64	57.26
S2	水量(万 m^3)	78.8	47.83	98.69	225.32
	沙量(万 t)	3.54	3.31	4.38	11.23
	平均流量(m^3/s)	13.85	16.61	10.75	12.65
	含沙量(kg/m^3)	44.94	69.20	44.36	49.83
	$d>0.05$ mm 沙量(万 t)	0.52	0.39	0.64	1.55
	$d<0.025$ mm 沙量(万 t)	2.27	2.26	2.78	7.31
	$d>0.05$ mm 含量(%)	14.69	11.72	14.51	13.80
	$d<0.025$ mm 含量(%)	64.20	68.38	63.53	65.09
分水、分沙比例(%)	水量	21.53	22.99	12.76	16.72
	沙量	28.37	21.00	12.08	17.41
	$d>0.05$ mm 沙量	23.22	14.01	8.12	12.03
	$d<0.025$ mm 沙量	30.30	23.53	14.05	19.82

注:分水、分沙比例为 S2 断面与分水同时段的 Q1 断面水、沙量的比值。

当两个溢流堰第一次同时运行时,放淤闸引水平均流量为 64.34 m^3/s,平均含沙量为 34.09 kg/m^3,上堰溢出的平均流量为 7.87 m^3/s,平均含沙量为 28.9 kg/m^3,溢出的水、沙比例分别为 12.24%和 10.37%,溢出的粗、细沙比例分别为 6.97%和 11.78%;下堰溢出的平均流量为 13.85 m^3/s,平均含沙量为 44.94 kg/m^3,溢出的水、沙比例分别为 21.53%和 28.37%,溢出的粗、细沙比例分别为 23.22%和 30.3%。上堰溢出的含沙量低于放淤闸引进的含沙量,而下堰溢出的含沙量高于放淤闸引进的含沙量。上堰溢出的沙量比例和溢出的粗沙比例都小于溢出的水量和溢出的细沙比例,而下堰溢出的沙量比例高于溢出的水量比例,溢出的粗沙比例小于溢出的细沙比例,但高于溢出的水量比例。

当两个溢流堰第二次同时运行时,放淤闸引水平均流量为84.27 m^3/s,平均含沙量为46.84 kg/m^3,上堰溢出的平均流量为7.80 m^3/s,平均含沙量为44.27 kg/m^3,溢出的水、沙比例分别为9.26%和8.75%,溢出的粗、细沙比例分别为6.01%和10.18%;下堰溢出的时段平均流量为10.75 m^3/s,平均含沙量为44.36 kg/m^3,溢出的水、沙比例分别为12.76%和12.08%,溢出的粗、细沙比例分别为8.12%和14.05%。上、下堰溢出的含沙量均低于放淤闸引进的含沙量,溢出的沙量比例和溢出的粗沙比例也都小于溢出的水量和溢出的细沙比例。在第二次同时运行时,上、下堰均增加了挡板高度,溢出的水、沙比例减小,尤其下堰溢出的沙量比例大幅度减小,而相应溢出的粗沙比例也大大减小。

两个弯道溢流堰同时运行时,溢出的总水量为Q1断面水量的25.8%,溢出的总沙量为Q1断面沙量的25.4%,溢出的粗、细沙量分别为Q1断面粗、细沙量的17.7%和29.1%。

2)2006年

2006年放淤期间只在上弯道溢流堰进行了单堰溢流试验,运行了三次,分水、分沙统计见表4-11。由于输沙渠弯道部分的淤积,输沙渠水位表现较高,因此溢流堰挡水木板没有进行全部拆除。8月2~3日上游溢流堰第一次运行,放淤闸引水平均流量为48.79 m^3/s,平均含沙量35.03 kg/m^3,溢流堰溢出的平均流量为9.20 m^3/s,平均含沙量为38.20 kg/m^3,溢出的水、沙比例分别为18.86%和20.57%,溢出的粗、细沙比例分别为14.56%和22.62%。溢出的沙量比例高于溢出的水量比例,溢出的粗沙比例小于溢出的细沙比例,溢流堰后的粗沙含量由放淤闸后的15.98%减小到11.31%,减小了4.67个百分点,而相应的细沙含量由63.74%提高到70.08%,提高了6.34个百分点。

表4-11　2006年上游溢流堰运行及分水、分沙统计

断面	开始时间(月-日T时:分)	08-02T16:30	08-31T10:00	09-22T08:00	合计
	结束时间(月-日T时:分)	08-03T09:00	08-31T11:48	09-22T14:00	
	历时(h)	16.5	1.80	6.00	24.3
Q1	水量(万 m^3)	289.82	44.55	139.80	474.17
	沙量(万t)	10.15	4.56	8.13	22.84
	d>0.05 mm沙量(万t)	1.62	0.78	2.05	4.45
	d<0.025 mm沙量(万t)	6.47	2.71	3.89	13.07
	d>0.05 mm含量(%)	15.98	17.02	25.19	19.48
	d<0.025 mm含量(%)	63.74	59.30	47.83	57.22
	平均流量(m^3/s)	48.79	68.75	64.72	53.98
	平均含沙量(kg/m^3)	35.03	102.39	58.13	48.17

续表 4-11

断面	开始时间(月-日 T 时:分)	08-02T16:30	08-31T10:00	09-22T08:00	合计
	结束时间(月-日 T 时:分)	08-03T09:00	08-31T11:48	09-22T14:00	
	历时(h)	16.5	1.80	6.00	24.3
S1 断面	水量(万 m^3)	54.67	2.79	33.43	90.89
	沙量(万 t)	2.09	0.32	1.94	4.35
	d>0.05 mm 沙量(万 t)	0.24	0.03	0.40	0.67
	d<0.025 mm 沙量(万 t)	1.46	0.22	1.01	2.69
	d>0.05 mm 含量(%)	11.31	10.65	20.88	15.40
	d<0.025 mm 含量(%)	70.08	67.62	52.11	61.84
	平均流量(m^3/s)	9.20	4.31	15.47	10.35
	平均含沙量(kg/m^3)	38.20	115.64	57.91	47.83
分水、分沙比例(%)	水量	18.86	6.26	23.91	19.17
	沙量	20.57	7.02	23.82	19.03
	d>0.05 mm 沙量	14.56	4.42	19.74	15.18
	d<0.025 mm 沙量	22.62	8.06	25.95	20.60

注:分水、分沙比例为 S1 断面与分水同时段的 Q1 断面水、沙量的比值。

8 月 31 日上游溢流堰第二次运行,放淤闸引水平均流量为 68.75 m^3/s,平均含沙量为 102.39 kg/m^3,溢流堰溢出的平均流量为 4.31 m^3/s,平均含沙量为 115.64 kg/m^3,溢出的水、沙比例分别为 6.26%和 7.02%,溢出的粗、细沙比例分别为 4.42%和 8.06%。溢出的沙量比例略高于溢出的水量比例,溢出的粗沙比例小于溢出的细沙比例,溢流堰后的粗沙含量由放淤闸后的 17.02%减小至 10.65%,减小了 6.37 个百分点,而相应的细沙含量由 59.3%提高至 67.62%,提高了 8.32 个百分点。

9 月 22 日上游溢流堰第三次运行,放淤闸引水平均流量为 64.72 m^3/s,平均含沙量为 58.13 kg/m^3,溢流堰溢出的时段平均流量为 15.47 m^3/s,平均含沙量为 57.91 kg/m^3,溢出的水、沙比例分别为 23.91% 和 23.82%,溢出的粗、细沙比例分别为 19.74% 和 25.95%。溢出的水、沙量比例基本相等,溢出的粗沙比例小于溢出的细沙比例,溢流堰后的粗沙含量由放淤闸后的 25.19%减小至 20.88%,减小了 4.31 个百分点,而相应的细沙含量由 47.83%提高至 52.11%,提高了 4.28 个百分点。

3)2007 年

2007 年放淤期间由于黄河干流河道洪水洪量较小,加之放淤闸引水不畅,放淤时间较短,只在下弯道溢流堰进行了单堰溢流试验。由于输沙渠及其弯道部分的淤积,输沙渠水位表现较高,输沙渠渠底高程与溢流堰堰顶高程高差很小,因此溢流堰挡水木板只进行了部分拆除。2007 年放淤试验开始后,放淤闸引水流量一直较小,9 月 3 日 22 时以后,放淤闸引水流量逐渐增大,9 月 4 日 0 时,上游溢流堰实施封堵,下弯道溢流堰开始运行。溢流开始时分流流量仅 5.5 m³/s,随着放淤闸引水流量的增大,溢流堰最大溢流量达到了 22 m³/s。在溢流堰运行期间,放淤闸引水平均流量为 44.18 m³/s,平均含沙量为 39.63 kg/m³,溢流堰溢出的时段平均流量为 17.23 m³/s,平均含沙量为 29.39 kg/m³,溢出的水、沙比例分别为 28.31%和 21.05%,溢出的粗、细沙比例分别为 11.18%和 25.47%。可见溢出的水量比例大于溢出的沙量比例,溢出的粗沙比例小于溢出的细沙比例,详见表 4-12。

表 4-12　2007 年下游溢流堰运行及分水、分沙统计

断面	水量(万 m³)	沙量(万 t)	平均流量(m³/s)	平均含沙量(kg/m³)	d>0.05 mm 沙量(万 t)	0.025 mm<d<0.05 mm 沙量(万 t)	d<0.025 mm 沙量(万 t)
Q1	220.59	8.74	44.18	39.63	1.50	1.92	5.32
S2	62.46	1.84	17.23	29.39	0.17	0.31	1.36
S2/Q1(%)	28.31	21.05	39.00	74.16	11.33	16.15	25.56

注:分水、分沙比例为 S2 断面与分水同时段的 Q1 断面水、沙量的比值。

4)2005~2007 年

2005~2007 年弯道溢流堰分水、分沙效果统计见表 4-13。2005~2007 年经两个弯道溢流堰分出的水量为 543.05 万 m³、沙量为 23.05 万 t,平均含沙量为 42.4 kg/m³。溢出的水、沙比例分别为 23.30%和 22.03%,溢出的粗、细沙比例分别为 15.45%和 25.15%,溢出的水的比例大于沙的比例,溢出的粗沙的比例小于细沙的比例。溢流堰后的粗沙含量由放淤闸后的 20.0%减小到 14.0%,减小了 6.0 个百分点,而相应的细沙含量则由 56.6%提高到 64.6%,提高了 8.0 个百分点。

根据以上数据,可以计算出,2005~2007 年弯道溢流堰运用期间,由于弯道溢流堰分水、分沙而使引入水流的粗沙含量由 20.9%增加到了 21.7%,增加了 0.8 个百分点;细沙含量则由 56.6%减少到 54.3%,减少了 2.3 个百分点。由此可见,弯道溢流堰的运用对黄河小北干流放淤试验淤粗排细目标的实现起到了一定的推进作用,但运用效果还有待进一步提高。

表 4-13　2005~2007 年弯道溢流堰分水、分沙效果统计

断面	时间	2005 年	2006 年	2007 年	合计
	历时(h)	60	24.3	10	94.3
Q1	水量(万 m³)	1 635.85	474.17	220.59	2 330.61
	沙量(万 t)	73.04	22.84	8.74	104.62
	平均流量(m³/s)	75.73	53.98	44.18	68.7
	含沙量(kg/m³)	44.65	48.17	39.63	44.9
	d>0.05 mm 沙量(万 t)	14.95	4.45	1.5	20.9
	d<0.025 mm 沙量(万 t)	40.82	13.06	5.32	59.2
	d>0.05 mm 含量(%)	20.47	19.46	17.2	20.0
	d<0.025 mm 含量(%)	55.89	57.19	60.9	56.6

续表 4-13

断面	时间	2005 年	2006 年	2007 年	合计
	历时(h)	60	24.3	10	94.3
S1+S2	水量(万 m^3)	389.70	90.89	62.46	543.05
	沙量(万 t)	16.86	4.35	1.84	23.05
	平均流量(m^3/s)	18.04	10.35	17.23	16.0
	含沙量(kg/m^3)	43.26	47.83	29.39	42.4
	d>0.05 mm 沙量(万 t)	2.39	0.67	0.17	3.23
	d<0.025 mm 沙量(万 t)	10.84	2.69	1.36	14.89
	d>0.05 mm 含量(%)	14.18	15.52	9.2	14.0
	d<0.025 mm 含量(%)	64.29	61.9	73.9	64.6
分水、分沙比例(%)	水量	23.82	19.17	28.31	23.30
	沙量	23.08	19.05	21.05	22.03
	d>0.05 mm 沙量	15.99	15.06	11.33	15.45
	d<0.025 mm 沙量	26.56	20.60	25.56	25.15

注:分水、分沙比为 S1、S2 断面与分水同时段的 Q1 断面水、沙量的比值。

3. 两弯道水沙要素变化对比分析

为了增加两个弯道分沙效果的可比性,选择两个弯道测验时间大致相近的单个测次结果进行对比分析。根据 2004~2007 年 Q2~Q9 断面的测点资料分析,测验资料比较完整且测验时间大致相近的测次共有 2 次,第一次是 2004 年 7 月 30 日中午,第二次是 2004 年 8 月 4 日上午。2004 年 8 月 11 日上弯道和下弯道也均开展了测点观测,但部分断面缺测,选择测验时间相近的断面在分析时参考使用。

在进行测点测验时,由于所需测验时间较长,流量也在随着测验的进行发生不断的变化。以 Q1 断面的流量为施测时的参考流量,2004 年 7 月 30 日流量变化范围为 45~58 m^3/s,2004 年 8 月 4 日上午,流量变化范围为 58~67 m^3/s,2004 年 8 月 11 日流量变化范围为 28~35 m^3/s。

由于溢流堰位置位于 Q4 与 Q5、Q8 与 Q9 之间,Q4、Q8 断面的变化对溢流堰的分水、分沙影响最大,因此以下均以 Q4、Q8 断面各水沙要素的变化作为主要分析内容。

1)沿程变化

(1)流速变化。

一般情况下在弯道进口断面水流流速以两岸小、中部大的规律分布,之后流速逐渐调整为在断面上呈 M 形双峰对称分布,流量越小分布越均匀。随着距离的延长,凹岸一侧流速开始增大,并在横向分布梯度变化上逐渐增加,在达到一定距离后(一般是弯道顶点以下)流速沿横向变化梯度增至最大。这里所说的距离与弯道曲率半径、弯道中心角紧密相关,并随着流量的不同而发生变化。图 4-6 是 8 月 4 日上弯道 4 个断面上 0.2 相对水深处流速的横向分布情况。

(2)含沙量和粒径含量的变化。

从表 4-14 中可以看出,上弯道中的 Q2 断面凹岸的含沙量和 d>0.05 mm 粒径粗含量都大于凸岸,Q4 断面凹岸的含沙量和 d>0.05 mm 粒径粗含量都小于凸岸。表 4-15 下弯

表 4-14　主要水沙要素在上弯道 Q2、Q4 断面的变化

项目	垂线位置 (m)	流速 (m/s)	含沙量 (kg/m³)	d>0.05 mm(%)	d<0.025 mm(%)	垂线位置 (m)	流速 (m/s)	含沙量 (kg/m³)	d>0.05 mm(%)	d<0.025 mm(%)	垂线位置 (m)	流速 (m/s)	含沙量 (kg/m³)	d>0.05 mm(%)	d<0.025 mm(%)
时间	7 月 30 日 流量 44~58 m³/s					8 月 4 日 流量 67 m³/s					8 月 11 日流量 30 m³/s				
Q2 断面	10.0	1.69	293	22.7	54.9	10.0	1.75	37.4	15.9	58.7	10.0	2.29	514	38.0	33.8
	14.0	2.36	288	26.4	51.9	14.0	2.38	38.1	17.3	55.7	16.0	2.55	505	38.4	32.7
	18.0	2.40	300	21.5	56.0	18.0	2.43	36.7	15.1	59.5	20.0	2.48	524	36.8	34.4
	22.0	2.49	300	21.8	55.0	23.0	2.88	44.0	19.7	53.5	24.0	2.35	517	39.9	32.2
	26.0	2.53	308	22.9	54.8	27.0	2.20	39.6	18.4	55.9	27.0	2.15	518	37.6	34.2
Q4 断面	8.0	1.34	293	24.3	53.7	8.0	1.63	53.8	18.7	52.7	10.0	1.29	481	40.1	33.1
	13.0	2.05	302	22.3	55.5	14.0	2.46	57.8	17.7	52.3	16.0	1.60	462	37.1	34.8
	18.0	2.28	299	26.0	52.4	20.0	2.62	52.9	17.8	53.3	20.0	2.02	475	36.3	35.8
	22.0	2.37	308	21.0	56.5	24.0	2.62	49.2	17.5	55.3	23.0	1.83	444	34.8	36.4
	26.0	2.53	290	18.6	58.2	27.0	2.22	50.1	15.4	56.6	26.0	1.99	440	34.6	36.6

表 4-15　主要水沙要素在下弯道 Q6、Q8 断面的变化

项目	垂线位置(m)	流速(m/s)	含沙量(kg/m³)	d>0.05 mm(%)	d<0.025 mm(%)	垂线位置(m)	流速(m/s)	含沙量(kg/m³)	d>0.05 mm(%)	d<0.025 mm(%)	垂线位置(m)	流速(m/s)	含沙量(kg/m³)	d>0.05 mm(%)	d<0.025 mm(%)
时间	7月30日 流量 47 m³/s					8月4日 流量 58.6 m³/s					8月11日流量 30 m³/s				
Q6断面	12.0	2.18	289	17.6	57.9	9.0	1.59	42.2	17.6	55.1	12.0	1.94	496	38.6	33.1
	16.0	2.36	288	21.2	55.5	14.0	2.02	40.6	21.0	53.9	16.0	2.22	513	43.6	29.8
	20.0	2.36	281	18.1	58.3	20.0	2.26	42.0	22.6	51.8	20.0	2.18	458	41.5	30.1
	24.0	2.54	291	21.0	55.8	25.0	2.17	39.2	16.6	58.1	24.0	2.05	481	41.0	30.2
	27.0	2.48	287	22.3	54.3	29.0	2.07	37.0	18.0	56.5	27.0	2.18	512	43.4	30.0
Q8断面	12.0	1.02	289	15.6	60.6	8.0	1.60	55.6	24.1	45.3	14.0	1.44	411	37.2	33.9
	16.0	1.64	280	12.6	64.8	14.0	1.71	48.1	26.2	45.7	18.0	1.71	486	38.8	33.1
	20.0	1.97	261	15.5	61.5	18.0	2.02	40.0	18.1	54.7	20.0	1.71	475	43.3	29.7
	24.0	2.48	291	17.0	59.1	22.0	2.16	47.3	21.1	48.2	24.0	1.86	477	37.5	34.2
	27.0	2.29	317	23.1	54.5	27.0	2.16	49.1	20.7	48.4	27.0	1.36	445	33.9	35.7

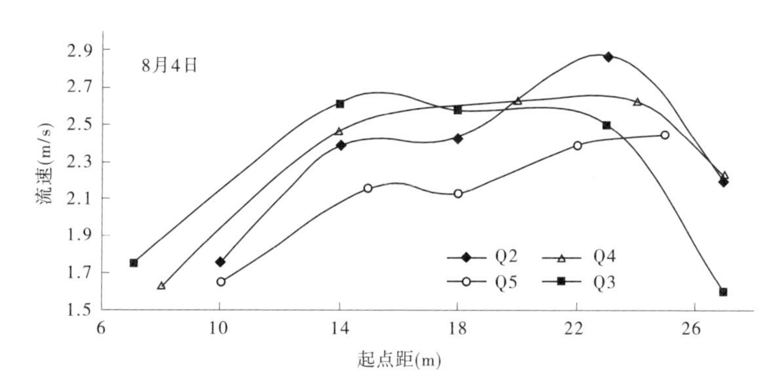

图 4-6 8 月 4 日上弯道各断面 0.2 相对水深处流速的横向分布

道中的 Q6 和 Q8 断面凹岸和凸岸相比的有大有小,没有明显的规律性。

图 4-7 是 8 月 4 日上弯道各断面上 0.2 相对水深处含沙量的横向分布曲线,图 4-8 是同时期上弯道各断面上 0.2 相对水深处 $d>0.05$ mm 和 $d<0.025$ mm 粒径组的横向分布曲线。可以看出,Q4 断面的含沙量和粗颗粒含量均为左高右低,即凸岸大凹岸小,与 Q2、Q3 断面横向分布相比已发生较大变化,并且分布曲线在 4 个断面中是最平滑、顺直的曲线。由此可以说明,根据弯道环流特性实现溢流堰"留粗排细"的设想是正确的。

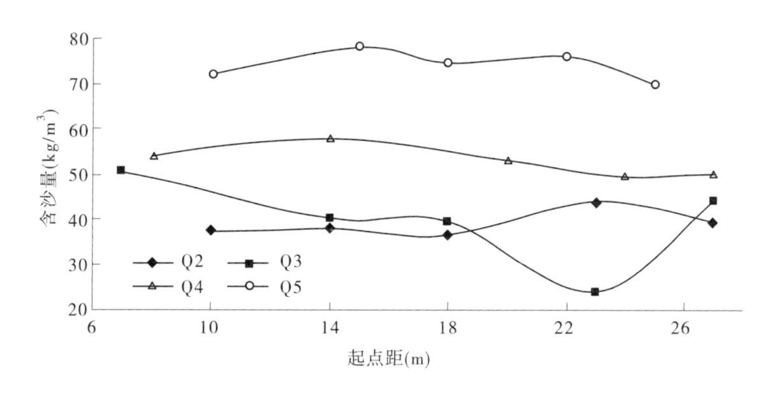

图 4-7 8 月 4 日上弯道各断面 0.2 相对水深处含沙量的横向分布

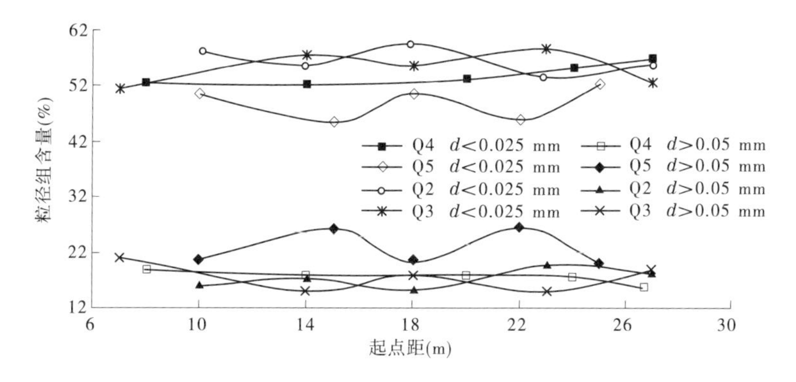

图 4-8 8 月 4 日上弯道各断面 0.2 相对水深处粒径含量的横向分布

2)横向变化

横向变化以相对水深0.2处测验数据为分析依据。表4-16是2004年7月30日、8月4日、8月11日Q4、Q8两个断面施测资料的对比,从中可以看出以下几个方面的变化。值得说明的是,由于测验时垂线位置不固定,凸岸第一条垂线位置(起点距)的差异,也影响到分析的结果。

(1)流速的变化。流速均是凸岸最小,但最大值并不一定出现在凹岸(弯道右侧)一侧。由于每次的过水流量不同,对流速的横向分布也产生一定影响。在这3次资料统计中,上弯道的凹岸垂线与凸岸垂线0.2相对水深处流速的比值为1.36~1.89,而下弯道的比值为0.94~2.25,相差2倍。凹岸第二条垂线与凸岸垂线0.2相对水深处流速的比值为1.42~1.77,而下弯道的比值为1.29~1.43。

(2)含沙量的变化。含沙量的变化与流速的变化正好相反,最大含沙量基本上都出现在凸岸一侧,除个别情况最小值也基本上出现在凹岸一侧。凹岸垂线与凸岸垂线0.2相对水深处含沙量的横向比值,上弯道的Q4断面比值为0.91~0.99,而下弯道Q8断面的比值为0.88~1.1,最外侧(凹岸)第二条垂线与最内侧垂线0.2相对水深处含沙量的横向比值上弯道Q4断面为0.91~1.05,而下弯道Q8断面的横向比值为0.85~1.16。

(3)$d>0.05$ mm、$d<0.025$ mm粒径含量的变化。上弯道Q4断面凹岸的两条垂线与凸岸垂线的比值比较均匀,$d>0.05$ mm粒径含量为0.77~0.95,$d<0.025$ mm粒径含量为1.04~1.11;下弯道Q8断面变化较大,$d>0.05$ mm粒径含量为0.86~1.49,$d<0.025$ mm粒径含量的比值变化幅度为0.9~1.07,显得不很稳定。

图4-8、图4-9是2004年8月4日上弯道和下弯道各断面0.2相对水深处$d>0.05$ mm和$d<0.025$ mm含量的沿横向变化趋势。可以看出,Q4断面凹岸$d>0.05$ mm含量是一减小趋势,$d<0.025$ mm粒径含量是一增加趋势;而Q8断面0.2相对水深处粒径含量的横向分布趋势与Q4断面相同,只是曲线形状不同。但7月30日的分布曲线则发生了相反方向的变化,即0.2相对水深处粒径含量的横向分布趋势上弯道的Q4断面仍是凹岸$d>0.05$ mm含量是一减小趋势,$d<0.025$ mm粒径含量是一增加趋势(见图4-10);而下弯道的Q8断面则出现了凹岸,$d>0.05$ mm含量是一增加趋势,$d<0.025$ mm粒径含量是一减小趋势(见图4-11)。

(4)水位的变化。在对施测时段水位的变化分析中发现,在不同的施测时段因流量不同,弯道的离心力大小不同,凸、凹岸水位变化幅度都不相同。总的说来,上弯道变化比较稳定,除7月30日Q5断面两岸的水位差略大于Q4断面外,其余测次均为Q4断面最大,Q3断面最小;相比之下,下弯道不是那么稳定(见表4-17)。

表 4-16　主要测验项目在 Q4、Q8 断面上的横向变化(0.2 相对水深)

项目	垂线位置(m)	流速(m/s)	含沙量(kg/m³)	d>0.05 mm(%)	d<0.025 mm(%)	垂线位置(m)	流速(m/s)	含沙量(kg/m³)	d>0.05 mm(%)	d<0.025 mm(%)	垂线位置(m)	流速(m/s)	含沙量(kg/m³)	d>0.05 mm(%)	d<0.025 mm(%)
时间	7 月 30 日 流量 44~58 m³/s					8 月 4 日 流量 67 m³/s					8 月 11 日流量 30 m³/s				
Q4 断面	8	1.34	293	24.3	53.7	8	1.63	53.8	18.7	52.7	10	1.29	481	40.1	33.1
	13	2.05	302	22.3	55.5	14	2.46	57.8	17.7	52.3	16	1.60	462	37.1	34.8
	18	2.28	299	26	52.4	20	2.62	52.9	17.8	53.3	20	2.02	475	36.3	35.8
	22	2.37	308	21	56.5	24	2.62	49.2	17.5	55.3	23	1.83	444	34.8	36.4
	26	2.53	290	18.6	58.2	27	2.22	50.1	15.4	56.6	26	1.99	440	34.6	36.6
	26/8	1.89	0.99	0.77	1.08	27/8	1.36	0.93	0.82	1.07	26/10	1.54	0.91	0.86	1.11
	22/8	1.77	1.05	0.86	1.05	24/8	1.61	0.91	0.94	1.05	23/10	1.42	0.92	0.87	1.1
时间	7 月 30 日 流量 47 m³/s					8 月 4 日 流量 58.6 m³/s					8 月 11 日流量 30 m³/s				
Q8 断面	12	1.02	289	15.6	60.6	8	1.60	55.6	24.1	45.3	14	1.44	411	37.2	33.9
	16	1.64	280	12.6	64.8	14	1.71	48.1	26.2	45.7	18	1.71	486	38.8	33.1
	20	1.97	261	15.5	61.5	18	2.02	40.0	18.1	54.7	20	1.71	475	43.3	29.7
	24	2.48	291	17	59.1	22	2.16	47.3	21.1	48.2	24	1.86	477	37.5	34.2
	27	2.29	317	23.1	54.5	27	2.16	49.1	20.7	48.4	27	1.36	445	33.9	35.7
	27/12	2.25	1.1	1.49	0.9	27/8	1.35	0.88	0.86	1.07	27/14	0.94	1.08	0.91	1.05
	24/12	2.43	1.01	1.09	0.98	22/8	1.35	0.85	0.87	1.06	24/14	1.29	1.16	1.01	1.01

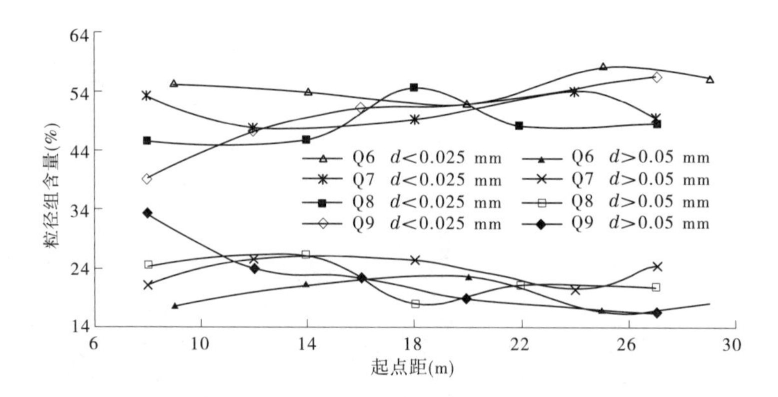

图 4-9　8 月 4 日下弯道各断面 0.2 相对水深处粒径含量的横向分布

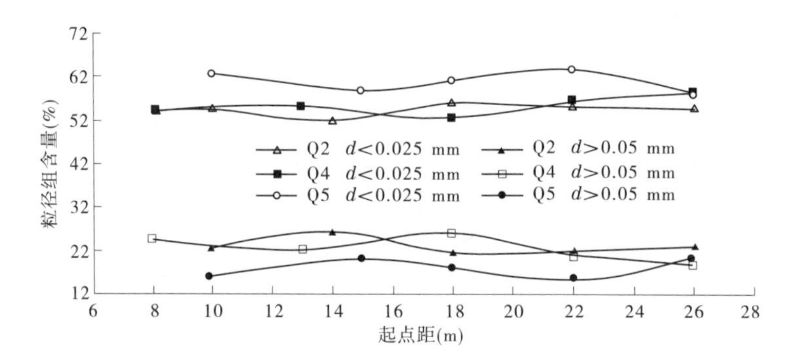

图 4-10　7 月 30 日上弯道各断面 0.2 相对水深处粒径含量横向变化

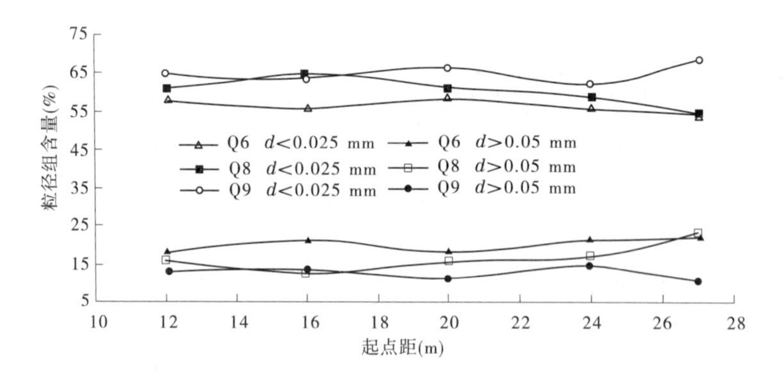

图 4-11　7 月 30 日下弯道各断面 0.2 相对水深处粒径含量横向变化

表 4-17　测点资料施测时段内断面凸右岸水位之差平均值　（单位:cm）

时间(年-月-日T时:分)	Q3	Q4	Q5	Q7	Q8	Q9
2004-07-30T13:00~18:00	4.17	9.86	10.33	10.86	11.14	-2.86
2004-08-04T09:00~14:00	8.50	14.75	10.17	11.99	21.34	1.08
2004-08-11T09:00~12:00	1.33	13.42	6.37	0.60	16.60	2.25

3)垂向变化

表4-18、表4-19分别为上弯道Q4断面和下弯道Q8断面主要测验项目在各垂线0.2、0.8相对水深上的变化。

(1)流速的变化。从7月30日、8月4日和8月11日三次实测资料的分析看，上弯道Q4断面凸岸一侧垂线0.2水深处是0.8水深处流速的1.12~1.22倍，凸岸一侧第二条垂线0.2水深处是0.8水深处流速的1.16~1.37倍；下弯道Q8断面凸岸一侧垂线0.2水深处是0.8水深处流速的1.15~1.32倍，凸岸一侧第二条垂线0.2水深处是0.8水深处流速的1.17~1.21倍。

(2)含沙量的变化。从表4-18中可以看出，7月30日和8月4日上弯道凸岸一侧的垂线上部含沙量均小于下部含沙量，8月11日实测资料则上下基本一致。表4-19所表述的下弯道正相反，8月11日凸岸一侧的垂线上部含沙量小于下部含沙量，而7月30日和8月4日两次，凸岸上部含沙量反而高于下部。

(3)$d>0.05$ mm、$d<0.025$ mm粒径含量的变化。从表4-18中$d>0.05$ mm、$d<0.025$ mm粒径含量看出，上弯道Q4断面凹岸一侧上部水流中挟带的$d<0.025$ mm粒径含量略高于下部，上部与下部粒径含量比值均大于1。$d>0.05$ mm粒径含量上部小于下部，上部与下部粒径含量比值也基本上均小于1。比较三次资料发现，含沙量越高，沿垂线分布梯度变化越小；从表4-19中看到，下弯道Q8断面凹岸一侧挟带的$d>0.05$ mm粒径含量下部则略高于上部。

总而言之，上弯道曲率半径较大，弯道环流特性较为稳定；下弯道由于曲率半径较小，离心力作用强，水流紊动剧烈，对流量、含沙量的变化比较敏感，在运行过程中反映出它的不稳定性。

4.上、下弯道溢流堰运行效果对比分析

表4-20给出了上、下堰2005~2007年单独运行和同时运行各自的分水、分沙比例统计。可以看出，两堰溢出的粗沙比例均小于细沙比例，都具有“留粗排细”的泥沙分选作用。但上弯道溢流堰分水、分沙量比例关系比较稳定，随着分水比的增加，各种分沙比也随着增大；而下弯道溢流堰分水分沙量比例关系不太稳定，比较难以控制。这可能与下弯道曲率半径较小，水流紊动强有关。

由于下弯道是在上弯道的下游，上弯道的出口断面与下弯道的进口断面平均间距只有309 m，且上弯道下游还有另外一个与下游顺直段的衔接弯道，所以下弯道可能会受上弯道和衔接弯道水流变化的影响。

表 4-18　上弯道 Q4 断面主要测验项目在垂线 0.2、0.8 相对水深上的变化

项目	垂线位置(m)	流速(m/s)	含沙量(kg/m^3)	$d>0.05$ mm(%)	$d<0.025$ mm(%)	垂线位置(m)	流速(m/s)	含沙量(kg/m^3)	$d>0.05$ mm(%)	$d<0.025$ mm(%)	垂线位置(m)	流速(m/s)	含沙量(kg/m^3)	$d>0.05$ mm(%)	$d<0.025$ mm(%)
时间	7 月 30 日 流量 44~51 m^3/s					8 月 4 日 流量 67 m^3/s					8 月 11 日流量 30 m^3/s				
0.2 相对水深	8	1.34	293	24.3	53.7	8	1.63	53.8	18.7	52.7	10	1.29	481	40.1	33.1
	13	2.05	302	22.3	55.5	14	2.46	57.8	17.7	52.3	16	1.6	462	37.1	34.8
	18	2.28	299	26	52.4	20	2.62	52.9	17.8	53.3	20	2.02	475	36.3	35.8
	22	2.37	308	21	56.5	24	2.62	49.2	17.5	55.3	23	1.83	444	34.8	36.4
	26	2.53	290	18.6	58.2	27	2.22	50.1	15.4	56.6	26	1.99	440	34.6	36.6
0.8 相对水深	8	1.16	290	21.1	55.4	8	1.24	81.6	30.5	40.6	10	1.29	481	40.1	33.1
	13	1.58	294	23.7	54.3	14	1.93	61	25	46.2	16	1.48	490	36.6	35.4
	18	1.84	311	20.8	57	20	2.22	58.4	24.8	47.2	20	1.53	462	37.1	34.6
	22	2.05	289	20.6	56.6	24	2.2	56.6	18.4	51.6	23	1.34	450	36.6	35.3
	26	2.07	298	20.1	57.7	27	1.89	52.5	17.3	54.9	26	1.78	424	35	36.5
0.2/0.8	26	1.22	0.97	0.93	1.01	27	1.17	0.95	0.89	1.03	26	1.12	1.04	0.99	1
	22	1.16	1.07	1.02	1	24	1.19	0.87	0.95	1.07	23	1.37	0.99	0.95	1.03

表 4-19　下弯道 Q8 断面主要测验项目在垂线 0.2、0.8 相对水深上的变化

项目	垂线位置(m)	流速(m/s)	含沙量(kg/m³)	$d>0.05$ mm(%)	$d<0.025$ mm(%)	垂线位置(m)	流速(m/s)	含沙量(kg/m³)	$d>0.05$ mm(%)	$d<0.025$ mm(%)	垂线位置(m)	流速(m/s)	含沙量(kg/m³)	$d>0.05$ mm(%)	$d<0.025$ mm(%)
时间	7 月 30 日 流量 47 m³/s					8 月 4 日 流量 58.6 m³/s					8 月 11 日流量 30 m³/s				
0.2 相对水深	12	1.02	289	15.6	60.6	8	1.60	55.6	24.1	45.3	14	1.44	411	37.2	33.9
	16	1.64	280	12.6	64.8	14	1.71	48.1	26.2	45.7	18	1.71	486	38.8	33.1
	20	1.97	261	15.5	61.5	18	2.02	40.0	18.1	54.7	20	1.71	475	43.3	29.7
	24	2.48	291	17	59.1	22	2.16	47.3	21.1	48.2	24	1.86	477	37.5	34.2
	27	2.29	317	23.1	54.5	27	2.16	49.1	20.7	48.4	27	1.36	445	33.9	35.7
0.8 相对水深	12	0.74	373	18	56.6	8	1.60	55.6	24.1	45.3	14	1.44	411	37.2	33.9
	16	1.47	255	16.2	59.8	14	1.59	55.0	26.5	44.5	18	1.30	464	40.7	31.8
	20	1.59	287	14.2	62.7	18	1.88	46.9	22.3	47.9	20	1.59	471	39.7	32.2
	24	2.11	276	15.5	61.4	22	1.84	37.7	14.6	57.3	24	1.54	546	40.1	32.4
	27	1.99	278	18.8	58.5	27	1.83	46.9	18.1	50.7	27	1.03	463	36.4	34.9
0.2/0.8	27	1.15	1.14	1.23	0.93	27	1.18	1.05	1.14	0.95	27	1.32	0.96	0.93	1.02
	24	1.18	1.05	1.1	0.96	22	1.17	1.25	1.44	0.84	24	1.21	0.87	0.94	1.06

表 4-20　2005～2007 年溢流堰的分水、分沙比例统计

年度	堰别	运行状况	堰顶高（m）	加板高（m）	堰上水深（m）		分水、分沙比例（%）			
					堰上	板上	分水	分沙	分粗沙	分细沙
2005	上堰	单堰	376.00	0	1.54	1.54	16.65	13.64	9.95	16.15
		两堰		0	1.33	1.33	12.24	10.37	6.97	11.78
		两堰		0.3	1.33	1.03	9.26	8.75	6.01	10.18
	下堰	两堰	375.51	0.2	1.73	1.43	21.53	28.37	23.22	30.3
		单堰		0.2	1.8	1.6	22.99	21	14.01	23.53
		两堰		0.5～0.6	1.72	1.22	12.76	12.08	8.12	14.05
2006	上堰	单堰	376.00	0.3	1.36	1.06	18.86	20.57	14.56	22.62
				0.7	1.22	0.52	6.26	7.07	4.42	8.06
				0.7	1.78	1.08	23.91	23.82	19.74	25.95
2007	下堰	单堰	375.51	0.9	1.91	1.01	28.31	21	11.18	25.47

注：分水、分沙比例是与同时段的 Q1 断面水量、沙量及其相应的粗、细沙平均含量的比值。

因此，若不考虑上弯道对下弯道的影响，对于 2004～2007 年放淤试验的水沙条件，根据溢流堰对粗、细沙的分选效果和弯道内水沙运行规律的对比分析，上弯道的运行效果及稳定性要优于下弯道。亦即弯道溢流堰弯道半径取 4 倍渠宽时要优于取 2.5 倍渠宽。

需要说明的是，输沙渠与弯道的淤积，改变了弯道断面原来的设计形态，导致弯道环流特性的改变，对溢流堰泥沙分选效果也会产生一定的影响。

（三）运用效果评估

由于 2004 年放淤期间溢流堰退水渠的淤堵，溢流堰运行处于非正常状态，因此主要考虑 2005～2007 年运行情况。

1. 堰上水深

从表 4-5 知，当放淤闸引水流量（Q1 断面）为 39.2 m^3/s 时，上弯道水深与溢流堰堰顶持平，下弯道溢流堰开始分流，堰上水深为 0.1 m；当引水流量为 58.9 m^3/s 时，上弯道堰上水深 0.36 m，下弯道堰上水深 0.35 m；当引水流量为 90.3 m^3/s 时，上弯道堰上水深为 0.65 m，下弯道堰上水深为 0.52 m。由图 4-12 可见，堰上实际水深平均值则明显高于设计值，尤其下弯道堰上水深高出更多。这主要与输沙渠及弯道的淤积有关，因此难以按照设计的溢流堰堰顶水深 0.3H 进行控制。

2. 分水流量

图 4-13 是 2005～2007 年两个溢流堰溢流的分水流量时段平均值与放淤闸引水流量时段平均值所建立的关系。可以看出，在溢流堰顶部放置挡板的情况下，上弯道溢流堰的分水流量与设计值较为接近，部分时段大于或小于设计值，而下弯道溢流堰的分水流量与设计值相比均大于设计值。

3. 分水含沙量

从表 4-13 可见，2005～2007 年两个溢流堰溢流期间放淤闸引入水流的平均含沙量为

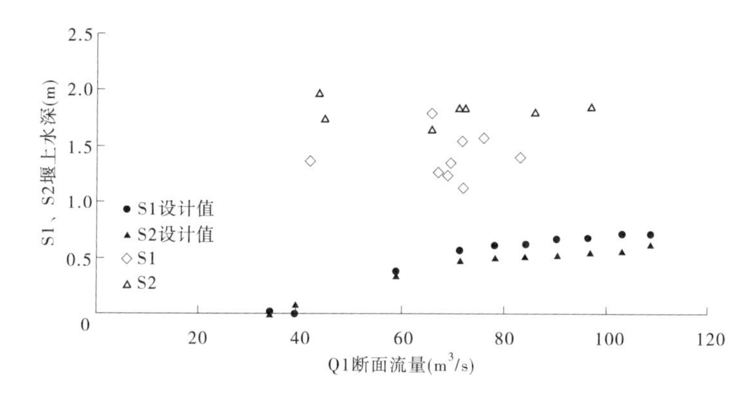

图 4-12　2005~2007 年 S1、S2 设计堰上水深与实测值的比较

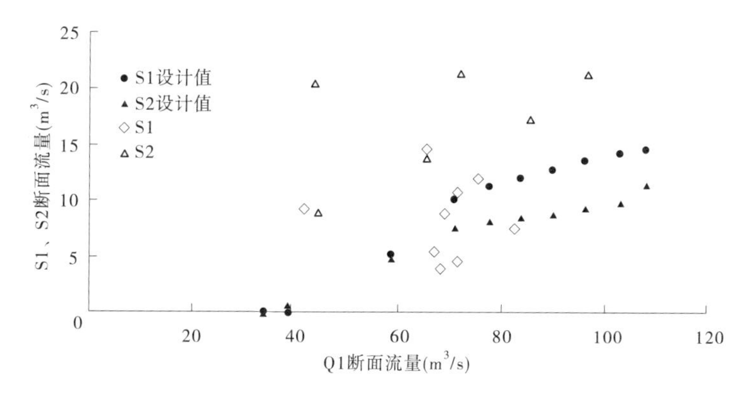

图 4-13　2005~2007 年 S1、S2 设计流量与实测流量的比较

44.9 kg/m^3,其中粗沙含量为 20%,细沙含量为 56.6%。同期两个溢流堰分出水流的平均含沙量为 42.4 kg/m^3,小于放淤闸引入水流的平均含沙量,其中粗沙含量为 14.0%,比放淤闸引入水流的含量低;细沙含量为 64.6%,比放淤闸引入水流的含量高。

4. 综合评估

2005~2007 年弯道溢流堰运行效果表明,由于弯道环流的作用,通过弯道溢流堰退出水流的含沙量比放淤闸引进水流的含沙量小,退出的泥沙粒径也明显比引进的泥沙粒径细。说明利用弯道溢流堰提高淤粗排细效果的设计思想是正确的,但运用效果还有待进一步提高。

两个弯道溢流堰对粗细沙都有一定的分选效果,但由于上弯道曲率半径较大,弯道环流特性比较稳定;下弯道则由于曲率半径较小,离心力作用强,水流紊动剧烈,对流量、含沙量的变化比较敏感,在运行过程中反映出它的不稳定性。

5. 有关问题

从 2004~2007 年弯道溢流堰运行中发现,弯道溢流堰工程的设计存在以下几个问题。

1) 弯道溢流堰退水问题

弯道溢流堰退水采用大河 2003 年断面水位流量关系线的中线设计,2004 年运行中出现了退水不畅问题。在前两轮放淤试验中，由于退水渠和大河没有挖通，溢出水流全部退入青年林。受上弯道溢流堰所溢水流顶托，下弯道溢流堰运行不正常。前两轮放水，已使青年林淤满，在以后的四轮放淤试验运行过程中，上溢流堰仅溢流 2～3 m^3/s，下溢流堰基本不溢流，即两个溢流堰不能正常运用。

黄河小北干流河道冲淤变化剧烈，水位变幅大，2004 年水位表现偏高，原设计余地留得不够，这是造成退水不畅的第一个原因。第二个原因是，退水渠施工时为了减少砍树使退水渠改线，线路更加不利。

针对 2004 年退水渠存在的问题，2005 年放淤试验前对此进行了重新设计，部分渠线进行了改建，部分渠线进行了调整，2005～2007 年放淤试验期间退水渠运行良好。

2）溢流堰调度加高问题

原设计的通过放预制板块和编制袋加高溢流堰堰高的溢流堰调度方式，在实际中应用难度较大。现场调度中探索的利用柳枝封堵溢流堰的方法，利用了输沙渠高含沙量水流的特点，有较高的使用价值。

针对 2004 年溢流堰调度不方便的问题，2005 年放淤前也进行了改建，变堰顶两岸斜坡为直立活动门槽式，运行调度时只要加高或降低挡水板的高度即可，2005～2007 年运行良好，管理和运行调度都比较灵活、方便。现场试验表明，溢流堰调度方式要尽量简便，溢流堰的运行工况不宜复杂。

3）弯道淤积问题

从 2004 年放淤试验开始，弯道部位的淤积问题就开始显现。图 4-14～图 4-17 是 2004 年第 2 轮和第 4 轮放淤结束以后输沙渠不同断面的变化情况。可见，2004 年 8 月 1 日、8 月 15 日施测时，Q4 和 Q8 断面的淤积面积、淤积厚度比 Q1 和 Q10 断面大得多。在 2004 年之后的几轮放淤中，淤积量增加不是很大。

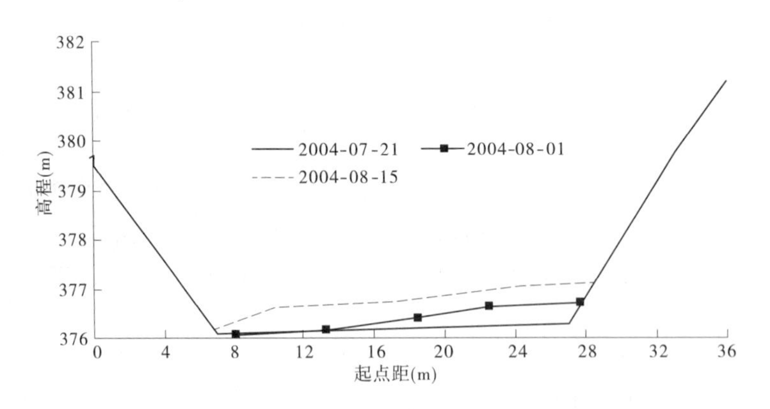

图 4-14　2004 年放淤试验输沙渠 Q1 断面淤积情况

2005 年放淤试验开始前，对弯道内的淤积物进行了清除。2005 年放淤试验时间不长且放淤流量并不是很小（平均流量 71.42 m^3/s），但弯道内 Q4 断面仍发生了强烈的淤积，淤积情况见图 4-18。

关于弯道断面淤积的原因，一方面可能由小流量造成，另一方面可能与弯道环流特性有关。从河流弯顶段的冲淤演变分析看，河湾中横向输沙不平衡，导致河湾凹岸坍塌、凸

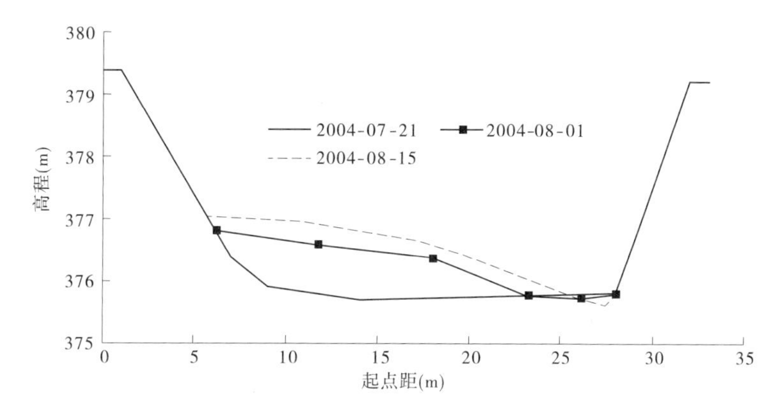

图 4-15　2004 年放淤试验输沙渠 Q4 断面淤积情况

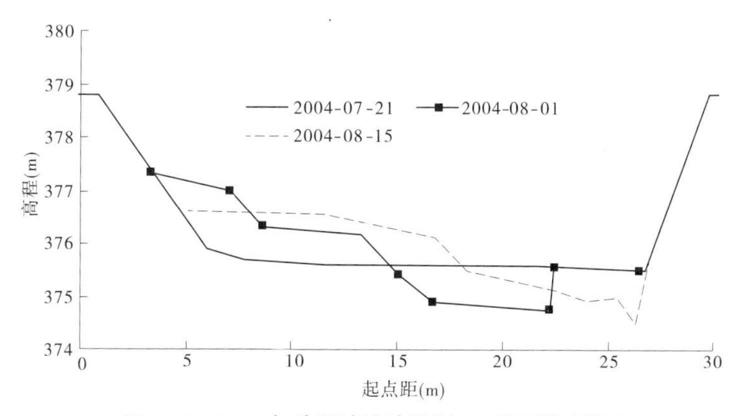

图 4-16　2004 年放淤试验输沙渠 Q8 断面淤积情况

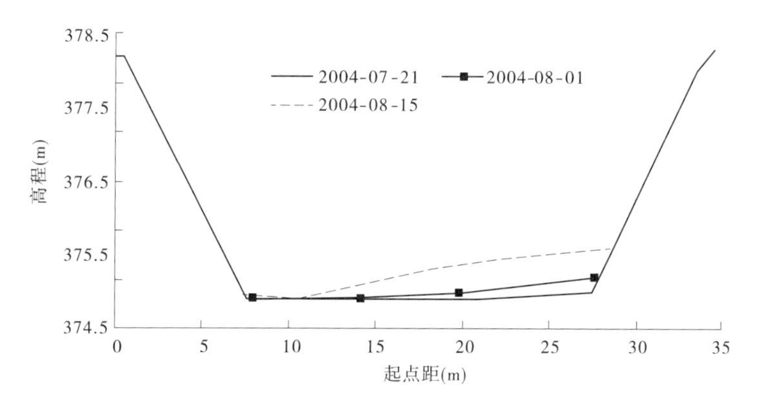

图 4-17　2004 年放淤试验输沙渠 Q10 断面淤积情况

岸淤长。一般情况下,在河湾上半段,主流线靠近凸岸,然后流向凹岸顶点,在河湾下半段主流线靠近凹岸。所以,在河湾顶冲点以下,常常是崩岸的部位,结果使得河湾曲率半径变小,中心角增大,河身加长,并使整个河湾呈现向下游蜿蜒蠕动的趋势,见图 4-19。

虽然输沙渠的弯道是由浆砌石护岸,弯道顶点不能移动,但冲淤消长规律仍然存在,河湾曲率半径变小,中心角增大现象导致弯道凸岸的淤积强度加大,使得弯道顶点部位底

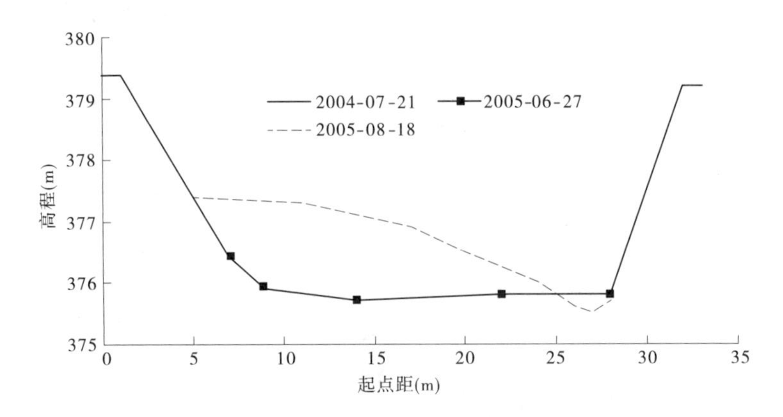

图 4-18　2005 年放淤试验输沙渠 Q4 断面淤积情况

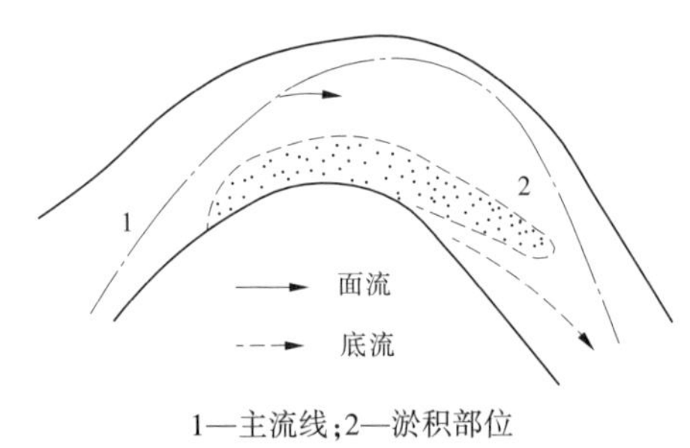

1—主流线;2—淤积部位

图 4-19　河流弯道部位冲淤消长示意图

宽缩窄,过水面积减小,凸岸边坡系数增大。位于弯道顶点的 Q4、Q8 断面凸岸淤积,凹岸被冲刷,底部的水泥土护面甚至被冲毁。

因此,根据弯道各断面的运行现状以及河流弯道部位的冲淤演变规律分析认为,弯道断面的设计应充分考虑弯道冲淤演变特性;再设计时,应缩窄弯道底部宽度,增大凸岸边坡系数。具体的断面形态、边坡系数还有待进一步研究,或通过模型试验研究确定。

第三节　输沙渠

一、输沙渠设计

(一)渠线布置

为节约工程量和减少占压,输沙渠主要沿汾河口工程(上段)背河侧布置,利用汾河口工程作为输沙渠的右侧渠堤。为与引水闸的消能防冲段衔接平顺,根据《灌溉与排水工程设计规范》(GB 50288—99),渠道的弯道曲率半径不小于 5 倍水面宽度,输沙渠前段圆弧半径取为 500 m。

为了提高淤区淤粗排细效果,在输沙渠中部增加两个弯道,增加弯道以后,两个弯道的输沙渠线在东西方向控制在老汾河口工程与河津电厂水源地交通路之间的 150 m 左右范围内。渠堤尽量利用老堤,不破坏交通路和水源地机井,尽量少占用水塘,并使弯道与渠线直线段平顺连接。根据上述要求,结合地形条件,最后输沙渠布置的总长度为2.63 km。

(二)输沙渠纵横断面设计

考虑输沙渠输沙对比降、地形条件以及输沙比降加大对淤区堆沙容积的影响等因素,经综合分析,渠底纵比降在第一个弯道出口以上 884 m 采用 4‰,第一个弯道出口以下 1 746 m 采用 5‰。

输沙渠为连接放淤闸与淤区输送水沙的建筑。鉴于试验工程的特殊性,根据放淤工程的运用方式,其断面尺寸按设计引水流量 71 m^3/s、加大引水流量 108 m^3/s 考虑。

总结以往高含沙量输水渠的运行经验,采用窄深式断面。弯道前后,设计时不考虑过流河宽变化,渠道底宽均采用 20 m,输沙渠上段设计水深 1.88 m,加大流量水深 2.4 m,下段输沙渠加大流量设计水深 2.25 m。渠道内边坡 1:2,填土外边坡 1:2。

(三)衬砌材料设计

由于输沙渠的作用主要是输送高含沙量的粗泥沙,要求输沙渠的挟沙能力较大,由此带来渠道内的流速相应较大,一般土渠满足不了抗冲流速的要求。因此,需要对渠道采取防冲措施。

经过多种方案比较,输沙渠采用水泥土护底护坡,渠底护底厚度 15 cm;两侧边坡护面垂直厚度 0.30 m。水泥土配合比为 1:8。为增强护坡面板的稳定性,在渠底两坡脚处分别设置 0.5 m×0.6 m 的水泥土齿槽。水泥土护面层设置横向伸缩缝与纵向伸缩缝,以适应温度变化及基础不均匀沉降的需要。设纵向伸缩缝 6 道,间距 4 m,其中在两内坡脚处各设 1 道,渠坡不分缝;沿渠道横向每 4 m 设 1 道横向缝,坡堤贯通;缝宽均为 2 cm。伸缩缝接缝材料采用沥青砂浆。渠坡和渠底分别设置预制无砂混凝土排水体,排水体下均用土工布作反滤层。

二、输沙渠运用及效果

(一)输沙渠进出水沙变化

1. 流量的变化

点绘 2004~2006 年(2007 年 Q10 断面缺测)输沙渠进出口断面(Q1、Q10)的流量关系,二者具有较好的一致性(见图 4-20)。

输沙渠进中部设有两个弯道溢流堰进行分流。可以看出,2004 年由于溢流堰退水渠的淤堵,溢流堰分流很小,两断面的流量关系分布在对角线两侧;2005 年两个溢流堰分流量大,点子集中分布在对角线以下,且随着 Q1 断面流量的增大,偏离度大;2006 年分流量没有 2005 年的大,偏离程度小。

2. 含沙量的变化

图 4-21 是 2004~2006 年度放淤试验输沙渠进出口断面(Q1、Q10)实测含沙量关系。可以看出,只有 2004 年含沙量比较大时含沙量点子有些散乱;当含沙量相对较小时关系很好。2004~2006 年输沙渠进出口断面每年的含沙量关系,相关系数 R^2 均超过了 0.88,最高的达到了 0.95。

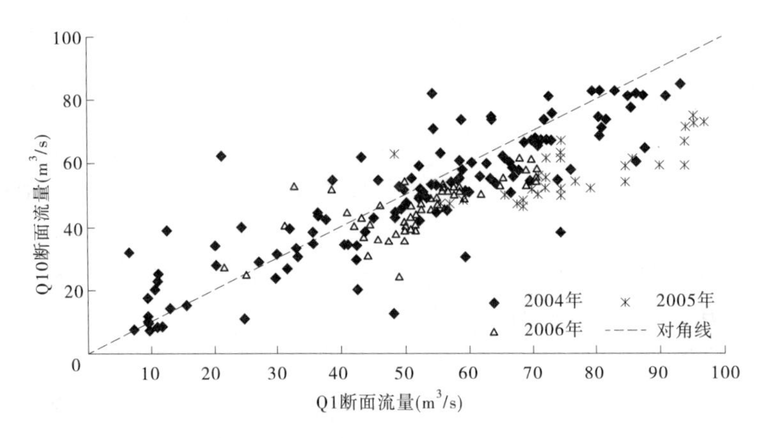

图 4-20　输沙渠进出口断面流量关系

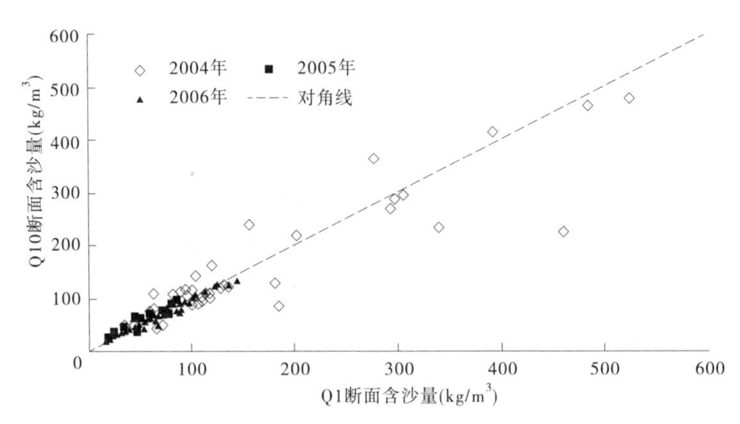

图 4-21　输沙渠进出口断面含沙量关系

3. 分组粒径的变化

图 4-22、图 4-23 是 2004～2006 年放淤期间输沙渠出口 Q10 断面与进口 Q1 断面 $d>0.05$ mm、$d<0.025$ mm 的泥沙粒径含量的比较。图中的实线是关系点的趋势线，可以看出，关系点子基本上分布在对角线两侧，趋势线与对角线略有偏离，两组泥沙偏离方向一致，但偏离幅度均不大，$d<0.025$ mm 的细沙偏离幅度更小。从图 4-22 中可以看出，当 $d>0.05$ mm 粗沙含量比较高（大于 20%）时 Q10 断面小于 Q1 断面，说明输沙渠将产生淤积。

根据对 2004～2006 年放淤期间输沙渠进出口断面 $d>0.05$ mm、$d<0.025$ mm 的泥沙粒径含量关系分析的比较，无论是 $d>0.05$ mm 还是 $d<0.025$ mm 的关系，均以 2004 年的关系最好，2005 年最差，此与溢流堰的运用有关。

（二）输沙渠冲淤变化分析

1. 淤积断面

2004 年放淤试验开始前的 7 月 21 日对输沙渠的 Q1～Q10 断面（各断面相对位置示意图见图 4-24）进行了基础测验，之后在第 2 轮结束后的 8 月 1 日、第 4 轮结束后的 8 月 15 日和第 6 轮结束后的 9 月 4 日，又进行了 3 次大断面测验。Q1、Q4、Q8 和 Q10 断面淤积情况套绘见图 4-25～图 4-28。经计算，2004 年输沙渠 Q1～Q10 断面共淤积泥沙约 2.43

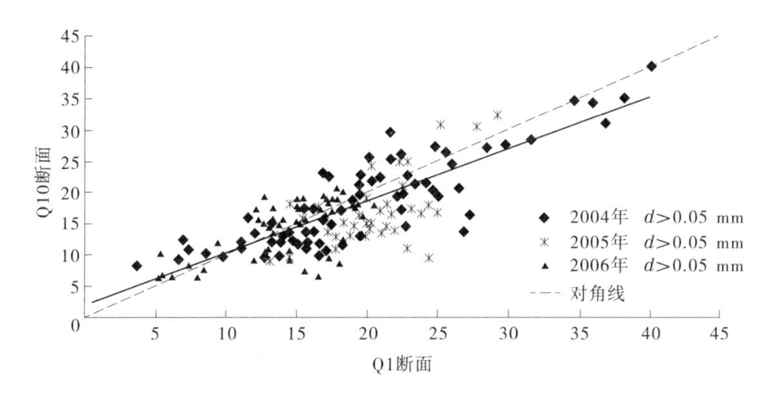

图 4-22 输沙渠进出口断面 $d>0.05$ mm 泥沙含量的关系

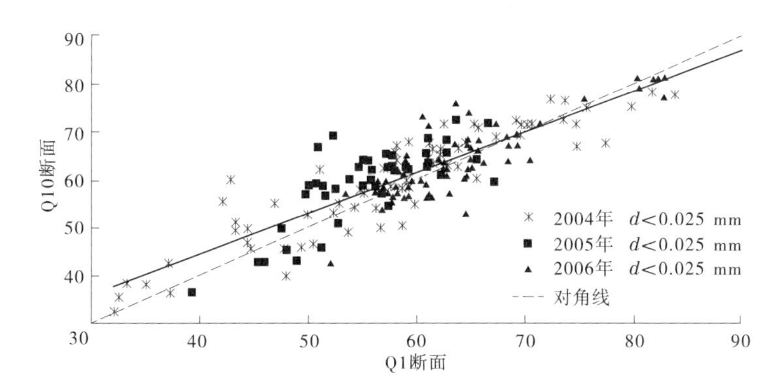

图 4-23 输沙渠进出口断面 $d<0.025$ mm 泥沙含量的关系

万 m^3(见表 4-21)。输沙渠淤积量以第 1、2 轮放淤期间的淤积量最大,第 5、6 轮淤积量最少;输沙渠上段 Q1~Q2 淤积量最大,下段 Q9~Q10 次之;以 Q6 断面为界,输沙渠上段(1 113 m)淤积量大于下段(1 237 m);上弯道的淤积量大于下弯道的淤积量。以单位长度淤积量计算,以上弯道(Q2~Q5)淤积量最大,其次是 Q5~Q6 渠段,最小的是 Q9~Q10 渠段。

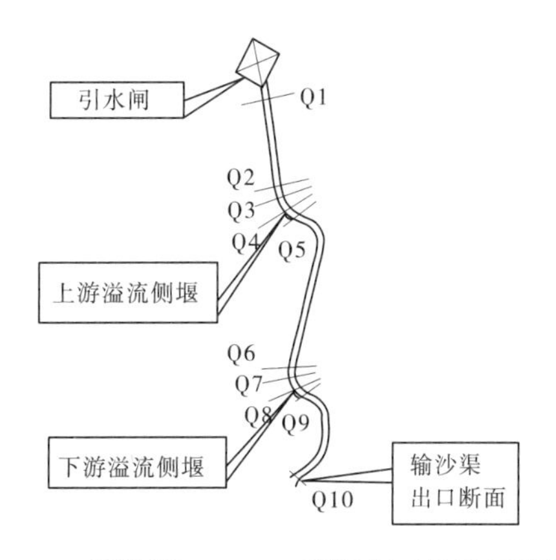

图 4-24 输沙渠 Q1~Q10 断面相对位置示意图

表 4-21　断面法计算 2004~2006 年输沙渠各部位淤积量　（单位：m^3）

渠段	断面间距(m)	时段(年-月-日)			2004 年	2005 年	2006 年	3 年累计
		2004-07-21~08-01	2004-08-01~08-15	2004-08-15~09-04				
Q1~Q2	485	2 070.62	3 261.00	1 047.72	6 379.34	2 449.25	3 659.8	16 441.01
Q2~Q4	146	1 116.43	709.01	196.33	2 021.77	1 930.85		
Q4~Q5	173	1 827.61	683.70	254.28	2 765.59	1 946.25	4 711	17 417.50
Q5~Q6	309	2 152.52	1 370.91	716.36	4 239.79	1 738.12		
Q6~Q8	120	392.88	459.96	356.91	1 209.75	807.00		
Q8~Q9	147	505.78	383.41	509.98	1 399.17	944.48	10 248	27 448.65
Q9~Q10	970	3 035.84	3 455.49	-218.83	6 272.50	8 584.50		
Q1~Q10	2 350	11 101.6	10 323.5	2 862.75	24 287.8	18 400.5	18 619	61 307.30

2005 年放淤前后也分别对输沙渠大断面进行了实测，输沙渠淤积情况见 Q1、Q4、Q8 和 Q10 断面套绘图 4-25~图 4-28。2005 年放淤期间输沙渠共淤积泥沙约 1.84 万 m^3（见表 4-21）。输沙渠淤积量与 2004 年不同的是下段 Q9~Q10 淤积量最大，上段 Q1~Q2 次之；以 Q6 断面为界，输沙渠上段淤积量小于下段；两个弯道相比是上弯道的淤积量大于下弯道，与 2004 年相同。以单位长度淤积量计算，以上弯道（Q2~Q5）淤积量最大，其次是 Q9~Q10 渠段；淤积量最小的是 Q1~Q2 渠段。

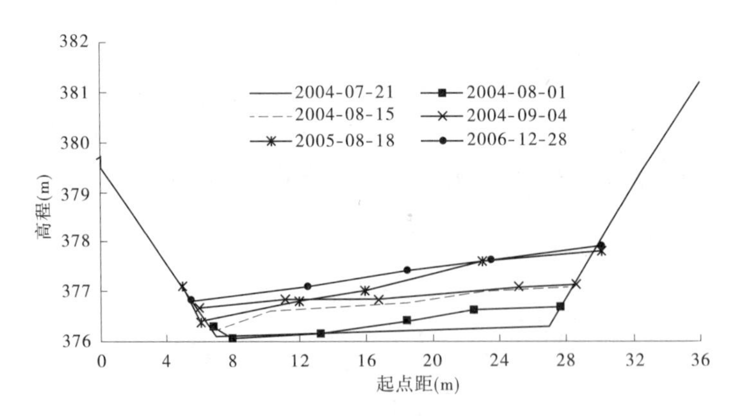

图 4-25　放淤闸后 Q1 断面淤积形态

2006 年放淤后分别对输沙渠 Q1、Q4、Q8 和 Q10 断面进行了实测，输沙渠淤积情况见 Q1、Q4、Q8 和 Q10 断面套绘图 4-25~图 4-28。2006 年放淤期间输沙渠共淤积泥沙约 1.86 万 m^3（见表 4-21）。淤积量最大的渠段是 Q8~Q10，Q1~Q4 段淤积量最小（Q2、Q3、Q5、Q6、Q7、Q9 断面缺测）。单位长度淤积量最大的是 Q8~Q10 渠段；最小的是 Q1~Q4 渠段。

根据 2004~2006 年实测断面成果，3 年放淤试验输沙渠的实际淤积量约 6.13 万 m^3，

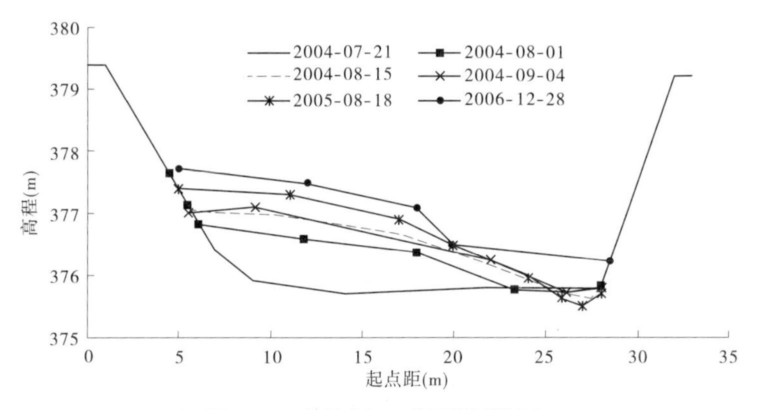

图 4-26 输沙渠 Q4 断面淤积形态

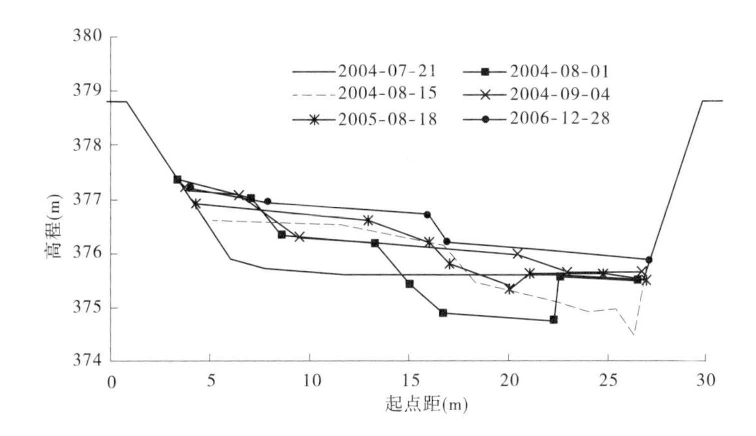

图 4-27 输沙渠 Q8 断面淤积形态

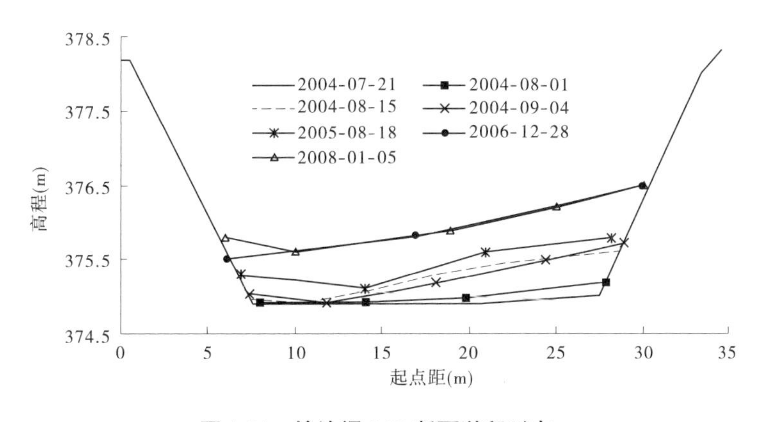

图 4-28 输沙渠 Q10 断面淤积形态

单位长度淤积量为 2.61 万 m^3/km,最大的是 Q4~Q8 渠段。

2004 年放淤结束以后,对输沙渠上、下段分别进行了淤积物取样分析。图 4-29 是输沙渠上段(Q1 断面)和下段(Q9、Q10 断面中间位置)淤积物颗粒级配曲线。从渠段上看,上段淤积物颗粒级配明显粗于下段(见表 4-22),平均情况下 d>0.05 mm 粗沙淤积量占总淤积量的 93.6%，$d<0.025$ mm 细沙仅占 2%。

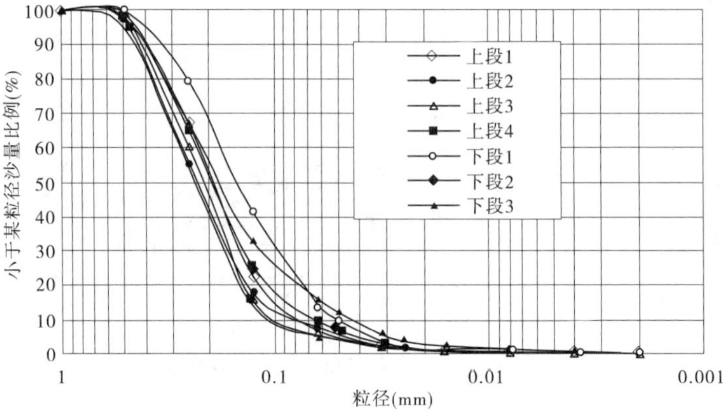

图 4-29　2004 年输沙渠上、下段淤积物颗粒级配曲线

表 4-22　2004 年输沙渠各部位淤积量和不同粒径泥沙淤积量　（单位：m^3）

部位	沙量	$d>0.05$ mm 沙量	0.025 mm$<d<0.05$ mm 沙量	$d<0.025$ mm 沙量
Q1～Q2	6 379.34	6 088.44	189.63	101.27
Q2～Q5	4 787.36	4 569.06	142.30	76.00
Q5～Q6	4 239.79	4 046.45	126.03	67.31
Q6～Q9	2 608.82	2 357.5	183.49	67.83
Q9～Q10	6 272.51	5 668.25	441.17	163.09
Q1～Q10	24 287.81	22 729.71	1 082.61	475.49

2. 水面比降变化

输沙渠的冲淤变化还可从运行过程中的同流量水面比降变化进行说明。图 4-30 是 2004 年输沙渠进口断面（Q1 断面）流量在 55 m^3/s 左右时的水面比降变化情况。可以看出，随着时间的推移，不同断面水位的高程发生着不同的变化，水面比降曲线既有平行，又有相互交叉状态，由此说明在输沙渠的运行过程中，输沙渠各断面发生了时淤时冲的变化过程，但总体趋势是淤积状态，淤积厚度以弯道部位最大，Q10 断面最小。放淤刚刚开始后的 7 月 26 日 22 时，从 Q1 到 Q6 断面水面比降为 6.9‱，从 Q6 到 Q10 比降为 5.9‱，上陡下缓；随着弯道淤积高度的增加，输沙渠比降变得上段越来越缓，下段则越来越陡。8 月 14 日 14 时，从 Q1 到 Q6 断面水面比降变为 5.4‱，从 Q6 到 Q10 比降为 7.5‱；至 8 月 24 日 8 时，Q1 到 Q6 断面水面比降更缓，为 4.2‱，Q6 到 Q10 比降则越来越大，变为 7.9‱。直至第 6 轮放淤期间大流量、低含沙量水流以后，下弯道淤积高度得到有效冲刷，至放淤结束前的 8 月 26 日 14 时，从 Q1 到 Q6 断面水面比降增加到 6.1‱，从 Q6 到 Q10 比降减小到 6.8‱。

图 4-31 是 2005 年、2006 年输沙渠进口断面（Q1 断面）流量在 70 m^3/s 左右时的水面

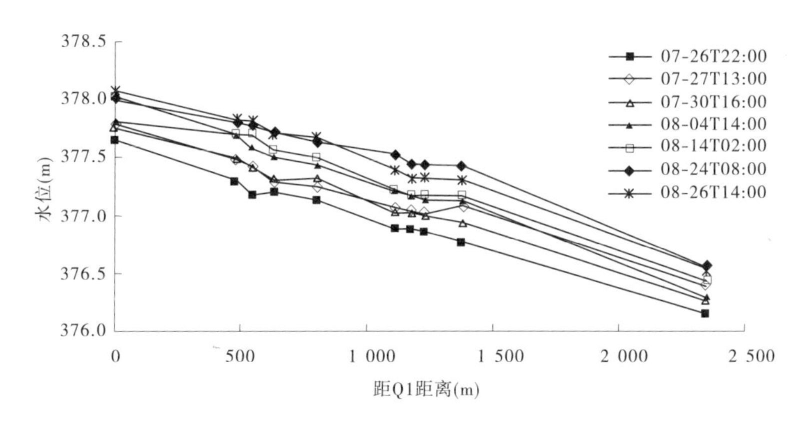

图 4-30　2004 年输沙渠同流量水面比降变化曲线

比降变化情况,可以看出由于这两年放淤时间比较短,引水含沙量相对较小,放淤期间淤积厚度增加不很明显(2006 年第 4 轮除外),2005 年上弯道有淤积,输沙渠下段 Q10 断面水位高度还出现降低现象。2005 年放淤初期的水面比降较缓,到后来水面比降变大,由原来的 7.2‱变到 8.0‱左右;2006 年放淤期间的水面比降变化不大,基本维持在 7.4‱~7.7‱。从图 4-31 中还可以看出,2006 年比 2005 年放淤期间水位相差较大,说明 2005 年放淤后期至 2006 年放淤前输沙渠发生了较为严重的淤积,平均淤积厚度约 0.3 m。

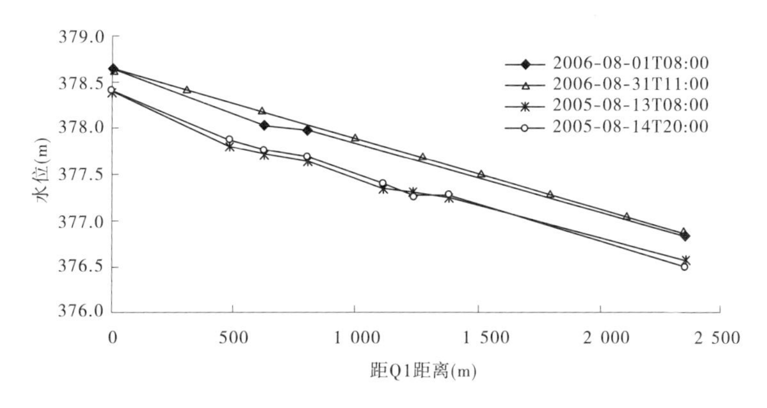

图 4-31　2005、2006 年输沙渠同流量水面比降变化曲线

(三)输沙渠淤积原因分析

通过对输沙渠断面资料、2004~2007 年放淤闸的运用方式、运行时间、输沙渠过水流量等情况进行统计分析,初步认为放淤闸低开度小流量运行、防止放淤闸前淤积、拉沙以及淤区淤高是导致输沙渠淤积的主要原因。

1. 小流量运行

输沙渠的设计是总结高含沙量输水渠的运行经验,断面采用窄深式不冲不淤断面,设计流量 57~108 m^3/s。但小北干流连伯滩放淤的水沙条件变化大,引水流量小的时候不足 10 m^3/s,最大达 97.5 m^3/s,含沙量的变化更大,从 30 kg/m^3 到 500 kg/m^3,引水小流量远远超出了原设计的流量范围，根据黄河下游引黄灌区灌溉渠道运行经验，小水带大沙极易造成输水渠道的淤积。

2004 年 7 月 27 日 1 时至 7 时 30 分放淤闸引水流量仅为 9.7 m^3/s，持续时间 6.5 h，相应含沙量为 186～344 kg/m^3，相应引沙中数粒径为 0.026～0.031 mm，该时段输沙渠首次产生淤积，尤其弯道断面淤积量较大；8 月 11 日 6 时至 12 时引水流量在 22.1～45.8 m^3/s，持续时间 6 h，引水含沙量高达 392～524 kg/m^3，引沙中数粒径为 0.035～0.040 mm，该段时间输沙渠又发生了第二次淤积。

2006 年放淤期间，第 1 轮、第 2 轮放淤结束后，为防止闸前淤积，闸门未进行全部关闭，仍保持下泄 10 m^3/s 流量运行，此时含沙量分别为 40 kg/m^3、30 kg/m^3。由于黄河河势的变化，第 3 轮放淤最后时段，即 2006 年 8 月 31 日 20 时至 9 月 1 日 3 时，引水流量仅为 0.75～31 m^3/s，持续时间 7 h，相应含沙量为 83～127 kg/m^3，相应引沙中数粒径 0.017 mm；同样，河势的变化导致第 4 轮放淤结束，在 9 月 22 日 16 时至 20 时 30 分引水流量仅为 1.74～9.2 m^3/s，持续时间 4.5 h，相应含沙量在 88.2 kg/m^3，相应引沙中数粒径 0.029 mm。这两次小流量运行时段均发生在关闸停水之前，这也是导致输沙渠淤积的重要原因。

2007 年放淤期间，引水平均流量仅为 23.56 m^3/s，从 9 月 2 日 6 时开闸，至 9 月 3 日 22 时，历时 40 h，引水流量均不超过 30 m^3/s，而此时的含沙量变化范围在 29～85.6 kg/m^3。

上述小流量运行阶段，在设计流量 71 m^3/s，加大引水流量 108 m^3/s 的渠道内运行，势必造成输沙渠道的淤积。

2. *引水拉沙*

在 2005～2006 年非放淤试验期间，由于防止河势变化脱流、放淤闸前淤积等因素，放淤闸开闸引水拉沙。放淤闸引水拉沙期间，没有原型观测资料。据调查统计，2005 年放淤闸 7 月 3 日 8 时至 13 时、7 月 23 日 9 时至 20 时开闸冲沙，引水流量 5～50 m^3/s，7 月 23 日 20 时之后放淤闸保持开度 0.1 m 的高度运行，而这两个时段龙门水文站的日平均含沙量分别为 133 kg/m^3 和 96 kg/m^3。2006 年除 6 月 20～21 日开闸拉沙，流量也仅有 10 m^3/s 左右。从图 4-25、图 4-28 中和放淤期间 Q1 断面和 Q10 断面的水位流量关系变化情况可以看出，2005 年与 2004 年、2006 年与 2005 年相比，小流量时的同流量水位抬升高度明显。

由于放淤闸前存在拦门槛，开闸拉沙致使拦门槛的沙量大部分随着拉沙水流进入输沙渠道。拉沙流量小、含沙量大，且拦门槛多为河道淤积的粗沙，这也是导致输沙渠淤积的一个重要因素。

3. *弯道淤积*

从 2004～2006 年 Q4 断面和 Q8 断面的淤积变化过程可以看出，位于弯道顶点的 Q4 断面、Q8 断面凸岸淤积厚度较大，缩窄了渠道过水面积，导致渠道过水能力减小。

4. *淤区地面淤高*

随着放淤时间的延长，退水闸叠梁高度增加，淤区地面不断抬升。一方面，随着淤区进口地段的大幅度淤高，主流沟逐渐变窄变小，水沙输送能力降低，输沙渠下段淤积速度加快,渠道坡降变缓,尤其小流量放淤时水力坡降小,水流输送泥沙的能力降低,引进输沙渠的粗沙部分或全部淤积在输沙渠内。这也是导致输沙渠淤积的一个重要因素。另一方面,随着退水闸叠梁高度的增加,淤区尾部逐渐淤高,淤区地面纵比降逐渐变缓,淤区水力坡降也逐渐减小,对输沙渠水位起到顶托作用,导致输沙渠输沙能力降低。

(四)运行效果评估

1. 输沙能力

从2004~2007年放淤试验期间输沙渠运行情况来看,所输送的水沙变化范围远远超过了原设计水沙条件,但在运行过程中,除2004年输沙渠有所淤积外,其他年份均未发生大的淤积(见表4-23),输沙渠输送高含沙水流的能力较强。由此说明输沙渠在线路、纵比降、纵横断面型式、边坡的选择和确定等方面的设计基本合理,基本能够满足在设计条件下向淤区输送高含沙水流的要求。

表4-23　2004~2007年放淤前、后同流量水位变化情况

年度	Q1断面		Q6断面		Q10断面	
	流量(m^3/s)	水位(m)	流量(m^3/s)	水位(m)	流量(m^3/s)	水位(m)
2004年	42.9	377.44	56.8	377.06	39.5	376.15
	44.3	377.91	52.6	377.29	38.5	376.08
2005年	45.9	378.10			61.3	376.53
	46.8	378.11			63.2	376.54
2006年	39.5	378.30			46.6	376.71
	40.2	378.31			46.5	376.80
2007年	32.0	378.26				
	35.3	378.32				

输沙渠的淤积主要是放淤闸低开度、小流量运行,防止放淤闸前淤积拉沙,淤区淤积后地面抬高、水力坡度减小等因素造成的。

由于输沙渠运行条件比较复杂,小流量运行在所难免。为了减轻小流量运行时的淤积问题,建议为小流量运行提供条件,即在同等地形条件下缩窄输沙渠底部设计宽度,满足小流量、大含沙量的运行要求。

2. 衬砌材料

从输沙渠过流断面的衬砌材料上看,在2004~2007年的工程运行中,经过几年水流的反复冲刷、夏季的酷暑暴晒、冬季的冰雪冻融,除弯道凹岸底部部位有冲毁、部分渠段有坍塌、剥离脱落等毁坏现象外,大多数部位的水泥土护砌面状态良好。说明衬砌材料的选择既经济,又基本能够保证输沙渠的运行安全。

究其输沙渠弯道凹岸底部形成冲坑的原因,该弯道部位的两侧边坡采用浆砌石护砌,而在渠底考虑到其处于冲淤相对平衡状态而采用了水泥土护底。在实际运行中,在弯道凸岸泥沙淤积得较严重,致使该处过水断面大大减小,局部流速很大,导致水泥土护底被冲坏。在今后的设计中弯道渠底也应该采用浆砌石衬砌或水泥土护底。

另外,在输沙渠左岸 Q0+100 桩号左右的边坡局部出现了坍塌。经分析,是因为该处处于挖方段与填方段的过渡段,加之施工时此处地下水位较高,给水泥土的压实等带来了很大困难,使得过渡段处理得不好造成边坡坍塌。在今后的设计中更要对一些细节部位加以高度重视,密切关注施工工序及质量,避免造成工程出险。

第四节　淤区工程

一、淤区设计

(一)淤区布置

在采用实测资料分析和数学模型计算的手段进行了大量的方案比选研究后,黄河小北干流放淤试验工程淤区布置成逐渐展宽的上段、比较顺直的中段和徐缓收缩的下段,整个淤区分成三个池块,见图 1-1。①号、②号、③号池块长度分别为 4. 5 km、8. 6 km、4. 1 km,平均宽度均为 320 m。淤区工程包括左右围堤、纵向格堤、横向格堤、退水口门等。淤区布置是实现“淤粗排细”效果的第三道工程措施。

(二)围堤设计

围堤上段顶宽取 2. 5 m,下段取 3. 5 m,内外边坡均取 1∶2. 5。围堤堤顶高程按设计水位加 1 m 超高确定,在设计水位以下,加土工膜一道。土工膜临水面为水平宽 1 m 的保护土层(用远调土,黏粒含量 5. 3%~13. 2%),为了固定和堤基防渗,土工膜上、下锚固长均为 0. 5 m。在输沙渠出口的围堤处,进行了底部和边坡防护,防护材料采用易施工堆砌的编织袋,在围堤底部及沿围堤的边坡堆码至堤顶,防护厚 30~50 cm,沿围堤纵向防护长度为输沙渠出口 20 m 范围内。

考虑试验工程特点,为了节省工程投资,纵格堤设计标准较低,顶宽取 2 m,两侧边坡均取 1∶2,不衬砌土工膜,格堤顶高程按设计水位加 0. 3 m 超高确定。

(三)退水口设计

为更好地达到淤区“淤粗排细”的效果,方便、有效地对①号池块退水水流的水位及出口含沙量进行控制,在退水口门处架设钢桁架一座。钢桁架顺水流向 5 排,钢管间距 1. 5 m×1. 5 m,脚手架共分 2 层,每层高 2 m,每层顺水流向间隔铺设木板,形成交通平台。钢桁架上游侧通过缠绕在铅丝石笼上的水平拉丝和斜向拉丝进行固定,下游侧采用斜向支杆进行支撑。在钢桁架下游侧采用 1 m 厚、10 m 长的铅丝石笼进行消能防冲。口门左右岸边坡增加编织袋防护,袋上铺设有纺土工布。运行时通过在交通平台上抛投编织袋来调控水位,要求编织袋每层厚度控制在 0. 2~0. 3 m。

退水口门下游接退水渠,退水渠直接把①号池块由退水口门退出来的水流泥沙送往退水闸退回黄河。退水渠右侧渠堤借用纵向格堤,左侧渠堤高按加大流量水深加 0. 3 m 超高确定,堤顶宽度 2 m。

（四）淤区运用方式

淤区的运行可分为淤粗排细和盖淤两个时期。淤粗排细时期淤区由一条长的纵向格堤和4.4 km处的横向格堤分成2条3块运行（见图1-1），放淤顺序为①、③、②。最终的盖淤3块统一进行。

在淤粗排细时期，左侧①号池块的淤粗排细效果主要靠退水口门的操作来实现，②号条池和③号池块的淤粗排细效果主要靠退水闸的操作来实现。

1. ①号池块的运行方式

①号池块的运用经退水口门通过加高编织袋的方式控制运用水位，退水渠则直接把①号池块退出的水流经退水闸退入黄河，而不在淤区左侧下游池块淤积。

为了取得好的拦粗排细效果，①号池块运用时期，应增大该池块的水力坡降，尽量降低退水口水位。退水口门底部高程为371.8 m，初始运行不加编织袋，运行水位受退水口退水能力和进入淤区的流量控制。随着淤积面的抬高，通过加高编织袋的方式逐步抬高水位。当退水口门编织袋加高到运用水位达到设计最高水位374.83 m时，保持该水位一段时间，使淤区得到较充分的淤积。待淤区排出的泥沙有粗颗粒泥沙时，结束该池块的淤粗排细运行。

2. ②号池块和③号池块的运行方式

②号池块和③号池块淤粗排细运用时期，为了增大淤区水力坡降和取得好的拦粗排细效果，淤区出口水位应在满足退水闸退水能力的前提下尽量降低。连伯滩试验工程退水闸平底堰高程为368.3 m，淤区初始运行采用敞泄方式，出口水位受退水闸的泄流能力控制，若泄流71 m^3/s堰上水深为1.79 m，运用水位达到370.09 m。随着淤积面的逐步抬高，通过增加叠梁的方式逐步抬高水位，当退水闸叠梁加高到设计最高水位374.41 m时，保持该运用水位一段时间，使淤区得到较充分的淤积。待淤区排沙比增大到一定程度，如达到80%，排出的泥沙开始有粗颗粒泥沙时，结束②号池块或③号池块的淤粗排细运行。②号池块淤满③号池块淤积前，退水闸叠梁应拆掉。

（五）设计淤积效果

1. 淤积量

根据设计计算结果，连伯滩淤区运行到第3天末时，①号池块淤满，淤积量为178.9万m^3，当第1年运行结束时，②号池块淤积泥沙561.2万m^3，淤区共淤积泥沙740.1万m^3。运行到第2年第6天后③号池块达到准平衡，淤区累计淤积泥沙约1 187.5万m^3。设计淤积情况见表4-24。

表4-24　连伯滩淤区泥沙冲淤计算结果

序号	池块	日期（年-月-日）	流量（m^3/s）	进口含沙量（kg/m^3）	出口含沙量（kg/m^3）	累计淤积量（万m^3）
1	①号池块	1998-07-06	49.4	148.6	23.5	41.1
2		1998-07-07	49.6	225.4	51.3	98.4
3		1998-07-13	77.6	310.8	107.7	178.9

续表 4-24

序号	池块	日期 (年-月-日)	流量 (m^3/s)	进口含沙量 (kg/m^3)	出口含沙量 (kg/m^3)	累计淤积量 (万 m^3)
4	②号池块	1998-07-13	77.6	310.8	26.5	216.4
5		1998-07-14	71.3	361.8	59.0	362.9
6		1998-07-15	55.4	173.4	27.9	416.5
7		1998-07-16	55.7	99.5	15.3	447.7
8		1998-07-17	51.0	95.2	14.7	474.9
9		1998-07-18	50.6	54.4	9.6	490.0
10		1998-07-20	49.5	55.8	7.7	505.8
11		1998-07-21	51.4	57.9	8.5	522.7
12		1998-07-22	49.9	62.2	10.1	539.9
13		1998-08-02	51.9	70.0	7.9	561.3
14		1998-08-03	52.1	60.2	10.0	578.7
15		1998-08-24	65.0	182.9	28.7	646.5
16		1998-08-25	56.9	240.7	41.1	721.9
17		1998-08-26	52.0	66.4	13.5	740.1
18		1998-07-06	49.4	148.6	71.3	765.5
19		1998-07-07	49.6	225.4	190.1	768.4
20	③号池块	1998-07-07	49.6	225.4	39.4	814.4
21		1998-07-13	77.6	310.8	44.5	955.0
22		1998-07-14	71.3	361.8	21.2	1 119.8
23		1998-07-15	55.4	173.4	10.0	1 180.0
24		1998-07-16	55.7	99.5	18.5	1 187.5

2. 淤积物粒径组成

淤区淤积物中,粒径大于0.05 mm的粗颗粒泥沙含量为44%,粒径大于0.025 mm的中粗颗粒泥沙含量为74%。

3. 泥沙级配沿程变化

参考三门峡、盐锅峡等实测资料建立的全沙排沙比与分组沙排沙比的关系,根据淤区出口断面含沙量和入口断面含沙量,计算全沙排沙比,求出粒径小于0.025 mm、0.025～0.05 mm、大于0.05 mm的分组沙排沙比(见表4-25),最后计算出口断面的分组沙含沙量及泥沙级配。

表 4-25　全沙排沙比与分组沙排沙比关系

全沙	0.1	0.2	0.3	0.4	0.5	0.6	0.7	0.8	0.9	1
>0.05 mm	0.004	0.023	0.06	0.11	0.18	0.27	0.38	0.52	0.72	1
0.025~0.05 mm	0.008	0.035	0.078	0.14	0.23	0.36	0.5	0.66	0.83	1
<0.025 mm	0.19	0.36	0.51	0.63	0.74	0.84	0.92	0.96	0.98	1

二、淤区运用及淤积效果

(一)淤区运用情况

1.淤区布置及运用

淤区是小北干流放淤试验黄河粗颗粒泥沙的主要落淤场所。淤区呈南北走向条带状,南北长 8.68 km,东西平均宽 0.64 km。淤区入口距放淤闸 2.63 km,淤区退水口距放淤闸 11 km。按照工程设计,淤区总面积 5.5 km^2,淤积库容 1 258 万 m^3。为了试验不同淤区布设形式的放淤效果,淤区内部增设南北向纵格堤、东西向横格堤各 1 条,将淤区分成 3 个部分。纵格堤以西为②号淤区,淤区长 8 680 m,平均宽度为 320 m。纵格堤以东部分,由横格堤分成南北两个淤区,其中北部为①号淤区,南部为③号淤区, ①、③号淤区长度分别为 4 400 m 和 4 280 m,平均宽度为 320 m(见图 1-1)。

淤区进、退水口分别由 Q10、Q15 断面控制,淤区内部布设 4 个水流沙断面(Q11~Q14)、18 个测淤断面(Y1-2~Y18-2),①号、③号淤区各占一半。横格堤处布设有水位(Y9-2)、含沙量监测断面(S4),见图 1-2。

根据工程设计,淤区运用按①、③、②号沉沙条渠顺序落淤。2004~2007 年小北干流放淤只运用了①号淤区和③号淤区,其中 2004 年 8 月 12 日 18 时 30 分之前是①号淤区单独运用,之后挖开横格堤,为①号、③号淤区联合运用。

2.淤区进退水沙过程及特点

点绘 2004~2006 年 3 年(2007 年度 Q10 断面缺测)放淤各轮次淤区进、退水口断面 Q10、Q15 的流量及含沙量过程线(图 4-32~图 4-36),可以看出淤区进退水沙过程具有如下特点:

放淤过程由于受人为调控,进水流量、含沙量过程陡涨陡落,波动较大,而退水退沙过程由于受到淤区调蓄作用,水沙过程相对平缓,流量、含沙量衰减很大,尤其是含沙量过程,含沙量越大衰减幅度越大。

淤区退水流量峰值、谷值一般比进水晚 2~6 h,退水含沙量峰值一般比进水晚 2~5 h。从水沙的变化趋势上看,退水口与进水口的水沙过程具有较好的一致性,且水量过程好于沙量过程。

从时间上比较,2004 年第 1 轮放淤淤区进水、退水开始时间和结束时间相差较多,约 12 h,第 2 轮、第 3 轮和第 4 轮逐渐减小到 3~5 h,后两轮相差最少,仅有 2~3 h;2005 年淤区进水、退水开始时间约相差 4 h,2006 年第 1 轮相差时间较长,约 6 h,2006 年第 2 轮、第 3 轮和第 4 轮相差时间较短。说明 2004 年放淤初期由于淤区(包括周边)土壤含水量小,

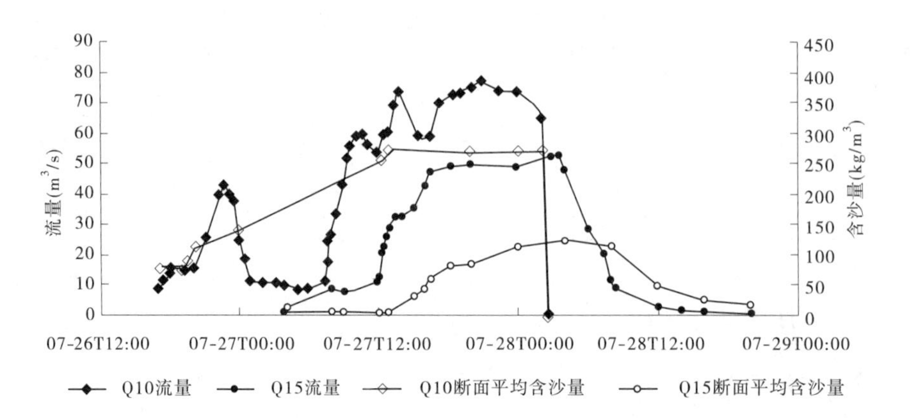

图 4-32　2004 年第 1 轮放淤淤区进退水沙过程线

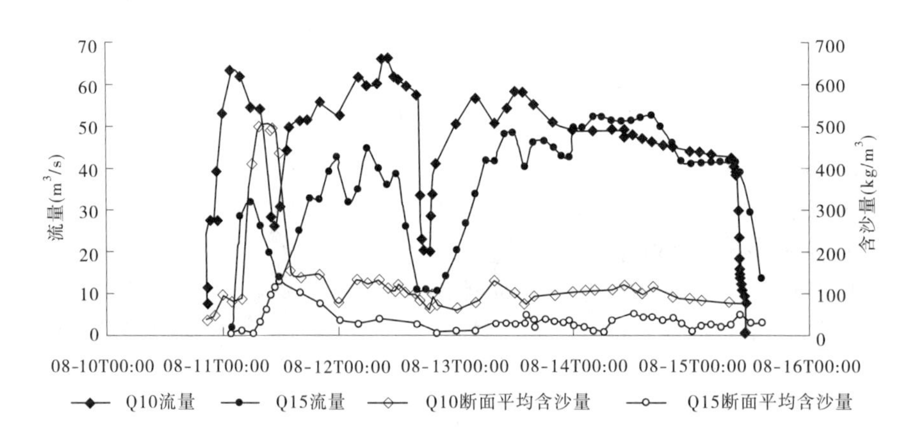

图 4-33　2004 年第 4 轮放淤淤区进退水沙过程线

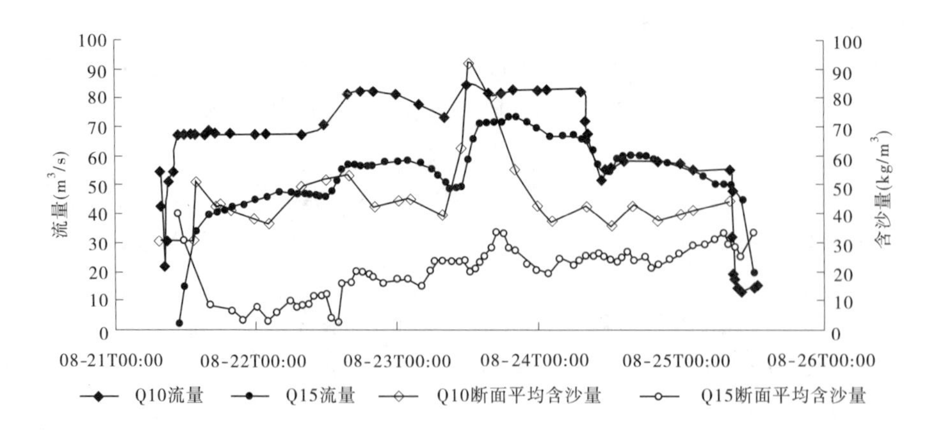

图 4-34　2004 年第 5 轮放淤淤区进退水沙过程线

地形坑坑洼洼起伏变化较大，输水渗漏损失大，水流向前推进速度慢，进水结束后，退水可

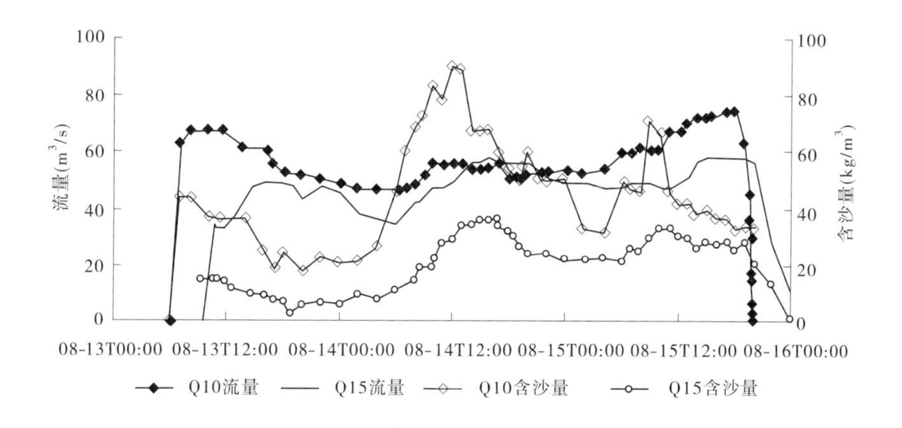

图 4-35　2005 年放淤淤区进退水沙过程线

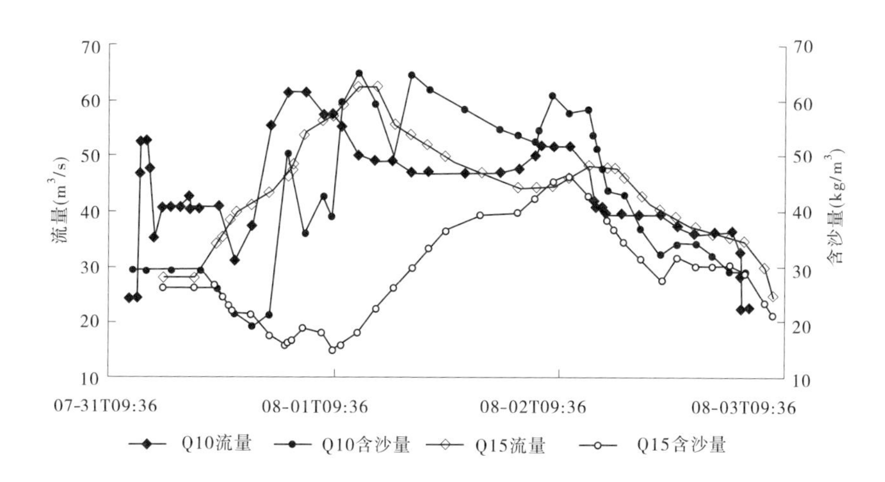

图 4-36　2006 年第 1 轮放淤淤区进退水沙过程线

持续 10～18 h。以后随着淤区开始淤高，主流沟也逐渐形成，淤区进水、退水开始时间相差也就减小。

（二）淤区淤积量及其粒径组成

1．输沙率法

1）淤区落淤量

按照中华人民共和国行业标准《水文资料整编规范》（SL 247—1999），根据淤区进口断面 Q10、退水口断面 Q15 的实测流量、含沙量资料，利用流量、输沙率面积包围法计算出淤区进退水量、进退沙量，然后计算淤区进退水平均含沙量和落淤量。各轮放淤水沙量计算结果见表 4-26（2006 年第 4 轮、2007 年 Q10 断面缺测）。

表 4-26 2004～2006 年淤区进退水沙量

年-轮次	Q10 断面			Q15 断面			淤区落淤量（万 t)	排沙比（%)	退进含沙量比（%)
	进水量（万 m^3)	进沙量（万 t)	平均含沙量（kg/m^3)	退水量（万 m^3)	退沙量（万 t)	平均含沙量（kg/m^3)			
2004-1	522.2	124.4	238.2	334.3	27.4	81.9	97.0	22.0	34.4
2004-2	411.7	76.4	185.6	328.2	38.6	117.7	37.8	50.5	63.4
2004-3	207.1	11.2	53.9	198.1	1.5	7.6	9.7	13.5	14.1
2004-4	1 964.1	246.3	125.4	1 420.7	49.0	34.5	197.3	19.9	27.5
2004-5	2 460.0	119.6	48.6	1 881.2	37.2	19.8	82.4	31.1	40.7
2004-6	521.7	22.0	42.1	458.8	10.3	22.5	11.6	47.0	53.5
2004 年合计	6 086.8	599.9	98.6	4 621.3	164.0	35.5	435.9	27.3	36.0
2005 年	1 260.7	54.94	43.58	1 057.3	21.76	20.58	33.18	39.6	47.2
2006-1	1 129.4	50.31	44.55	1 111.3	32.54	29.28	17.77	64.68	65.7
2006-2	827.0	54.32	65.68	529.2	29.99	56.67	24.33	55.21	86.3
2006-3	318.0	32.12	101.02	260.2	16.50	63.42	15.62	51.37	62.8
2006-4	231.0	15.90	68.83	196.9	6.76	34.34	9.14	42.52	49.9
2006 年合计	2 505.4	152.65	60.93	2 097.6	85.79	40.90	66.86	56.20	67.1
总计	9 852.9	807.49	81.95	7 776.2	271.55	34.92	535.94	33.63	42.6

注：2006 年第 4 轮是根据《2006 年黄河小北干流放淤试验工作技术总结》中数据估算。

2004～2006 年淤区总进沙量为 807.49 万 t，退沙量为 271.55 万 t，①、③号淤区总落淤量为 535.94 万 t，淤积比为 66.37%，排沙比（退、进沙量之比）为 33.63%，退进水含沙量比（退水、进水含沙量之比）为 42.6%。淤区总进水量为 9 852.9 万 m^3，退水量为 7 776.2 万 m^3，损失水量为 2 076.7 万 m^3，水量损失率为 21.1%。3 年中，淤区淤积比逐年减小，排沙比、退进水含沙量比逐年增大。

2004 年淤区总进沙量为 599.9 万 t，退沙量为 164.0 万 t，①、③号淤区总落淤量为 435.9 万 t，淤积比为 72.7%，排沙比为 27.3%。淤区总进水量为 6 086.8 万 m^3，退水量为 4 621.3 万 m^3，淤区损失水量为 1 465.5 万 m^3，水量损失率为 24%。各轮淤区进水平均含沙量为 42.0～238.2 kg/m^3，退水平均含沙量为 7.6～118 kg/m^3，退进水含沙量比为 14.1%～63.4%。

2005 年淤区总进沙量为 54.94 万 t，退沙量为 21.76 万 t，①、③号淤区落淤量为 33.18 万 t，淤积比为 60.39%，排沙比为 39.61%。淤区总进水量为 1 260.7 万 m^3，退水量为 1 057.3 万 m^3，淤区损失水量为 203.4 万 m^3，水量损失率为 16%。淤区进水平均含沙量为 43.58 kg/m^3，退水平均含沙量为 20.58 kg/m^3，退进水含沙量比 47.2%。

2006 年淤区总进沙量为 152.65 万 t，退沙量为 85.79 万 t，①、③号淤区落淤量为 66.86 万 t，淤积比为 43.8%，排沙比为 56.20%。淤区总进水量为 2 505.4 万 m^3，退水量为 2 097.6 万 m^3，淤区损失水量为 407.8 万 m^3，水量损失率为 16.2%。淤区进水平均含沙量为 43.77～100.56 kg/m^3，退水平均含沙量为 29.28～63.42 kg/m^3，退进水含沙量比为 53.5%~83.0%。

2)落淤泥沙粒径组成

根据 Q10、Q15 断面实测断面平均颗粒级配资料,采用输沙量加权法计算出每轮放淤淤区进退泥沙平均颗粒级配。根据 2004~2006 年各轮淤区进、退泥沙量及颗粒级配,计算出不同粒径泥沙在淤区的落淤量和淤积比(见表 4-27~表 4-30)。

表 4-27　2004~2006 年放淤淤区各粒径组泥沙淤积量

断面	总沙量(万 t)	d>0.05 mm		0.025 mm<d<0.05 mm		d<0.025 mm	
		沙量(万 t)	占总量(%)	沙量(万 t)	占总量(%)	沙量(万 t)	占总量(%)
Q10	807.59	151.45	18.75	185.91	23.02	470.23	58.23
Q15	271.65	19.8	7.29	40.75	15.00	211.1	77.71
落淤量	535.94	131.65	24.56	145.16	27.09	259.13	48.35
淤积比(%)	66.36	86.93		78.08		55.11	

表 4-28　2004 年各轮放淤淤区各粒径组泥沙淤积量

轮次			第 1 轮	第 2 轮	第 3 轮	第 4 轮	第 5 轮	第 6 轮	总计
Q10	总量(万 t)		124.4	76.4	11.2	246.3	119.6	22.0	599.9
	d>0.05 mm	沙量(万 t)	26.3	10.5	2.4	45.7	27.7	4.8	117.4
		占进沙(%)	21.1	13.8	21.4	18.5	23.2	21.9	19.6
	0.025 mm<d<0.05 mm	沙量(万 t)	31.7	15.3	3.0	53.9	30.3	4.2	138.4
		占进沙(%)	25.5	20.0	26.8	21.9	25.3	19.3	23.1
	d<0.025 mm	沙量(万 t)	66.4	50.6	5.8	146.8	61.6	12.9	344.1
		占进沙(%)	53.4	66.2	51.8	59.6	51.5	58.8	57.4
Q15	总量(万 t)		27.4	38.6	1.5	49.0	37.2	10.3	164.0
	d>0.05 mm	沙量(万 t)	1.02	1.28	0.05	1.05	2.06	0.68	6.14
		占退沙(%)	3.7	3.3	3.0	2.1	5.5	6.6	3.7
		占本粒径进沙(%)	3.9	12.1	1.9	2.3	7.4	14.1	5.2
	0.025 mm<d<0.05 mm	沙量(万 t)	3.07	4.35	0.12	3.84	5.43	1.55	18.36
		占退沙(%)	11.2	11.3	8.1	7.8	14.6	15.0	11.2
		占本粒径进沙(%)	9.7	28.5	4.1	7.1	17.9	36.4	13.3
	d<0.025 mm	沙量(万 t)	23.3	33.0	1.3	44.1	29.7	8.1	139.5
		占退沙(%)	85.1	85.4	88.9	90.0	79.9	78.5	85.1
		占本粒径进沙(%)	35.1	65.2	23.2	30.0	48.2	62.8	40.6

续表 4-28

轮次			第1轮	第2轮	第3轮	第4轮	第5轮	第6轮	总计
淤区落淤量	总量(万t)		97.0	37.8	9.6	197.3	82.4	11.6	435.7
	d>0.05 mm	沙量(万t)	25.2	9.3	2.3	44.6	25.7	4.1	111.2
		占落淤量(%)	26.0	24.5	24.3	22.6	31.1	35.5	25.5
		占本粒径进沙(%)	96.1	87.9	98.1	97.7	92.6	85.9	94.8
	0.025 mm<d<0.05 mm	沙量(万t)	28.6	10.9	2.9	50.0	24.8	2.7	119.9
		占落淤量(%)	29.5	28.9	29.7	25.4	30.2	23.2	27.5
		占本粒径进沙(%)	90.3	71.5	95.9	92.9	82.1	63.6	86.7
	d<0.025 mm	沙量(万t)	43.1	17.6	4.4	102.7	31.9	4.8	204.5
		占落淤量(%)	44.5	46.6	45.9	52.0	38.7	41.3	46.9
		占本粒径进沙(%)	64.9	34.8	76.8	70.0	51.8	37.2	59.4

表 4-29　2005 年放淤淤区各粒径组泥沙淤积量

断面	总沙量(万t)	d>0.05 mm		0.025 mm<d<0.05 mm		d<0.025 mm	
		沙量(万t)	占总量(%)	沙量(万t)	占总量(%)	沙量(万t)	占总量(%)
Q10	54.94	9.48	17.25	12.93	23.53	32.53	59.22
Q15	21.76	2.09	9.60	3.63	16.67	16.04	73.73
淤区落淤量	33.18	7.39	22.27	9.30	28.03	16.49	49.70

表 4-30　2006 年各轮放淤淤区各粒径组泥沙淤积量

轮次			第1轮	第2轮	第3轮	第4轮	总计
Q10断面	进沙总量(万t)		50.31	54.32	32.12	15.90	152.65
	d>0.05 mm	沙量(万t)	5.87	9.33	5.46	3.91	24.57
		占进沙(%)	11.67	17.18	17.00	24.59	16.10
	0.025 mm<d<0.05 mm	沙量(万t)	9.85	13.15	7.43	4.15	34.58
		占进沙(%)	19.58	24.21	23.13	26.10	22.65
	d<0.025 mm	沙量(万t)	34.58	31.85	19.23	7.84	93.50
		占进沙(%)	68.73	58.63	59.87	49.31	61.25
Q15断面	退沙总量(万t)		32.54	29.99	16.5	6.76	85.79
	d>0.05 mm	沙量(万t)	3.92	4.57	2.05	1.07	11.61
		占退沙(%)	12.06	15.23	12.45	15.83	13.53
		占本粒径进沙(%)	66.78	48.98	37.55	27.37	47.25
	0.025 mm<d<0.05 mm	沙量(万t)	5.68	7.15	3.45	2.44	18.72
		占退沙(%)	17.44	23.82	20.93	22.83	21.82
		占本粒径进沙(%)	57.66	54.37	46.37	58.80	54.14
	d<0.025 mm	沙量(万t)	22.94	18.28	10.99	3.25	55.46
		占退沙(%)	70.50	60.95	66.62	48.08	64.65
		占本粒径进沙(%)	66.34	57.39	57.15	41.45	59.32

续表 4-30

轮次			第 1 轮	第 2 轮	第 3 轮	第 4 轮	总计
淤区落淤量	落淤总量(万 t)		17.77	24.33	15.63	9.14	66.87
	$d>0.05$ mm	沙量(万 t)	1.95	4.76	3.41	2.84	12.96
		占落淤量(%)	10.94	19.57	21.79	31.07	19.37
		占本粒径进沙(%)	33.05	51.02	62.45	72.63	52.71
	0.025 mm< $d<0.05$ mm	沙量(万 t)	4.17	6.00	3.98	1.71	15.86
		占落淤量(%)	23.51	24.68	25.48	18.71	23.72
		占本粒径进沙(%)	42.34	45.63	53.49	41.20	45.85
	$d<0.025$ mm	沙量(万 t)	11.64	13.56	8.24	4.59	38.03
		占落淤量(%)	65.55	55.75	52.72	50.22	56.89
		占本粒径进沙(%)	33.66	42.57	42.85	58.55	40.67

3 年放淤试验，淤区(Q10 断面)共进泥沙 807.49 万 t，其中 $d>0.05$ mm 的粗颗粒泥沙 151.45 万 t，占总进沙量的 18.75%，$d<0.025$ mm 的细颗粒泥沙 470.23 万 t，占总进沙量的 58.23%，0.025 mm$<d<$0.05 mm 的中粗沙 185.91 万 t，占进沙总量的 23.02%。经退水闸退出的沙量共 271.55 万 t，其中 $d>0.05$ mm 的粗颗粒泥沙 19.8 万 t，占总退沙量的 7.29%，$d<0.025$ mm 的细颗粒泥沙 211.1 万 t，占总退沙量的 77.71%，0.025 mm$<d<$0.05 mm 泥沙为 40.75 万 t，占退水量的 15.00%。

在淤区落淤的沙量总共 535.94 万 t，其中 $d>0.05$ mm 的粗颗粒泥沙 131.65 万 t，占落淤沙量的 24.56%，$d<0.025$ mm 的细颗粒泥沙 259.13 万 t，占落淤沙量的 48.35%，0.025 mm$<d<$0.05 mm 泥沙 145.16 万 t，占落淤沙量的 27.09%。进入淤区的泥沙中有 66.36%淤积在淤区，$d>0.05$ mm 的粗泥沙的淤积比为 86.93%，$d<0.025$ mm 的细沙淤积比为 55.11%，0.025 mm$<d<$0.05 mm 的中粗沙淤积比为 78.08%；仅有 13.07%的粗沙、21.92%的中粗沙通过退水闸被排出来，而 $d<0.025$ mm 的细沙退进含沙量比达到了 44.89%，为粗沙退进含沙量比的 3.4 倍。

从年度放淤情况看，进入淤区的 $d>0.05$ mm 的泥沙中，2004 年有 94.8%淤积在淤区，5.2%退入黄河，其落淤量占淤区落淤总量的 25.5%。2005 年有 77.9%淤积在淤区，22.1%退入黄河，该粒径落淤量占淤区落淤总量的 22.27%。2006 年有 52.7%淤积在淤区，47.3%退入黄河，其落淤量约占淤区落淤总量的 19.37%。

进入淤区的 $d<0.025$ mm 泥沙中，2004 年有 59.4%淤积在淤区，40.6%退入黄河，该粒径落淤量占淤区落淤量的 46.9%。2005 年有 50.7%淤积在淤区，49.3%退入黄河，该粒径落淤量占淤区落淤量的 49.70%。2006 年有 40.7%淤积在淤区，59.3%退入黄河，该粒径落淤量占淤区落淤量的 56.89%。

进入淤区 0.05 mm$>d>$0.025 mm 的泥沙中，2004 年有 86.7%淤积在淤区，13.3%退入黄河，该粒径落淤量占淤区落淤量的 49.7%。2005 年有 71.9%淤积在淤区，28.1%退入黄河，该粒径落淤量占淤区落淤量的 28.03%。2006 年有 45.9%淤积在淤区，54.1%退入黄河，该粒径落淤量占淤区落淤量的 23.72%。

从 3 年不同粒径组的落淤情况看，均以 2004 年淤积比最大，2006 年淤积比最小。

2. 断面取样分析法

1) 淤区淤积量

放淤试验期间共对淤区进行了 9 次大断面测量。其中 2004 年 5 次(①号淤区 3 次，③号淤区 1 次，①、③号淤区联测 1 次)，2005 年 2 次(①③号淤区联测)，2006 年 1 次(①、③号淤区联测)，2008 年 1 次(①、③号淤区联测)。根据淤区 Y1-2～Y18-2、Q10、Q15 断面的测量资料，首先计算出各断面在某固定高程下的断面面积，根据其冲淤变化量及其断面间距，利用截锥计算公式计算出两断面间的冲淤量，计算成果见表 4-31。

表 4-31　断面法淤区淤积量计算成果　　(单位：万 m^3)

实测时间	①号淤区		③号淤区		淤区合计
	淤积量	占总量(%)	淤积量	占总量(%)	
2004 年 7 月 29 日	39.0	100			39.0
2004 年 8 月 10 日	71.4	100			71.4
2004 年放淤后	117.2	43.8	150.3	56.2	267.5
2005 年 9 月 24 日	18.3	36.6	31.7	63.4	50.0
2006 年 12 月 18 日	11.1	23.5	36.2	76.5	47.3
2008 年 1 月 6 日	6.8	34.7	12.8	65.3	19.6
4 年累计	153.4	39.9	231.0	60.1	384.4

根据断面取样分析法(简称断面法，下同)，2004～2007 年淤区累计淤积量为 384.4 万 m^3，其中①号淤区淤积 153.4 万 m^3，占总淤积量的 39.9%；③号淤区淤积 231.0 万 m^3，占总淤积量的 60.1%。

2004 年度①、③号淤区的淤积量为 267.5 万 m^3，其中①号淤区淤积 117.2 万 m^3，占总淤积量的 43.8%；③号淤区淤积 150.3 万 m^3，占总淤积量的 56.2%。2005 年①、③号淤区的淤积量为 50.0 万 m^3，其中①号淤区淤积 18.3 万 m^3，占总淤积量的 36.6%；③号淤区淤积 31.7 万 m^3，占总淤积量的 63.4%。2006 年①、③号淤区的淤积量为 47.3 万 m^3，其中①号淤区淤积 11.1 万 m^3，占总淤积量的 23.5%；③号淤区淤积 36.2 万 m^3，占总淤积量的 76.5%。2007 年①、③号淤区的淤积量为 19.6 万 m^3，其中①号淤区淤积 6.8 万 m^3，占总淤积量的 34.7%；③号淤区淤积 12.8 万 m^3，占总淤积量的 65.3%。

2) 淤积泥沙粒径组成

2004 年淤区测淤断面淤积泥沙取样分析共进行了 3 次，第 1 次的取样时间为 2004 年放淤后的 10 月 12 日，主要对淤区 Y1-2～Y18-2 断面中的奇数测淤断面的淤积物进行取样分析；第 2 次是 2004 年 12 月 9 日，是对第 1 次取样断面的补充测验；第 3 次的取样时间为 2005 年 2 月 4 日，主要对淤区偶数测验断面的淤积物进行取样分析。2005～2007 年是对奇数或偶数断面当年的淤积部分进行取样分析，2005 年、2007 年是奇数断面，2006 年是偶数断面。取样方法是根据取样位置当年淤积厚度，由淤积地表开始向下每间隔 0.3～0.5 m 深度取一个沙样，直到年初淤积地面。根据淤区测淤断面测点取样资料，采用测点算术平均法计算测孔(垂线)平均颗粒级配、测孔所在位置面积加权法计算断面平均颗粒级配，计算结果见表 4-32。

2004 年①、③号淤区总落淤量为 267.52 万 m^3，落淤泥沙中，$d>0.05$ mm 的泥沙为

119.21 万 m^3,占淤区落淤量的 44.56%;$d<0.025$ mm 的泥沙为 58.91 万 m^3,占淤区落淤量的 22.02%;0.025 mm$<d<$0.05 mm 的泥沙为 89.40 万 m^3,占淤区落淤量的 33.42%,其中①号淤区落淤量为 117.25 万 m^3,$d>0.05$ mm、0.025 mm$<d<$0.05 mm、$d<0.025$ mm 的泥沙分别为 56.38 万 m^3、35.59 万 m^3、25.28 万 m^3,占全沙比例分别为 48.09%、30.35%、21.56%;③号淤区淤积量为 150.27 万 m^3,$d>0.05$ mm、0.025 mm$<d<$0.05 mm、$d<0.025$ mm 的泥沙分别为 62.83 万 m^3、53.82 万 m^3、33.62 万 m^3,占全沙比例分别为 41.81%、35.82%、22.37%。①、③号淤区分别占总淤积量的 43.8%、56.2%。

表 4-32　2004~2007 年淤区分组粒径泥沙淤积量

年份	淤区	粒径组	全沙	$d>0.05$ mm	0.025 mm$<d<$0.05 mm	$d<0.025$ mm
2004	①、③号淤区	淤积量(万 m^3)	267.52	119.21	89.40	58.91
		百分比(%)		44.56	33.42	22.02
	①号淤区	淤积量(万 m^3)	117.25	56.38	35.59	25.28
		百分比(%)		48.09	30.35	21.56
	③号淤区	淤积量(万 m^3)	150.27	62.83	53.82	33.62
		百分比(%)		41.81	35.82	22.37
2005	①、③号淤区	淤积量(万 m^3)	50.06	15.53	15.54	18.99
		百分比(%)		31.02	31.04	37.94
	①号淤区	淤积量(万 m^3)	18.33	8.78	6.03	3.52
		百分比(%)		47.90	32.90	19.20
	③号淤区	淤积量(万 m^3)	31.73	6.75	9.51	15.47
		百分比(%)		21.27	29.97	48.76
2006 年	①、③号淤区	淤积量(万 m^3)	47.29	14.93	15.88	16.48
		百分比(%)		31.57	33.58	34.85
	①号淤区	淤积量(万 m^3)	11.12	4.07	2.65	4.40
		百分比(%)		36.60	23.83	39.57
	③号淤区	淤积量(万 m^3)	36.17	10.86	13.23	12.08
		百分比(%)		30.02	36.58	33.40
2007 年	①、③号淤区	淤积量(万 m^3)	19.52	3.28	5.09	11.15
		百分比(%)		16.80	26.08	57.12
	①号淤区	淤积量(万 m^3)	6.76	1.46	2.07	3.23
		百分比(%)		21.62	30.64	47.74
	③号淤区	淤积量(万 m^3)	12.76	1.82	3.02	7.92
		百分比(%)		14.25	23.70	62.05

续表 4-32

年份	淤区	粒径组	全沙	$d>0.05$ mm	0.025 mm $<d<$ 0.05 mm	$d<0.025$ mm
4 年累计	①、③号淤区	淤积量(万 m^3)	384.39	152.95	125.91	105.53
		百分比(%)		39.79	32.76	27.45
	①号淤区	淤积量(万 m^3)	153.46	70.69	46.34	36.43
		百分比(%)		46.06	30.20	23.74
	③号淤区	淤积量(万 m^3)	230.93	82.26	79.58	69.09
		百分比(%)		35.62	34.46	29.92

2005 年①、③号淤区总落淤量为 50.06 万 m^3，落淤泥沙中，$d>0.05$ mm 的泥沙为 15.53 万 m^3，占淤区落淤量的 31.02%；$d<0.025$ mm 的泥沙为 18.99 万 m^3，占淤区落淤量的 37.94%；0.025 mm$<d<$0.05 mm 的泥沙为 15.54 万 m^3，占淤区落淤量的 31.04%。其中，①号淤区落淤量为 18.33 万 m^3，$d>0.05$ mm、0.025 mm$<d<$0.05 mm、$d<0.025$ mm 的泥沙分别为 8.78 万 m^3、6.03 万 m^3、3.52 万 m^3，占全沙比例分别为 47.90%、32.90%、19.20%；③号淤区淤积量为 31.73 万 m^3，$d>0.05$ mm、0.025 mm$<d<$0.05 mm、$d<0.025$ mm 的泥沙分别为 6.75 万 m^3、9.51 万 m^3、15.47 万 m^3，占全沙比例分别为 21.27%、29.97%、48.76%。①、③号淤区分别占总淤积量的 36.62%、63.38%。

2006 年①、③号淤区总落淤量为 47.29 万 m^3，落淤泥沙中，$d>0.05$ mm 的泥沙为 14.93 万 m^3，占淤区落淤量的 31.57%；$d<0.025$ mm 的泥沙为 16.48 万 m^3，占淤区落淤量的 34.85%；0.05 mm$>d>$0.025 mm 的泥沙为 15.88 万 m^3，占淤区落淤量的 33.58%。其中，①号淤区落淤量为 11.12 万 m^3，$d>0.05$ mm、0.025 mm$<d<$0.05 mm、d mm$<$0.025 mm 的泥沙分别为 4.07 万 m^3、2.65 万 m^3、4.40 万 m^3，占全沙比例分别为 36.60%、23.83%、39.57%；③号淤区淤积量为 36.17 万 m^3，$d>0.05$ mm、0.025 mm$<d<$0.05 mm、$d<0.025$ mm 的泥沙分别为 10.86 万 m^3、13.23 万 m^3、12.08 万 m^3，占全沙比例分别为 30.02%、36.58%、33.40%。①、③号淤区分别占总淤积量的 23.5%、76.5%。

2007 年①、③号淤区总落淤量为 19.52 万 m^3，落淤泥沙中，$d>0.05$ mm 的泥沙为 3.28 万 m^3，占淤区落淤量的 16.80%；$d<0.025$ mm 的泥沙为 11.15 万 m^3，占淤区落淤量的 57.12%；0.025 mm$<d<$0.05 mm 的泥沙为 5.09 万 m^3，占淤区落淤量的 26.08%。其中，①号淤区落淤量为 6.76 万 m^3，$d>0.05$ mm、0.025 mm$<d<$0.05 mm、$d<0.025$ mm 的泥沙分别为 1.46 万 m^3、2.07 万 m^3、3.23 万 m^3，占全沙比例分别为 21.62%、30.64%、47.74%；③号淤区淤积量为 12.76 万 m^3，$d>0.05$ mm、0.025 mm$<d<$0.05 mm、$d<0.025$ mm 的泥沙分别为 1.82 万 m^3、3.02 万 m^3、7.92 万 m^3，占全沙比例分别为 14.25%、23.70%、62.05%。①、③号淤区分别占总淤积量的 34.7%、65.3%。

2004~2007 年累计①、③号淤区总落淤量为 384.39 万 m^3，落淤泥沙中，$d>0.05$ mm 的泥沙为 152.95 万 m^3，占淤区落淤量的 39.79%；$d<0.025$ mm 的泥沙为 105.53 万 m^3，占淤区落淤量的 27.45%；0.025 mm$<d<$0.05 mm 的泥沙为 125.91 万 m^3，占淤区落淤量

的32.76%。其中,①号淤区落淤量为153.46万 m^3,d>0.05 mm、0.025 mm<d<0.05 mm、d<0.025 mm的泥沙分别为70.69万 m^3、46.34万 m^3、36.43万 m^3,占全沙比例分别为46.06%、30.20%、23.74%;③号淤区淤积量为230.93万 m^3,d>0.05 mm、0.025 mm<d<0.05 mm、d<0.025 mm的泥沙分别为82.26万 m^3、79.58万 m^3、69.09万 m^3,占全沙比例分别为35.62%、34.46%、29.92%。①、③号淤区分别占总淤积量的39.9%、60.1%。

3. 两种方法计算结果对比与修正

由断面取样分析法得出2004~2006年淤区落淤量(体积)为364.85万 m^3。通过对淤区不同断面、不同淤积深度淤积物干容重的取样测验,计算出淤积泥沙平均干容重2004年为1.46 t/m^3,2005年为1.38 t/m^3,2006年1.34 t/m^3,再将输沙率法计算出的落淤量(重量)按照测出的干容重分别折算后,2004~2006年共淤积泥沙为372.33万 m^3。输沙率法比断面法计算结果偏大7.48万 m^3,偏大2.0%(见表4-33)。

表4-33　2004~2006年不同方法计算淤区落淤量结果比较

项目	淤区淤积量(万 m^3)					
时间、轮次	2004-1轮	2004-2轮~2004-3轮	2004年	2005年	2006年	2004~2006年
断面法	39.0	32.3	267.5	50.06	47.29	364.85
输沙率法	66.4	32.5	298.5	24.03	49.8	372.33
绝对误差	27.4	0.2	31.0	-26.03	2.51	7.48
相对误差(%)	70.2	0.62	11.6	-52.0	5.3	2.0
运用淤区	①号	①号	①、③号	①、③号	①、③号	①、③号

根据输沙率法计算2004年淤区淤积量为436万t,折合淤积泥沙体积为298.5万 m^3,与断面法的计算结果267.5万 m^3 比较,输沙率法计算结果偏大31万 m^3,偏大约11.6%;2005年淤区淤积量为33.18万t,折合淤积泥沙体积为24.03万 m^3,与断面法的计算结果50.06万 m^3 比较,输沙率法计算结果偏小了26.03万 m^3,偏小约52.0%;2006年淤区淤积量为66.86万t,折合淤积泥沙体积为49.8万 m^3,与断面法的计算结果47.29万 m^3 比较,输沙率法计算结果偏大了2.51万 m^3,偏大约5.3%。

2004年断面法计算淤积量偏小的原因,是由于放淤前淤区原始地形中存在地面坑洼不平现象,淤区大断面测量对这些尺度相对较小,且不在断面上的坑塘洼地,放淤前的原始断面观测没有反映出来。另外,根据淤区施工单位所述,淤区围堤及横格堤的修筑,在淤区内取土也形成了一定的坑塘洼地,断面测量也不可能全部反映,相应也增加了原始地形测验的误差。这些原因,造成放淤期间部分淤积泥沙填坑补洼,使断面法计算结果偏小。根据①号淤区放淤期间断面测量资料,用断面法和输沙率法可以分别计算出第1轮、第2~3轮放淤的落淤量,结果第1轮放淤输沙率法比断面法的计算结果多27.4万 m^3,偏大比例约70%,而第2~3轮放淤两种方法的计算结果非常接近,相差不到1%。说明两种方法计算落淤量的结果是比较吻合的,首轮放淤由于大量淤积泥沙填洼,造成断面法计算结果偏小。同理,③号淤区运用初期,也存在落淤泥沙填坑补洼现象(放淤试验现场指挥部 2004 年黄河小北干流放淤试验工作总结关于第 5 轮调度中说明:该轮放淤可分为两个阶段。第一阶段为 8 月 21 日 9 时至 23 日 9 时,历时 48 h,主要淤填淤区坑洼区域。第二阶段为 8 月 23 日 9 时至 25 日 8 时,历时 47 h,为正常运用调度阶段)。

因此,对 2004 年断面法淤积量结果进行修正。根据淤区施工单位记载,淤区修筑围堤及横格堤的时候,在①、③号淤区内分别取土量为 23 万 m^3 和 30 万 m^3。通过对原始断面的分析和对施工单位的调查,包括对原有地面上存在的坑塘洼地进行综合考虑,①、③号淤区分别采用 13 万 m^3 和 20 万 m^3 作为断面法的订正值。这样,①号淤区淤积量为 130.25 万 m^3,③号淤区淤积量为 170.27 万 m^3,两个淤区淤积量共为 300.52 万 m^3,比输沙率法计算结果大 2 万 m^3,相对误差为 0.67%。该修正值的淤积物组成,①号淤区 13 万 m^3 的级配采用输沙率计算中第 1 轮放淤淤积量的级配成果,③号淤区 20 万 m^3 的级配采用输沙率计算中第 4 轮放淤淤积量的级配成果。原来 267.52 万 m^3 的淤积泥沙粒径组成仍采用实测结果,经过修正后的结果见表 4-34。2004 年放淤断面取样分析法的淤积量为 300.52 万 m^3,其中 $d>0.05$ mm、0.025 mm$<d<0.05$ mm、$d<0.025$ mm 的淤积量分别为 127.37 万 m^3、98.20 万 m^3、74.95 万 m^3,各粒径组所占比例分别为 42.38%、32.68% 和 24.94%(见表 4-34)。

表 4-34　修正后的淤区淤积量及其粒径组成

年份	淤区	粒径组	全沙	$d>0.05$ mm	0.025 mm$<d<0.05$ mm	$d<0.025$ mm
2004	①、③号淤区	淤积量(万 m^3)	300.52	127.37	98.20	74.95
		百分比(%)		42.38	32.68	24.94
	①号淤区	淤积量(万 m^3)	130.25	60.05	39.28	30.92
		百分比(%)		46.10	30.16	23.74
	③号淤区	淤积量(万 m^3)	170.27	67.32	58.92	44.03
		百分比(%)		39.54	34.60	25.86
4 年累计	①、③号淤区	淤积量(万 m^3)	417.39	161.11	134.71	121.57
		百分比(%)		38.60	32.27	29.13
	①号淤区	淤积量(万 m^3)	166.46	74.36	50.03	42.07
		百分比(%)		44.67	30.06	25.27
	③号淤区	淤积量(万 m^3)	250.93	86.75	84.68	79.50
		百分比(%)		34.57	33.75	31.68

根据调查分析,2005 年输沙率法偏小主要与放淤闸前河势的变化有关。为了不使引水口脱流,在 2005 年放淤试验开始之前的 7 月 3 日和 7 月 23~26 日,放淤闸曾几次开启,小到几个流量,大到 40~50 m^3/s,此时龙门水文站的来水含沙量为 10~150 kg/m^3。再加对放淤闸前淤积的拦门槛拉沙,使这些没有记载的沙量进入淤区,导致了输沙率法和断面法计算结果有如此大的差异。因此,其差异部分可作为输沙率法偏小的修正值。2006 年

两种方法计算结果相对误差不大不予修正;2007 年由于输沙率法缺测,直接采用断面取样法成果。修正后的 2004 年及 2004~2007 年淤积量及其粒径组成见表 4-34。

另外,由输沙率法计算出的淤积量,①号淤区系统偏大、③号淤区系统偏小。其主要原因是在 2004 年 8 月 12 日 18 时 30 分横格堤破除前,①号淤区落淤面高于③号淤区地面 2 m 左右,横格堤破除后①号淤区成为③号淤区的输水通道,①号淤区受到溯源冲刷,从进口到出口形成了一条深 1~2.9 m、宽 55~143 m 的输水冲沟。根据断面法估算,冲沟体积约为 43.8 万 m^3,使占①号淤区淤积量约 37%的淤积物冲到③号淤区。若在③号淤区运用前及时测验①号淤区淤积量,则能准确计算①号淤区的冲沟体积。

(三)落淤泥沙分布

1. 横向分布

从 2004 年淤区 Y1-2~Y18-2 断面淤积形态(图 4-37~图 4-41 分别为①号淤区和③号淤区 Y3-2、Y9-2,Y11-2、Y14-2、Y16-2 断面 3 年的淤积分布套绘图)来看,①号淤区受过水形成的冲沟影响,落淤面表层不平整,留有 1~1.3 m 的深槽;③号淤区由于①号淤区退水渠堤的存在对全断面的平整度有些影响,除此以外,淤积物在断面的横向分布还比较均匀。

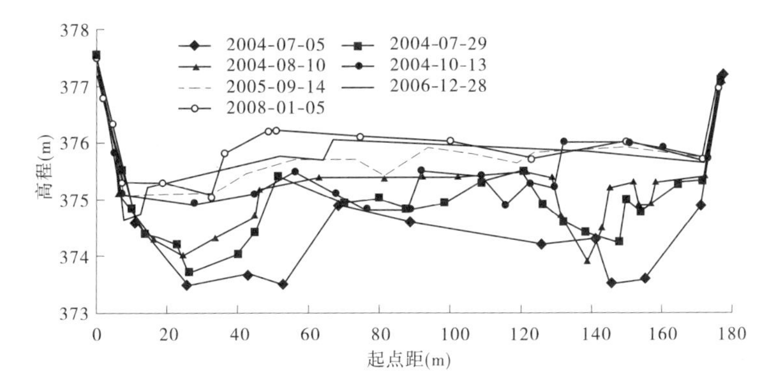

图 4-37　①号淤区 Y3-2 断面淤积形态

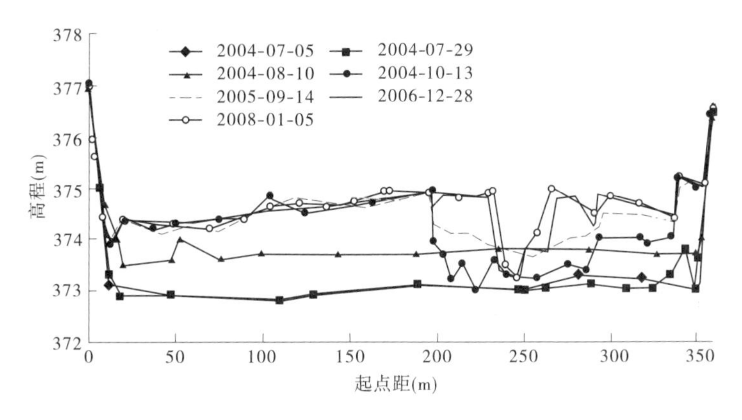

图 4-38　①号淤区 Y9-2 断面淤积形态

2005 年放淤过后,断面形态与 2004 年相比有一定的变化。①号淤区在横向分布上更加趋向平整,原来冲沟深度减小;③号淤区随着地面的淤高,主流沟深度增加。

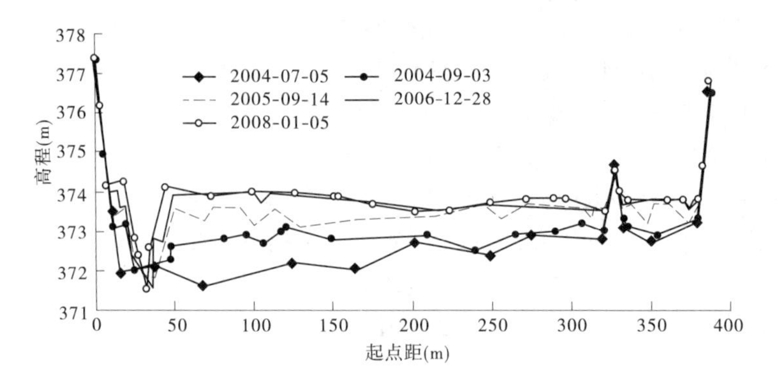

图 4-39　③号淤区 Y11-2 断面淤积形态

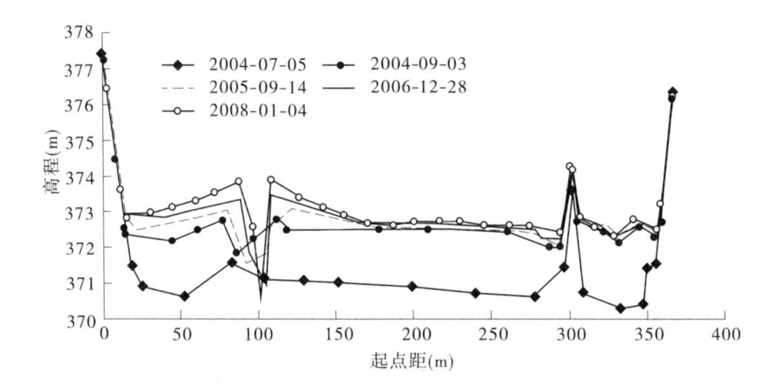

图 4-40　③号淤区 Y14-2 断面淤积形态

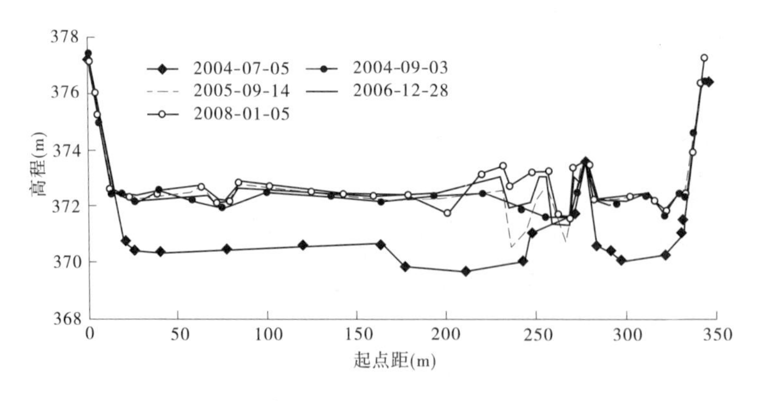

图 4-41　③号淤区 Y16-2 断面淤积形态

2006 年与 2004 年、2005 年相比，淤区主流沟滩唇部分明显淤高，滩面横向比降增大，③号淤区更加明显；①号淤区在横向分布上更加趋向平整，原来宽浅的冲沟变窄变小；③号淤区上游由于原来的主流沟较小，水流漫滩概率高。水流漫滩后流速减小，泥沙快速落淤，淤区内的杂草、植物的存在也阻挡了水流泥沙向远处的扩散，泥沙在滩唇部位淤积量大，远处淤积量小，断面横比降增加(见图 4-40)；③号淤区下游由于退水闸的壅水作用，水流速度减小，淤积在横断面上的分布相对均匀，横比降比上游几个断面明显减小(见图 4-41)。

2007 年的淤积主要发生在主流沟及其两侧，主流沟变得更加窄小，淤区主流沟滩唇部分明显淤高,滩面横向比降更大。

2. 淤积量沿程变化

根据淤区 18 个测淤断面资料,淤区不同时段的淤积量、淤积厚度沿程变化(见图 4-42~图 4-44)具有以下特点:

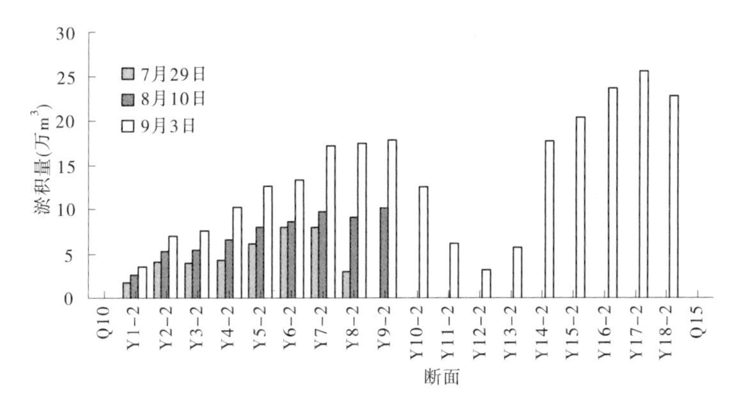

图 4-42　2004 年淤区淤积量沿程变化图

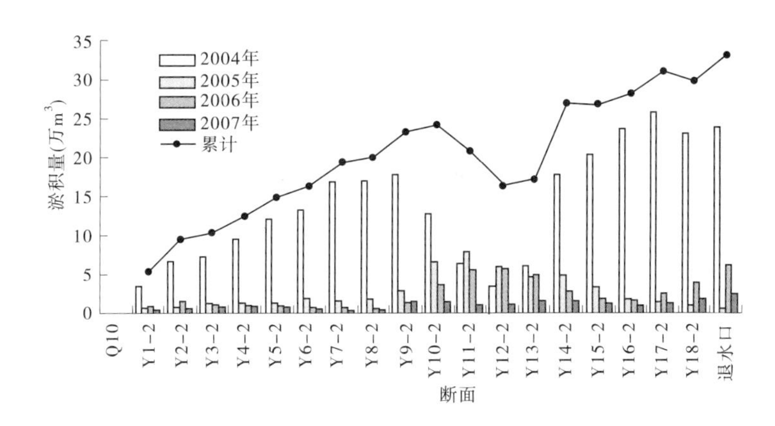

图 4-43　2004~2007 年淤区淤积量沿程变化图

2004 年①号淤区淤积量和淤积厚度呈沿程递增趋势,2004 年第 1 轮放淤结束后,淤区的主要淤积部位在①号淤区的 Y7-2 断面以上部位,平均淤积厚度 0.3~0.65 m,而 Y8-2~Y9-2 断面基本上未发生淤积。在第 3 轮结束后,①号淤区平均淤高 0.8 m。横格堤破除前,①号淤区淤积面非常平整,淤积厚度平均达 1.8 m 左右。横格堤破除后,①号淤区受到了溯源冲刷,冲刷幅度上游小、下游大。③号淤区淤积量沿程呈先降后升趋势,其中 Y11-2~Y12-2、Y12-2~Y13-2 断面之间淤积量很小,Y16-2~Y18-2 断面之间淤积量最大(见图 4-42)。从淤积厚度来看,2004 年①号淤区淤积厚度相对比较均匀,为 1.1~1.7 m;③号淤区淤积厚度变化很大,为 0.05~2 m;由于 Y12-2 断面地面较高,造成从横格堤到 Y12-2 断面,淤积厚度逐渐降低,Y12-2 断面以下,淤积厚度逐渐增大的趋势(见图 4-43)。

2005~2007 年的淤积形态与 2004 年不同。由于①号淤区上游 Y1-2~Y9-2 断面、

③号淤区下游 Y15-2～Y18-2 断面 2004 年淤积量大,横格堤下游 Y10-2～Y14-2 断面受横格堤的影响淤积量相对较小。2005 年、2006 年的淤积主要发生在这几个断面(见图 4-43),2007 年①号淤区主要淤积在主流沟中,③号淤区则主要淤积在滩唇部位。从图 4-42～图 4-45 中可以明显地反映出来这 4 年淤区各断面淤积厚度、淤积量的变化情况。

①号和③号两个淤区在不同时段的地面平均高程沿程变化表现出不同的特点。随着放淤时间的增加,地面高程不断增高,淤积物由上游向下游推进,在淤区出口叠梁的控制下,地面比降逐渐变缓。但由于③号淤区运用较晚,造成两淤区之间 Y9-2～Y10-2 断面比降较大(见图 4-45、表 4-35)。

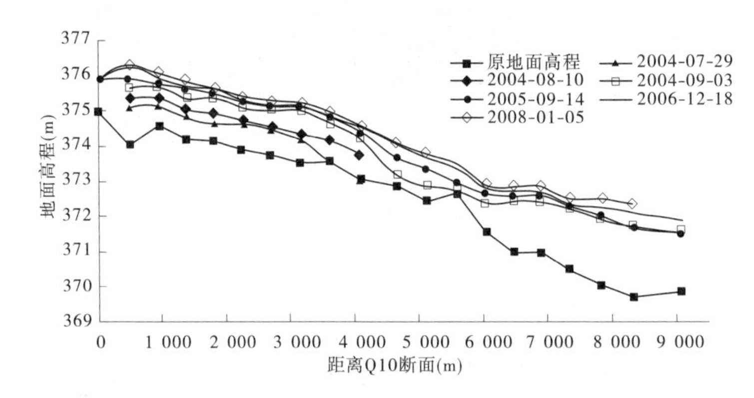

图 4-44　淤区地面平均高程沿程变化图

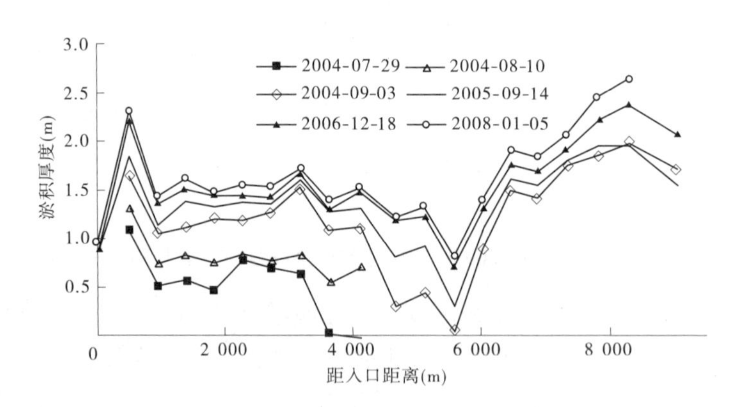

图 4-45　淤区断面平均淤积厚度变化情况

表 4-35　2004～2007 年放淤淤区地面平均比降(‰)变化统计

淤区	放淤前	2004 年	2005 年	2006 年	2007 年
①、③号淤区	0.61	0.56	0.57	0.56	0.54
①号淤区	0.33	0.37	0.42	0.47	0.48
③号淤区	0.80	0.36	0.49	0.50	0.47
Y9-2～Y10-2	0.35	1.84	1.27	0.89	0.87
Y9-2～Y12-2	0.27	0.99	0.95	0.80	0.75

2005 年放淤淤积部位主要发生在横格堤下游的 Q10-2~Q14-2 断面,①号淤区仅在2004 年形成的冲沟内产生少量淤积,③号淤区的 Q15-2 以下断面的淤积量也很小。淤区的地面比降整体与 2004 年放淤后相差不大,但 Y9-2~Y10-2 和 Q10-2~Q14-2 断面间地面比降趋向平缓。2006 年的淤积主要部位也是在横格堤下游的 Q10-2~Q14-2 断面,①号淤区的进口 Y1-2~Y2-2 断面滩面有所淤高,下游断面主要淤积在原来的冲沟内,使2004 年放淤后留下的冲沟变得更加窄小;③号淤区除了横格堤下游几个断面淤积量较大外,淤区尾部几个断面也有少量淤积,地面平均高程有所抬升。淤区的地面比降整体与2004 年和 2005 年放淤后相差不大,但 Y9-2~Y10-2 和 Q10-2~Q14-2 断面间地面比降由较陡趋向更加平缓顺畅。2007 年①号淤区淤积量小,也是淤积在原来的冲沟内,使2004 年放淤后留下的冲沟变得更加窄小;③号淤区产生了普遍淤积,淤积量相对①号淤区略大,且主要淤积在滩唇部位。

由此可以看出,淤区的纵向淤积形态受来水来沙条件控制,但总的淤积形态为随着时间的推移,淤积从淤区进口逐渐向下游推进,淤区末端呈现溯源淤积逐渐向上游发展的淤积特性。

3. 分组粒径的变化

1) 横向分布

在①号、③号淤区分别选择了 Y3-2、Y5-2、Y8-2、Y14-2、Y17-2 等有代表性的断面进行淤积物的横向分布规律分析。点绘这些断面淤积物各垂线 $d>0.05$ mm 的粗沙含量在横向上的变化图(见图 4-46)。从这些断面淤积物组成分布来看,横向分布主要受主流沟的影响,在主流集中,滩槽分明者,主流沟淤积物粒径组成就粗,从图 4-46 中看主流沟位置一目了然。主流沟外较粗的泥沙首先淤在靠近主流沟的两侧,而后由近至远逐渐变细。将淤区的滩、槽分开计算,可以看出槽的平均粒径明显大于滩的平均粒径,一般偏大0.02~0.09 mm。水流集中的地方,淤积物粒径组成横向分布不均匀,如 Y3-2、Y5-2、Y8-2 断面;水流不集中,或主流沟不明显的地方,淤积物粒径组成的横向分布就相对均匀,如 Y17-2 断面。从这几个断面整体变化来看,具有淤区的上游断面粒径组成变化较大、下游变化较小,上游粗、下游细,主槽粗、滩地细,①号淤区粗、③号淤区细,且③号淤区比①号淤区分布均匀的特点。

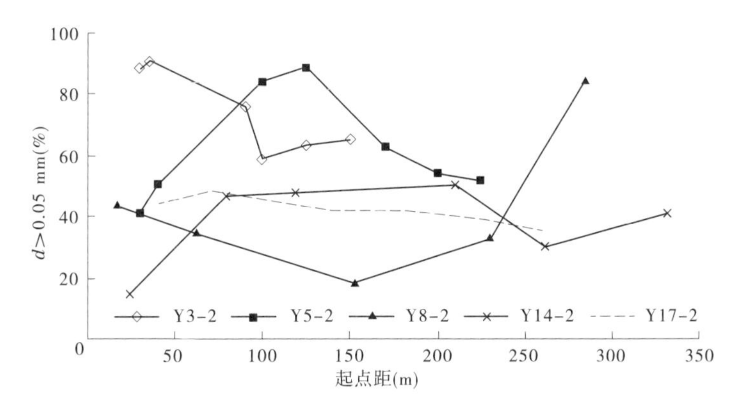

图 4-46　$d>0.05$ mm 的粗沙含量在横向上的分布

2）垂向分布

在对①号、③号淤区 Y3-2、Y5-2、Y8-2、Y14-2、Y17-2 断面进行淤积物的横向分布规律进行分析时，也对这几个断面进行了淤积物的垂向分布规律分析。从垂线分布来看没有明显的变化规律，这主要与来水来沙过程和多次放淤的因素有关。但从这几个断面整体变化来看，同横向分布变化规律有相似之处，即具有淤区的上游断面粒径组成变化大、下游变化小，上游粗、下游细，①号淤区粗、③号淤区细，且③号淤区比①号淤区分布均匀的特点，同时还具有最底层淤积物粒径普遍较细的特点。

3）沿程分布

点绘 d>0.05 mm 粗沙所占比例以及断面中数粒径沿程变化图（见图 4-47、图 4-48），可以看出，从上游到下游，d>0.05 mm 粒径泥沙所占比例总体呈递减趋势。2004 年①号淤区和③号淤区上游 Y1～Y5、Y10～Y12 断面粒径组成变化较大，断面中数粒径较粗，为 0.13～0.042 mm；①号淤区和③号淤区下游几个断面，淤积泥沙粒径比较均匀，断面中数粒径均在 0.045～0.040 mm 范围内变化；Y12-2 断面由于地势较高，水流流速大，淤积物很少且粒径明显偏粗（见图 4-48）。

2004～2007 年淤区不同断面各分组粒径泥沙占全沙比重沿程变化见表 4-36。

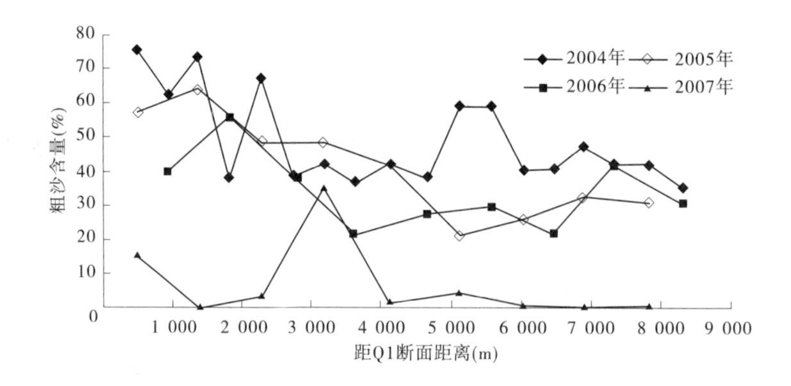

图 4-47　2004 年淤区淤积粗细泥沙沿程变化图

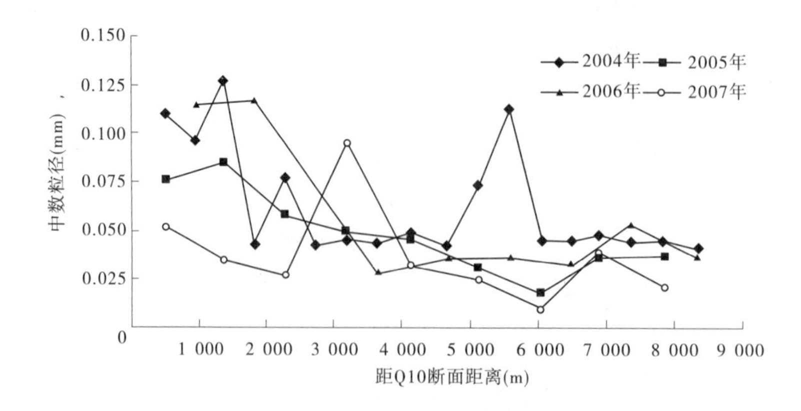

图 4-48　2004～2007 年淤区淤积泥沙断面中数粒径沿程变化

表 4-36　2004~2007 年淤区不同粒径泥沙占全沙比重沿程变化

断面号	距 Q10 距离(m)	d>0.05 mm(%)				0.025 mm<d<0.05 mm(%)				d<0.025 mm(%)				中数粒径(mm)			
		2004 年	2005 年	2006 年	2007 年	2004 年	2005 年	2006 年	2007 年	2004 年	2005 年	2006 年	2007 年	2004 年	2005 年	2006 年	2007 年
Y1-2	490	75.11	57.29		14.97	15.90	26.41		47.01	8.99	16.30		38.02	0.110	0.076		0.052
Y2-2	944.1	62.07		39.47		21.26		17.60		16.67		42.93		0.096		0.115	
Y3-2	1 379.7	73.79	64.05		0.07	17.92	20.06		55.11	8.29	15.89		44.82	0.128	0.085		0.034
Y4-2	1 822.5	37.61		56.15		33.18		23.21		29.21		20.64		0.042		0.117	
Y5-2	2 280.7	66.71	48.16		3.01	23.02	36.47		40.94	10.27	15.37		56.05	0.077	0.058		0.027
Y6-2	2 731.6	38.29				34.47				27.24				0.042			
Y7-2	3 185.8	42.08	48.06		35.00	34.67	35.10		49.89	23.25	16.84		15.11	0.046	0.049		0.095
Y8-2	3 631.3	36.27		21.07		34.72		29.24		29.01		49.69		0.043		0.034	
Y9-2	4 121.3	42.13	41.99		1.25	34.98	35.57		49.91	22.89	22.44		48.84	0.049	0.045		0.032
Y10-2	4 663.4	37.61		26.96		37.16		38.89		25.23		34.15		0.042		0.036	
Y11-2	5 128.5	58.91	21.01		4.50	22.22	40.35		35.96	18.87	38.64		59.54	0.073	0.031		0.025
Y12-2	5 587.8	58.71		29.43		25.36		40.30		15.93		30.27		0.113		0.032	
Y13-2	6 038.3	40.15	25.82		0.22	29.52	32.01		10.68	30.33	42.17		89.10	0.045	0.018		0.010
Y14-2	6 476.1	40.60		21.13		34.20		43.49		25.20		35.38		0.045		0.053	
Y15-2	6 892.1	47.47	32.31		0.08	34.74	32.03		64.55	17.79	35.66		35.37	0.048	0.036		0.039
Y16-2	7 351.5	41.87		41.96		37.73		17.95		20.40		40.09		0.044		0.036	
Y17-2	7 833.6	42.23	30.49		0.28	39.26	42.67		32.51	18.51	26.84		67.21	0.045	0.037		0.021
Y18-2	8 326.9	35.18		29.92		38.53		37.99		26.29		32.09		0.040		0.115	

2005 年、2006 年由于①号淤区淤积部位主要在冲沟内,因此 d>0. 05 mm 的粗沙比例相对较大,断面中数粒径均大于 0. 042 mm;③号淤区上游 Y10~Y14 断面淤积量较大,粗沙比例相对较小,断面中数粒径均小于 0. 04 mm。2006 年①、③号淤区淤积泥沙粒径组成变化较大,Y4-2、Y16-2 断面的淤积部位主要在冲沟内,淤积物粒径较粗,断面中数粒径较大;淤积量较大的 Y10~Y14 断面淤积物粒径组成和断面中数粒径变化不大。2007 年淤积部位主要发生在冲沟内的贴边淤积,淤区落淤泥沙粒径组成总体来讲比较细,只是在 Y7-2 断面发生在冲沟底部,淤积物粒径较粗(见图 4-48)。

(四)淤区水沙运行特点分析

1. 水面曲线

连伯滩淤区 2004 年在①号淤区运行期间,Q10、Q11、Q12、H1、Q15 断面有水位资料,在①、③号淤区运行期间,Q10、Q13、Q14、Q15 断面有水位资料,2005 年放淤期间 Q10、Q11、Q13 断面有水位资料。根据上述水位资料,选择 12 个典型时段分析淤区水位的变化情况。

2004 年放淤期间,①、③号淤区水位随放淤进程的逐步落淤而不断升高,受退水闸(退水口)叠梁加高的影响,淤区尾端水位上升速度大于淤区其他断面,淤区比降逐步变缓。到 2004 年放淤后期①号淤区水位较放淤初期抬高了 1. 1~1. 6 m,③号淤区抬高了 0. 6~1. 0 m。在③号淤区运用初期,由于①号淤区落淤面高于③号淤区地面 1. 6~2. 2 m,①号淤区在输水过程中受到溯源冲刷,在①号淤区形成了深达 1~2. 9 m、宽 55~143 m 的输水冲沟,水位沿程变化在 Q13-2(Y12-2)断面以上较陡,Q13-2 断面以下较缓。2005 年放淤期间水位观测断面较少,在淤区运用过程中,随着①号淤区主流沟的淤积和 Q10~Q13-2 断面的不断淤积抬高,①号淤区的上段水位基本没有变化,③号淤区的上段水位升高,使①、③号淤区的水位沿程变化更加顺畅。对同一断面而言,随着放淤的进行,水位呈缓慢升高趋势。

2. 流路变化

根据 2004 ~2006 年淤区 Y1-2~Y18-2 断面实测资料,点绘淤区历年主流沟深泓线位置变化平面图(见图 4-49),可以看出,在①号淤区的上游、③号淤区下游主流深泓线位置变化较大,Y7-2~Y12-2 断面由于横格堤的存在,限制了水流在横向上的摆动变化,导致淤积分布的不均匀。

在 2004 年放淤开始后,淤区主流位置随着放淤时间的延长发生不断的变化。2004 年放淤初期的第 1 轮,水流在地面平整处散乱向下游推进;由于在围堤施工时集中取土,淤区两侧靠近围堤位置地面高程较低而形成主流并逐渐淤高。在第 2 轮和第 3 轮,淤区 Y6-2 断面以上部分水流表现得比较散乱,下游部分水流集中在两侧,但主流沟深度不大。随着第 4 轮大量泥沙的淤积,淤积厚度迅速增大,淤积横向、纵向分布都比较均匀。③号淤区的运用,使得在①号淤区形成一条大的主流沟,破坏了原本均匀的淤积形态。

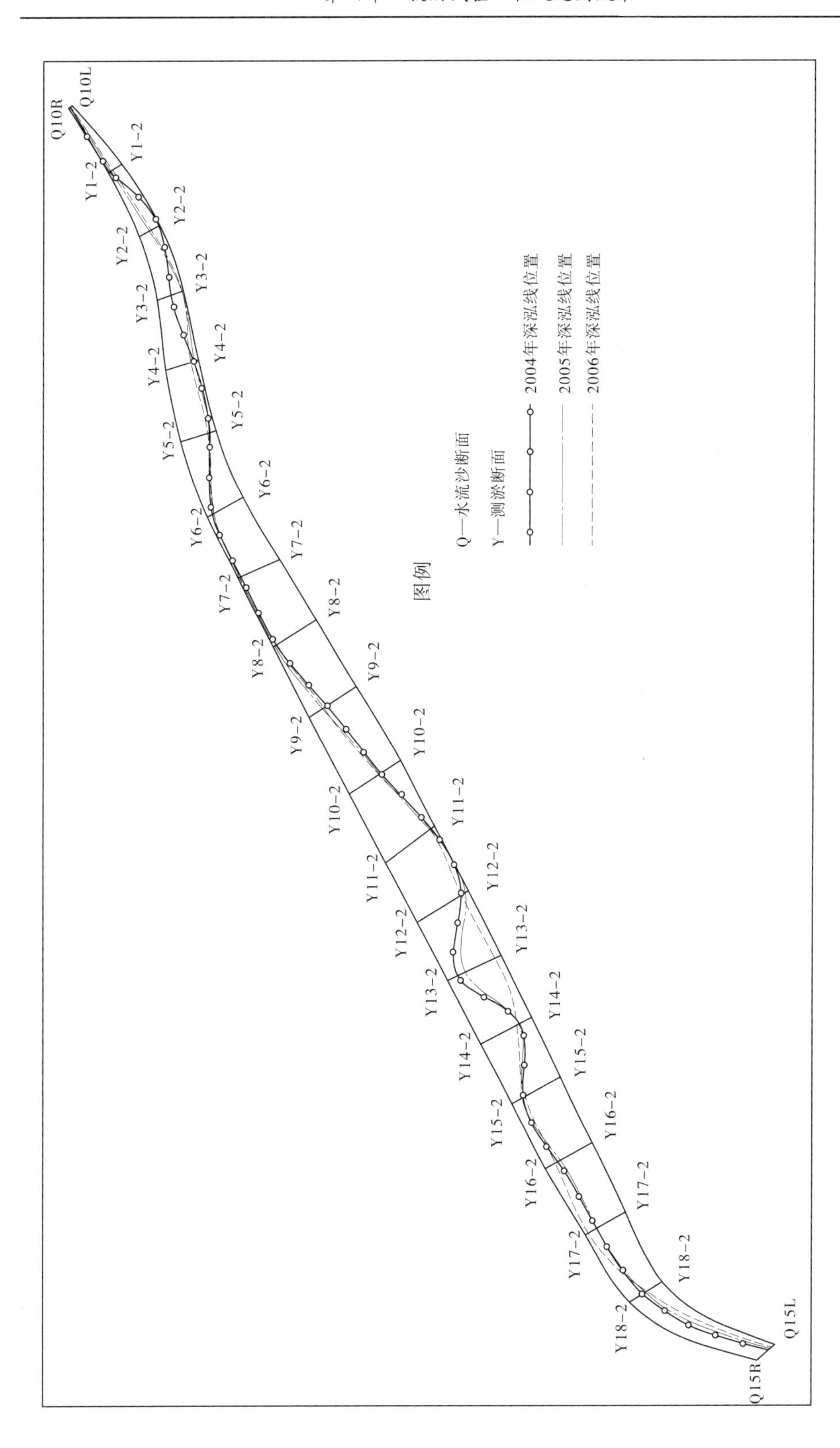

图4-49　黄河小北干流连伯滩淤区主流深泓线位置图

2005 年和 2006 年放淤期间,①号淤区水流基本沿主流沟行走,淤积主要发生在主流沟内,上游几个断面深泓线位置略有改变;①号淤区下游、③号淤区上游由于横格堤起到了控导工程的作用,深泓线位置变化不大。淤区内的杂草、植物的存在也阻挡了水流泥沙向远处的扩散,泥沙在滩唇部位淤积量大,远处淤积量小,断面横比降增加,导致泥沙分布不均匀;③号淤区下游由于退水闸的壅水作用,水流速度减小,主流深泓线位置不断发生变化,淤积在横向上的分布相对均匀。

3. 含沙量沿程变化

根据 2004 年 Q10、Q11、Q12、S4、Q13、Q14、Q15 实测单沙资料,计算每次放淤期间各断面的平均含沙量,点绘出每轮放淤平均含沙量沿程变化曲线(见图 4-50)。

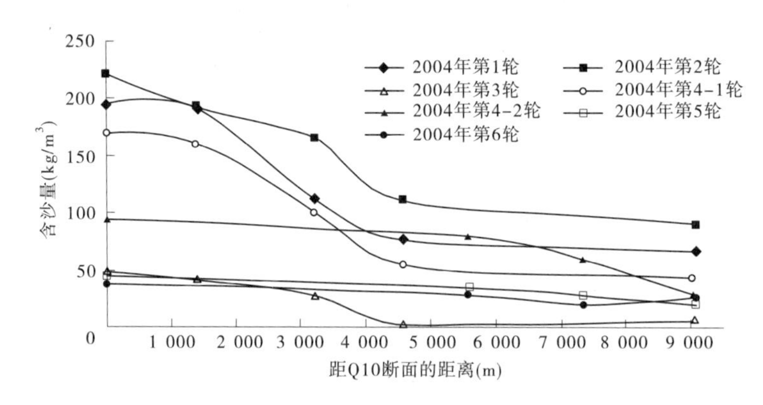

图 4-50　放淤期间平均含沙量沿程变化曲线

可以看出,含沙量沿程呈递减趋势,且主要发生在淤区运用区。当进水含沙量大于 150 kg/m³ 时含沙量沿程衰减快,含沙量衰减率为 25 kg/(m³ · km)左右;当进水含沙量小于 100 kg/m³ 时含沙量沿程衰减慢,含沙量衰减率一般不超过 15 kg/(m³ · km)。2004 年第 1 轮、第 2 轮及第 4 轮(前),引水含沙量较大,含沙量在①号淤区 Q10、Q11、Q12、S4 断面急剧衰减,且以 Q12~S4 区间平均衰减幅度最大。2004 年横格堤刚开始破除的第 4 轮(后),③号淤区含沙量沿程衰减较快,但之后的第 5 轮、第 6 轮含沙量也小,沿程衰减也慢。说明淤区运用初期,水流运动慢,淤区库容大,调蓄能力强,泥沙淤积快;随着淤区淤积量的增加,水流加快,淤区库容减小,调蓄能力下降,泥沙淤积速度放慢。

连伯滩放淤试验监测资料表明,淤区含沙量沿程衰减率与淤区进口含沙量关系密切:淤区进口含沙量越大,淤区含沙量沿程衰减率越大;淤区进口含沙量越小,淤区含沙量沿程衰减率也越小(见图 4-51)。两者关系如下($R^2 = 0.98$):

$$\delta = 11.989\ln\rho - 37.895 \tag{4-1}$$

式中:δ 为淤区含沙量沿程衰减率,kg/(m³ · km);ρ 为淤区进口含沙量, kg/m³。

通过式(4-1),可根据淤区进口不同时期含沙量,初步估算淤区出口的含沙量。当设计好淤区退进含沙量比后,可以根据淤区进口含沙量计算出需要的淤区长度。当淤区进口含沙量为 ρ ,要求淤区退进含沙量比为 m 时,则需要的淤区长度为

$$L = \frac{(1 - m)\rho}{11.989\ln\rho - 37.895} \tag{4-2}$$

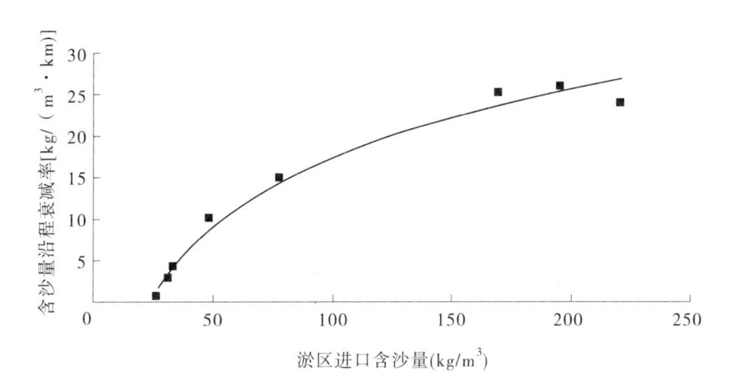

图 4-51　淤区进口含沙量与含沙量沿程衰减率关系图

例如，当淤区进口含沙量分别为 200 kg/m³、100 kg/m³、50 kg/m³，要求淤区出口含沙量为进口含沙量的50%时，需要的淤区长度分别为 3.9 km、2.9 km、2.8 km。需要说明的是，由于式(4-2)计算淤区长度只考虑了淤区出口含沙量的要求，而没有考虑淤区出口泥沙粒径的要求，且为基于①号、③号淤区运用资料所得，因此公式具有一定的局限性。

(五)淤区淤积效果分析

1.退进含沙量比和不同粒径排沙比

按 2004~2006 年的放淤轮次以 1~11 排序，点绘各轮次的退进含沙量比及不同粒径泥沙排沙比变化情况(见图 4-52)可以看出，退进含沙量比及不同粒径泥沙排沙比总的变化呈现逐渐增大趋势，粗沙的增加幅度较大。2004 年①号淤区运行时，除第 2 轮为 63.4%外，其他轮次退进含沙量均较低，变化范围均在 14%~35%；③号淤区运行时的第 5 轮、第 6 轮的退进含沙量比增加到 40.7%和 53.5%；2005 年退进含沙量比为 47.2%，2006 年的退进含沙量比达到了 63%~83%。

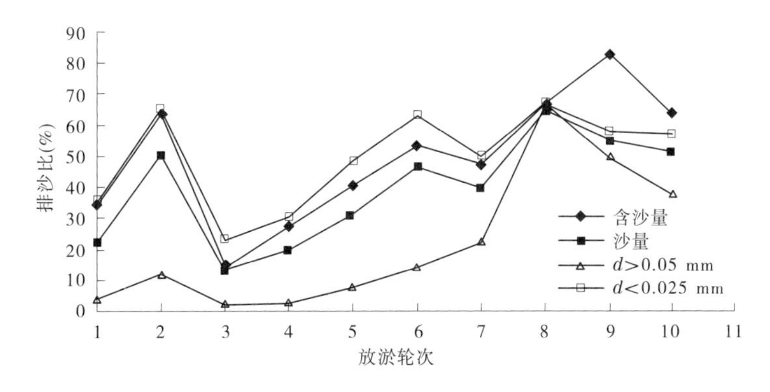

图 4-52　各轮次退进含沙量比及不同粒径泥沙排沙比变化

排沙比(退、进沙量之比)与退进含沙量比的变化趋势相一致。2004 年除第 2 轮大于 50%外，其他轮次均小于 50%，变化范围为 13%~47%；①号淤区运行时仅为 13%~22%，③号淤区运行时为 31%~47%。2005 年的排沙比为 39.6%。2006 年各轮的排沙比均在 51%以上。

从对 $d>0.05$ mm 的粗沙和 $d<0.025$ mm 的细沙分组粒径排沙比分析来看，2004 年粗

沙排沙比除第 2 轮、第 6 轮略大于 10%外,其他轮次的排沙比均在 2%~7.5%;2005 年的粗沙排沙比有所增大,达到了 22%;2006 年的粗沙排沙比较大,均在 37%以上,2006 年的第 1 轮甚至达到了 66.8%。细沙排沙比 2004 年第 2 轮、第 6 轮和 2006 年第 1 轮超过了 60%,2006 年第 2 轮、第 3 轮均为 55%~60%,2004 年第 6 轮、2005 年的细沙排沙比为 48%~50%,其余轮次的细沙排沙比均小于 35%。

根据分析,“淤粗”与“排细”难以兼得。2004 年的第 2 轮、第 5 轮、第 6 轮和 2005 年(图中的 2、5、6、7)“淤粗排细”效果相对较好,2004 年的其他轮次(图中的 1、3、4)虽然淤粗效果比较好,但没有实现排细目标,2006 年(图中的 8、9、10)的排细效果好,但淤粗效果差。

2. 淤积比与退进含沙量比的关系

建立 2004~2006 年轮次淤区“退出平均含沙量/进口平均含沙量”(出/进含沙量)与淤区泥沙“淤积量/进入量”(淤积比)的关系(见图 4-53),可以看出两者关系较好,相关系数 R^2 为 0.890 6,其关系式见式(4-3):

$$W_{淤积} = 0.006\,9S_{排}^2 - 1.443\,2S_{排} + 111.96 \tag{4-3}$$

式中:$W_{淤积}$为淤区泥沙淤积量与淤区进入沙量的比值(淤积比)(%);$S_{排}$为淤区退出平均含沙量与进口平均含沙量的比值(%)。

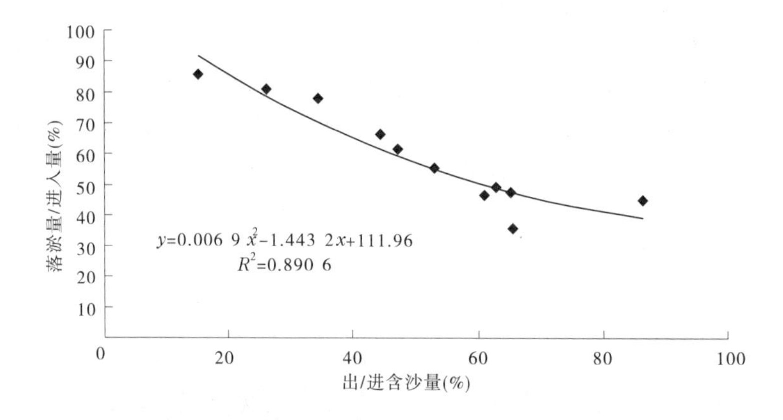

图 4-53 各轮次退进含沙量比与淤积比的关系

$W_{淤积}$与$S_{排}$呈现反相关系,$S_{排}$小时$W_{淤积}$大,$S_{排}$大时$W_{淤积}$小,当$S_{排}$达到一定程度后,$W_{淤积}$的减小幅度降低。因此,适当控制退进含沙量比,可以收到适宜的淤积比,即尽可能地把粗沙拦在淤区内,把细沙排出淤区,以便更好地实现“淤粗排细”的试验目标。

3. 分组沙排沙关系

为分析小北干流连伯滩放淤试验分组沙排沙关系,根据 2004~2006 年放淤试验各轮平均全沙及粗、细沙含沙量进出口比值,建立全沙与各分组沙的排出比例关系(见图 4-54)。可以看出:

(1)当全沙退进含沙量比大于 60%时,随着全沙退进含沙量比的增加,粗沙和中粗沙退进含沙量比增加幅度较大,细沙退进含沙量比增加幅度较小,说明此后全沙退进含沙量比的增加不能有效增加细沙的排出量,反而使粗沙的排出量迅速增加。

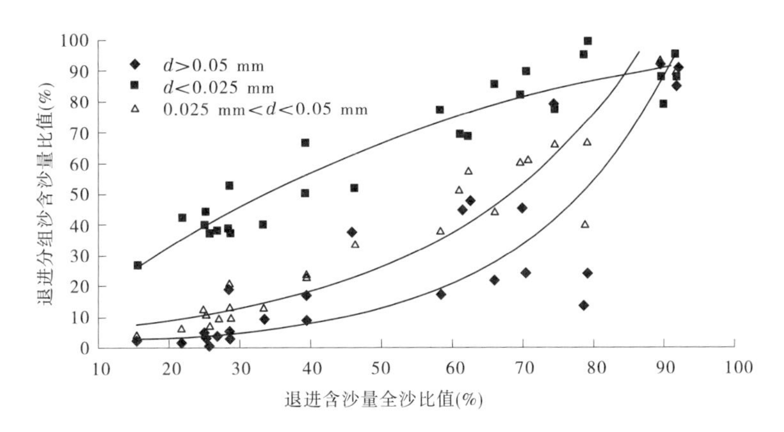

图 4-54　全沙排沙比与分组沙排沙比之间的关系

(2)当全沙退进含沙量比小于45%时,随着全沙退进含沙量比的减小,粗沙和中粗沙退进含沙量比减小幅度很小,而细沙退进含沙量比减小幅度较大。因此,当全沙退进含沙量比小于45%时,全沙退进含沙量比的减小,粗沙和中粗沙排出量减小幅度不大,而细沙的排出量则迅速减小,不利于"淤粗排细"效果的实现。

因此,应控制全沙退进含沙量比在45%~60%,此时的粗沙和中粗沙退进含沙量比范围分别为9%~18%和20%~38%,而细沙退进含沙量比为52%~77%。

综合淤积比与退进含沙量比的关系分析结果,退进含沙量比应当控制在50%以上,以退进含沙量比应当控制在50%~60%比较适宜,此时的粗、中、细沙含沙量退出比例分别为13%~20%、23%~38%、66%~78%。这样既能够保证粗沙充分落淤,也尽可能地提高细沙的排出比例。

(六)淤区工程评估

1. 淤积效果评估

按照断面法计算,黄河小北干流连伯滩放淤试验2004~2006年淤区累计淤积量398万m^3,其中粗、中、细沙分别为158万m^3、130万m^3、110万m^3,分别占淤积沙量的39.7%、32.6%、27.7%。①、③号淤区淤积量分别为160万m^3、238万m^3,分别占总淤积量的40.2%、59.8%。

与设计淤积量相比,①号淤区完成了89.4%,③号淤区完成了53.2%,但施工挖土使淤区的可放淤量增加,淤积高度也尚未达到设计高度。

与设计淤积物组成相比,$d>0.05$ mm的粗颗粒泥沙含量比设计值(44%)小了4.3个百分点,但$d>0.05$ mm的中粗颗粒泥沙含量72.3%比设计值(74%)仅小了1.7个百分点,基本实现了原设计指标。

根据2004~2006年放淤试验每轮次淤区的退进含沙量比及不同粒径泥沙排沙比与设计值进行比较(见图4-55),可以看出,$d>0.05$ mm粗沙排沙比小于20%时设计值偏大,大于20%时设计值偏小,平均情况下设计值偏小0.06个百分点;0.025 mm$<d<0.05$ mm的中粗沙排沙比与设计值相比有大有小,平均情况下设计值偏小0.64个百分点;$d<0.025$ mm的细沙排沙比比设计值偏大,且含量越高,偏大越多,平均情况下设计值偏大

20.7 个百分点。

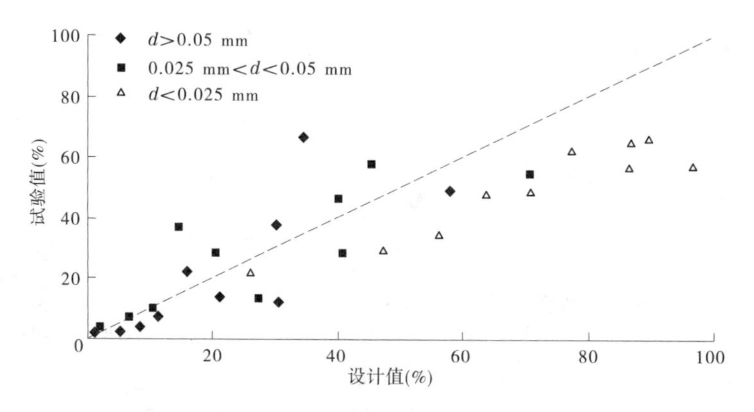

图 4-55　分组沙排沙比试验值与设计值的比较

由此可见,2004~2006 年放淤试验的中粗沙排沙比基本实现了原设计指标,但是,细沙排沙比小于设计值,没有达到原设计要求。

2. 淤区适宜长度分析

1)淤积比

根据淤区淤积比分析,在 2004 年①号淤区运用期间,淤区泥沙淤积比较高,为 49%~87%,平均为 74.8%;①、③号淤区运用时,淤积比为 35%~75%,平均为 68.4%;2005 年淤积比为 43%~82%,平均为 60.6%;2006 年淤积比为 25%~53%,平均为 43.5%。

从前面淤积比与退进含沙量比的关系分析中可以看出,当全沙退进含沙量比为 50%~60%时,淤区的泥沙淤积比应为 50%~60%。由此可以看出,2004 年淤区泥沙淤积比较高,①号淤区运用时更高,2005 年全沙淤积比平均情况下处于正常水平,但 2006 年淤积比偏低。

由此可知,2004~2006 年小北干流放淤试验,淤区运用初期全沙淤积比偏高,后期淤积比偏低,其偏高原因主要是细沙淤积比过高。仅从淤积比来讲,如果减小淤区的长度,缩短细颗粒泥沙在淤区的停留时间,就会降低细沙的淤积比,相应地可以提高粗沙的淤积比,从而实现"淤粗排细"的试验目标。

2)淤积物沿程变化

从 2004~2006 年淤区淤积物 $d>0.05$ mm、$d<0.025$ mm 泥沙所占比例以及断面中数粒径沿程变化图看,淤区上游到下游,泥沙中数粒径 $d>0.05$ mm 粒径泥沙所占比例总体呈递减趋势,而 $d<0.025$ mm 的粒径泥沙所占比例呈递增趋势。在①号和③号淤区上游几个断面,平均粒径和粗颗粒泥沙含量明显高于下游断面,且下游几个断面粒径组成变化也不大。

从淤区入口到 Y6-2 断面(该断面距离淤区入口 2 732 m),淤区淤积泥沙中粗沙含量在波动中急剧降低,同时细沙含量快速升高;在 Y6-2~Y18-2 断面(该断面距离淤区入口 8 327 m),淤区淤积泥沙中粗沙含量都在 40%左右波动(其中距离淤区入口 5.1~5.6 km 处升高是横格堤影响所致),细沙含量都在 25%附近波动。说明淤区达到一定长度后,再增加淤区长度已不能增加落淤泥沙的粒径变化。从这个方面来看,小北干流连伯滩淤区的长度应缩短。

3 年来的放淤试验进入淤区的泥沙中有 66.36%落淤，d>0.05 mm 的粗沙的淤积比为 86.93%，d<0.025 mm 的细颗粒泥沙淤积比为 55.11%；有 13.07%的 d>0.05 mm 粗沙、44.89%细沙被排出，虽然粗沙淤积比较高，但细沙排沙比明显偏低，因此在不考虑运行调度对“淤粗排细”影响的情况下，仅从细沙排沙比来看，也应适当缩短淤区的长度。通过综合分析认为，连伯滩淤区的适宜长度应该控制在 3 500 m 左右。

3. 横格堤的作用

在自流放淤中，若淤区比较长，往往需要分段放淤。在进行下段放淤时，上游淤区形成的主流沟能否承担输沙任务，需要不需要建设新的输沙渠，黄河小北干流放淤试验为我们提供了宝贵的经验。

2004 年在进行③号池块放淤时，①号池块运用中形成的主流沟随着横格堤破口处侵蚀基准面的降低，首先发生溯源冲刷，然后主流沟比降逐渐增大到适应输送上游来水来沙条件。运行过程中，主流沟成功地把输沙渠输送下来的水流泥沙送往③号池块，起到了输沙渠的作用，为今后大规模放淤中分段放淤设计提供了实践经验。

横格堤将一个长条形的淤区分成①号淤区和③号淤区。①号淤区独立运行，减小了泥沙在淤区的运行时间，缩短了泥沙的运行距离，降低了部分较细泥沙落淤的可能性，提高了粗颗粒泥沙落淤比例，减少了细颗粒泥沙落淤量，与没有横格堤相比（①、③号淤区连在一起运用），有助于“淤粗排细”目标的实现。

但由于横格堤的存在，在①号淤区运用之时，退水口溢流堰的操作困难较大，退水调度指标不易控制。另外，在③号淤区运用时，采用①号淤区输水造成①号淤区形成输水通道，影响了①号淤区的落淤效果，并使得③号淤区上段落淤不均匀。此外，破除不彻底的横格堤也阻碍了淤区水流的自由扩散、摆动，影响了淤积形态的自由发展过程。

4. 淤积物分布影响因素

运行实践表明，淤区淤积物颗粒组成的时空分布主要受尾门调控和淤区内主流沟位置的双重影响。水位抬高越慢，淤区“淤粗排细”效果越好，否则“淤粗排细”效果越差。调控运用期间，上游段时冲时淤，回水段淤积，颗粒组成上游段较粗，回水段较细。淤区形成主流沟后，主流沟及其两侧淤积物颗粒粗，由近至远逐渐变细。

淤区“淤粗排细”的效果受淤区内初始地形、阻水障碍、运用管理、断面宽度影响很大。淤区淤积填坑时期，“淤粗排细”效果相对较差；坑洼填满后，“淤粗排细”效果较好。淤区阻水障碍越多，由于流速较小和输沙能力较低，淤区“淤粗排细”效果越差，否则淤区“淤粗排细”效果越好。

淤区植被也是影响淤积物分布的因素之一，淤区植被生长茂盛制约了水流泥沙的向外扩散，水流主要通过主流沟向前推进，导致漫滩水流大部分泥沙淤积在滩唇部位，增大了淤区的横比降，也降低了淤区拦粗排细效果。

第五节 退水闸

一、退水闸设计

(一)退水闸规模

退水闸规模主要从“淤粗排细”效果和工程投资两个方面考虑。退水闸规模越大,泄放一定流量的堰上水深越小,淤区“淤粗排细”效果越好,工程投资越大;退水闸规模越小,泄放一定流量的堰上水深越大,淤区“淤粗排细”效果相对较差,工程投资越小。经综合分析,退水闸布置为4孔,每孔净宽5.0 m,总净宽20.0 m。堰上最大水深2.18 m时下泄最大流量108.6 m^3/s。

(二)闸底板高程的确定

在退水闸底板高程的确定中,原设计考虑了以下两个因素:①底板高程要满足下泄淤区的泄水流量和堰前放淤水深要求,堰前每次调节水深越小,“淤粗排细”效果越好;②应使闸后退水和大河水位平顺连接,这样要求闸底板高程不能低于闸址处滩面高程太多,否则闸前壅水较大,影响细沙排出。经过水力计算,在底板高程一定的情况下,将闸底板选为驼峰堰型,以增大过流能力,减小闸孔数,降低退水闸工程造价。实体模型试验发现在退水闸前3 km范围内形成了一个静水区域,推断在淤区运用初期可能会影响细沙的排出。根据模型试验结果,结合退水闸闸址处地形条件,考虑到与黄河水位的平顺连接等因素,工程设计将退水闸底板驼峰堰取消,底板高程由369.85 m降至368.30 m,以尽可能地在淤区运用初期多淤粗沙,少淤细沙。

二、退水闸运用及效果

(一)退水闸运用

1.退水退沙量

对Q15断面的水沙资料进行整理分析,得到不同年度及各轮次退水退沙情况,见表4-37,不同年度各轮次平均悬沙颗粒级配曲线见图4-56。

2004年退出水量4 621.25万m^3,沙量164.09万t,退水平均含沙量为35.50 kg/m^3;退出泥沙中,$d>0.05$ mm的泥沙为6.14万t,占总退出沙量的3.74%;$d<0.025$ mm的泥沙为139.58万t,占总退出沙量的85.06%;0.025 mm$<d<$0.05 mm的泥沙为18.37万t,占总退出沙量的11.20%。

2005年退出水量1 057.3万m^3,沙量21.76万t,退水平均含沙量为20.58 kg/m^3;退出泥沙中,$d>0.05$ mm的泥沙为2.09万t,占总退出沙量的9.6%;$d<0.025$ mm的泥沙为16.04万t,占总退出沙量的73.73%;0.025 mm$<d<$0.05 mm的泥沙为3.63万t,占总退出沙量的16.67%。

2006年退出水量2 097.58万m^3,沙量85.79万t,退水平均含沙量为40.90 kg/m^3;退出泥沙中,$d>0.05$ mm的泥沙为11.61万t,占总退出沙量的13.53%;$d<0.025$ mm的泥沙为55.46万t,占总退出沙量的64.65%;0.025 mm$<d<$0.05 mm的泥沙为18.72万t,

占总退出沙量的21.82%。

表4-37　Q15断面退水退沙情况

轮次	水量(万 m^3)	沙量(万t)	平均含沙量(kg/m^3)	d>0.05 mm		0.025 mm<d<0.05 mm		d<0.025 mm	
				占全沙(%)	沙量(万t)	占全沙(%)	沙量(万t)	占全沙(%)	沙量(万t)
2004-1轮	334.28	27.39	81.94	3.71	1.02	11.21	3.07	85.08	23.3
2004-2轮	328.17	38.63	117.71	3.31	1.28	11.26	4.35	85.43	33
2004-3轮	198.05	1.51	7.62	3.01	0.05	8.06	0.12	88.93	1.34
2004-4轮	1 420.7	49.01	34.49	2.13	1.05	7.85	3.85	90.02	44.11
2004-5轮	1 881.2	37.21	19.78	5.52	2.06	14.59	5.43	79.89	29.72
2004-6轮	458.85	10.34	22.54	6.58	0.68	14.99	1.55	78.43	8.11
2004年合计	4 621.25	164.09	35.50	3.74	6.14	11.20	18.37	85.06	139.58
2005年	1 057.3	21.76	20.58	9.6	2.09	16.67	3.63	73.73	16.04
2006-1轮	1 111.3	32.54	29.28	12.06	3.92	17.44	5.68	70.5	22.94
2006-2轮	529.22	29.99	56.67	15.23	4.57	23.82	7.15	60.95	18.28
2006-3轮	260.19	16.5	63.42	12.45	2.06	20.93	3.45	66.62	10.99
2006-4轮	196.87	6.76	34.34	15.83	1.07	36.09	2.44	48.08	3.25
2006年合计	2 097.58	85.79	40.90	13.53	11.61	21.82	18.72	64.65	55.46
2007年	514.07	7.45	14.49	4.95	0.37	11.53	0.86	83.52	6.22
总计	8 290.2	279.09	33.66	7.24	20.21	14.90	41.58	77.86	217.3

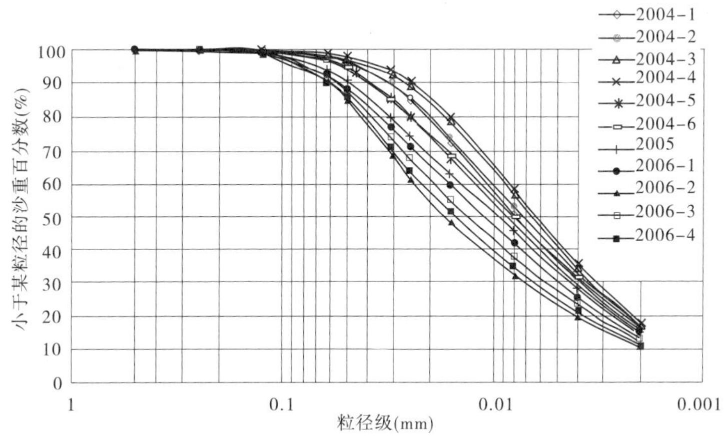

图4-56　Q15断面各轮次退沙平均悬沙颗粒级配曲线

2007年退出水量514.07万 m^3，沙量7.45万t，退水平均含沙量为14.49 kg/m^3；退出泥沙中，d>0.05 mm的泥沙为0.37万t，占总退出沙量的4.95%；d<0.025 mm的泥沙为

6. 22 万 t,占总退出沙量的 83. 52%;0. 025 mm$<d<$0. 05 mm 的泥沙为 0. 86 万 t,占总退出沙量的 11. 53%。

2. 引退水沙情况对比

点绘进、出口 Q1、Q15 断面流量、含沙量过程线(见图 4-57、图 4-58),可以看出,引水引沙过程受到大河来水来沙条件、人为调控等因素的影响,引水流量、含沙量过程变化幅度大;退水退沙过程则受到淤区的调蓄作用,水沙过程相对平缓,流量、含沙量降低幅度大,以含沙量降低幅度更加明显。

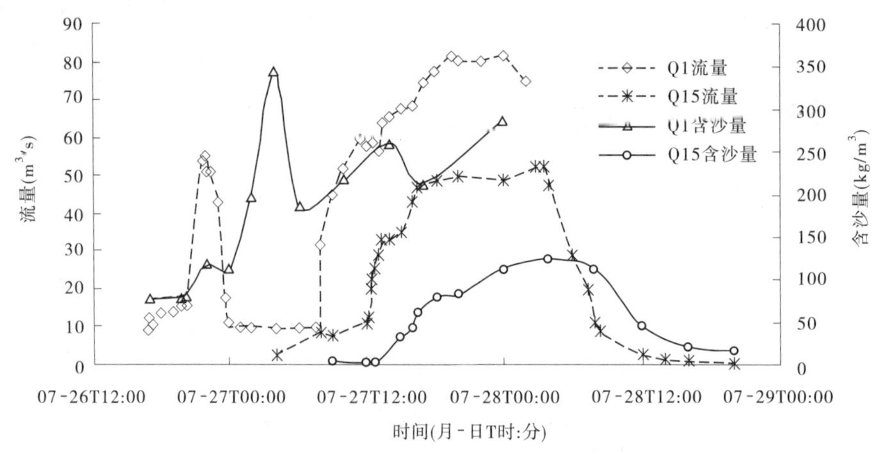

图 4-57　2004-1 轮 Q1、Q15 断面水沙过程线

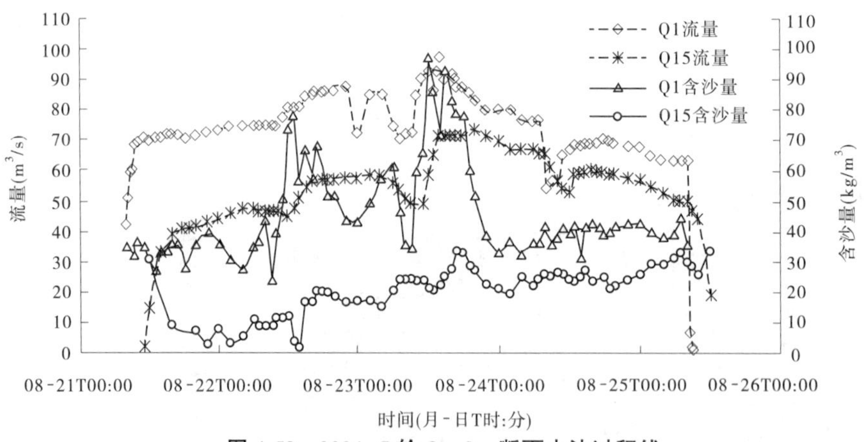

图 4-58　2004-5 轮 Q_1、Q_{15} 断面水沙过程线

对比 Q1、Q15 断面的引、退水沙情况,放淤试验水沙损失情况见表 4-38。2004 年损失水量(包括弯道溢出量)为 1 843. 63 万 m^3,损失比例为 28. 5%;泥沙淤积量(包括淤区、输沙渠淤积量和弯道溢出量)为 462. 46 万 t,淤积比为 73. 81%。2005 年损失水量为 219. 75 万 m^3,损失比例为 13. 2%;泥沙淤积量(包括淤区、输沙渠)为 35. 50 万 t,淤积比为 47. 90%。2006 年损失水量为 577. 94 万 m^3,损失比例为 20. 9%;泥沙淤积量(包括淤区、输沙渠)为 77. 45 万 t,淤积比为 46. 06%。2007 年损失水量为 105. 26 万 m^3,损失比例为 17. 0%;泥沙淤积量(包括淤区、输沙渠)为 17. 4 万 t,淤积比为 70. 02%。

表 4-38　Q1、Q15 断面引退水沙量对比

轮次	损失水量（万 m³）	沙量		$d>0.05$ mm			0.025 mm$<d<$0.05 mm			$d<0.025$ mm		
		落淤量（万 t）	淤积比（%）	落淤量（万 t）	占落淤量（%）	淤积比（%）	落淤量（万 t）	占落淤量（%）	淤积比（%）	落淤量（万 t）	占落淤量（%）	淤积比（%）
2004-1 轮	216.11	101.34	78.72	33.29	32.85	97.03	28.46	28.08	90.26	39.59	39.07	62.95
2004-2 轮	90.78	40.53	51.20	12.2	30.1	90.50	11.28	27.83	72.17	17.05	42.07	34.07
2004-3 轮	35.13	10.15	87.05	2.31	22.76	97.88	3.02	29.75	96.18	4.82	47.49	78.25
2004-4 轮	689.65	213.91	81.36	53.04	24.79	98.06	56.7	26.51	93.64	104.17	48.70	70.25
2004-5 轮	726.36	84.06	69.32	26.04	30.98	92.67	26	30.93	82.72	32.02	38.09	51.86
2004-6 轮	85.60	12.47	54.67	4.13	33.12	85.89	3.22	25.82	67.51	5.12	41.06	38.70
2004 年合计	1 843.63	462.46	73.81	131.01	28.33	95.54	128.68	27.83	87.51	202.77	43.84	59.23
2005 年	219.75	35.50	47.90	10.73	30.22	70.59	10.29	28.99	58.63	14.48	40.79	35.00
2006-1 轮	125.60	21.91	38.75	3.74	17.07	48.76	4.98	22.73	44.15	13.19	60.20	35.08
2006-2 轮	353.52	30.29	50.25	5.37	17.73	53.98	7.06	23.31	49.68	17.86	58.96	49.42
2006-3 轮	66.59	16.32	49.22	3.35	20.52	61.65	4.21	25.80	54.39	8.76	53.68	43.87
2006-4 轮	32.23	8.93	49.09	2.63	29.45	62.77	1.58	17.69	33.69	4.72	52.86	50.70
2006 年合计	577.94	77.45	46.06	15.09	19.47	55.38	17.83	23.02	47.02	44.53	57.51	43.22
2007 年	105.26	17.4	70.02	3.32	19.08	89.97	4.33	24.89	83.43	9.75	56.03	61.05
总计	2 746.58	592.81	66.34	160.15	27.01	87.39	161.13	27.18	77.58	271.53	45.81	54.01

总体来看，淤积比以 2004 年最高，2006 年最低，随着放淤时间的推进，淤积比不断减小。放淤试验四年期间，$d>0.05$ mm 的粗沙淤积比为 87.39%，仅有 12.61%的粗沙从退水闸排出；$d<0.025$ mm 的细沙淤积比为 54.01%，有 45.99%的细沙被排出；0.025 mm$<d<$0.05 mm 的中粗沙淤积比为 77.58%，仅有 22.42%的泥沙被排出。可见，粗沙淤积比最大，细沙淤积比最小。

3. 退水闸叠梁高度变化

2004 年第 4 轮③号淤区运用时，退水闸采用叠梁控制。但叠梁厚度为 0.3 m，4 个闸孔底部同时抬高容易造成退水口上游水流紊动，退水处于不均衡状态。为减缓这种状况，可以不一次抬高 0.3 m，而是 4 个闸孔中放置 2 个叠梁（平均 0.15 m），这样抬高水位较小，回水范围短，有利于细沙排出淤区，提高淤区“淤粗排细”效果，满足淤区淤积物级配和淤积量进行精细调度的需要。2004 年第 5 轮试验以后的调度过程就采取此种方式。

放淤试验分别在 2004 年第 4 轮、第 5 轮，2005 年以及 2006 年第 2 轮对退水闸叠梁门高度进行调整，相关指标如表 4-39 所示。2004 年退水闸高度最终均达到 1.2 m。随着叠梁闸门平均高度的增加，退出粗沙含量也呈递增趋势。第 4 轮粗沙含量控制在 2.4%以内，细沙排出含量在 92.3%以上。第 5 轮重新拟定了闸门加高指标，粗沙含量基本控制在 8.6%以内，细沙排出含量在 73.2%以上。

表 4-39　退水闸门情况、含沙量、粗细沙含量统计

轮次	闸门运用时段（月-日 T 时:分）	叠梁平均高度(m)	断面	含沙量(kg/m³)	d>0.05 mm (%)	d<0.025 mm (%)
2004 年第 4 轮	08-13T12:00~22:00	0.6	Q10	112.04	14.70	63.87
			Q15	32.01	0.46	92.72
	08-13T22:00~08-14T15:30	1.05	Q10	109.92	11.98	71.55
			Q15	29.11	0.58	94.38
	08-14T15:30~08-15T14:00	1.2	Q10	89.61	10.65	75.78
			Q15	29.40	2.36	92.42
2004 年第 5 轮	08-21T11:06~08-23T11:00	0.6	Q10	46.76	23.15	48.36
			Q15	13.11	3.54	82.83
	08-23T11:00~18:30	0.75	Q10	73.66	29.71	42.78
			Q15	25.97	5.89	78.24
	08-23T18:30~08-24T09:00	0.9	Q10	48.89	26.04	49.11
			Q15	23.06	8.60	73.25
	08-24T09:00~16:00	1.05	Q10	42.02	24.95	54.05
			Q15	24.68	7.67	73.51
	08-24T16:00~08-25T12:00	1.2	Q10	42.43	13.77	70.95
			Q15	26.28	4.16	85.30
2005 年	08-13T08:50~17:00	1.2	Q10	38.83	28.92	42.41
			Q15	12.11	17.92	60.11
	08-13T17:00~08-16T04:00	1.5	Q10	44.35	15.58	61.62
			Q15	21.51	9.03	74.69
2006 年第 2 轮	08-27T12:00~20:00	1.8	Q10	86.39	15.62	61.56
			Q15	75.82	12.91	64.15
	08-27T20:00~08-28T16:00	2.1	Q10	55.96	17.93	56.69
			Q15	34.62	11.31	66.47

2005 年，放淤前先降低了叠梁高度 0.6 m，放淤后现场调度又对退水闸增加一层叠梁至 0.9 m，退出的粗沙含量呈递减趋势，细沙含量呈递增趋势。在长达 59 h 的试验过程中，粗沙含量在 9.03%以内，细沙含量在 74.69%以上，细沙的排出比例较高。2006 年由于来水来沙条件较差，粗沙含量控制标准较高，第 2 轮试验中，在 8 月 27 日 12 时、20 时加高叠梁门高度，每次均增加一层叠梁，最终至 1.8 m，退出水流的含沙量、粗细沙含量也均呈递减趋势，粗沙含量均在 11.31%以内，而细沙含量在 66.47%以上。

4. 退水闸叠梁高度变化前后对比

退水闸调度的原则是在淤区尽量多淤粗沙，少淤细沙，主要控制指标为闸前水位、淤区出口含沙量变化及退水悬移质泥沙级配等。选取不同退水闸运用时段，在闸门高度变化前后的相对平稳时段对退出水流指标进行分析。由表 4-40 可知，随着闸门高度的抬升，流量的变化量时升时降，含沙量、粗沙含量变化量基本呈递降趋势，细沙含量变化量呈现递增趋势。一般情况下，闸门高度每抬升 0.15 m，闸前平均水位要增加 0.043 5 m，细沙排出比例增加 1.5%，粗沙落淤比例增加（排出比例减少）0.47%，平均含沙量减小量为 0.683 kg/m^3。

表 4-40　退水闸高度变化前后指标情况

年度	时间（月-日 T 时:分）		平均闸高（m）	时长（h）	平均水位（m）	平均流量（m^3/s）	平均含沙量（kg/m^3）	$d<$ 0.025 mm（%）	$d>$0.05 mm（%）
	起	止							
2004 年	08-13T18:00	08-13T22:00	0.6	4	371.65	44.85	31.02	92.52	0.69
	08-13T22:00	08-14T02:00	1.05	4	371.68	46.95	24.38	96.14	0.07
	08-14T12:00	08-14T15:30	1.05	3.5	371.87	51.95	43.90	92.18	1.81
	08-14T15:30	08-14T19:00	1.2	3.5	371.88	50.78	37.80	92.84	1.76
	08-23T08:00	08-23T11:00	0.6	3	371.84	49.28	23.48	73.12	7.14
	08-23T11:00	08-23T14:00	0.75	3	371.97	61.25	21.40	75.15	6.39
	08-24T06:00	08-24T09:00	0.9	3	372.01	64.92	23.96	69.59	9.11
	08-24T09:00	08-24T12:00	1.05	3	372.04	55.92	25.28	70.35	8.64
	08-24T13:00	08-24T16:00	1.05	3	372.01	59.47	24.54	76.27	6.86
	08-24T16:00	08-24T19:00	1.2	3	372.13	59.53	23.36	80.46	5.86
2005 年	08-13T13:36	08-13T16:00	0.6	2.4	371.58	48.82	9.90	59.29	18.46
	08-13T17:00	08-13T20:00	1.2	3	371.58	47.73	6.76	60.17	17.90
2006 年	08-27T16:00	08-27T20:00	1.5	4	371.40	26.35	75.70	65.20	11.98
	08-27T20:00	08-28T00:00	1.8	4	371.40	26.65	60.65	67.70	10.85

流量的平均变化量与含沙量的平均变化量相关性显著。平均水位变化量与粗、细沙变化量的相关性也较好。说明随着退水闸门的抬升，即闸前水位的改变，水流中含沙量改变明显，粗、细沙含量相应的为之变化，参见图 4-59、图 4-60。

5. 退水运用与淤区比降关系

1）退水口运用与①号淤区比降关系

根据对 2004 年小北干流①号淤区运行期间水位及典型时段水沙资料的分析，淤区放淤运行期间，受退水闸调度运用影响，淤区水面比降一般从上到下逐渐减小，在淤区尾端水面比降最小，并对淤区退水含沙量及其粒径产生影响。分析表明，淤区尾端水面比降对放淤期间退水含沙量及其变化率、退进水含沙量比和粗沙退进水含沙量比影响明显。淤

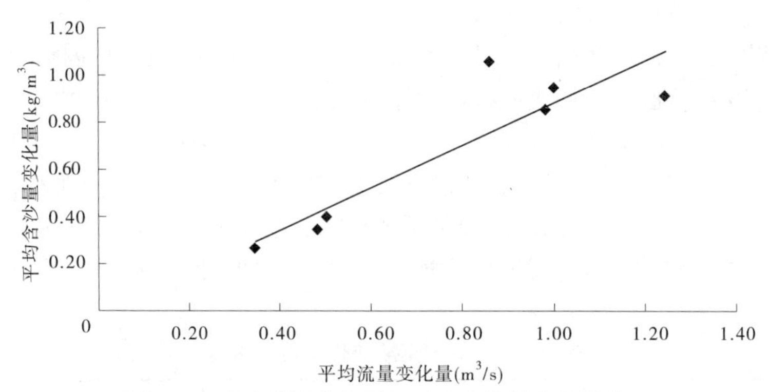

图 4-59　平均流量变化量与平均含沙量变化量关系

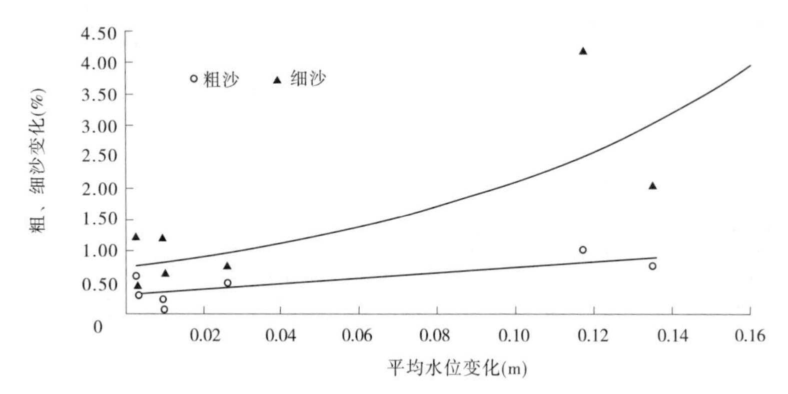

图 4-60　平均水位变化量与粗、细沙变化量关系

区退水含沙量随着淤区尾端水面比降的增大而增大，随着水面比降的减小而减小；水面比降加大，淤区退进水含沙量比增大；水面比降减小，淤区退进水含沙量比减小（见图 4-61）；水面比降加大，淤区细沙退进水含沙量比增大；水面比降减小，淤区细沙退进水含沙量比减小（见图 4-62）。

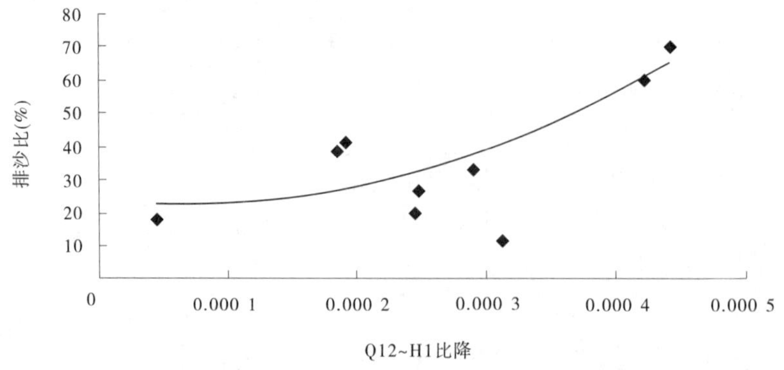

图 4-61　①号淤区尾端水面比降与退进水含沙量比关系

淤区退水含沙量（Q15 断面）与淤区尾端水面比降、进水含沙量（Q10 断面）的关系（$R^2=0.95$）为

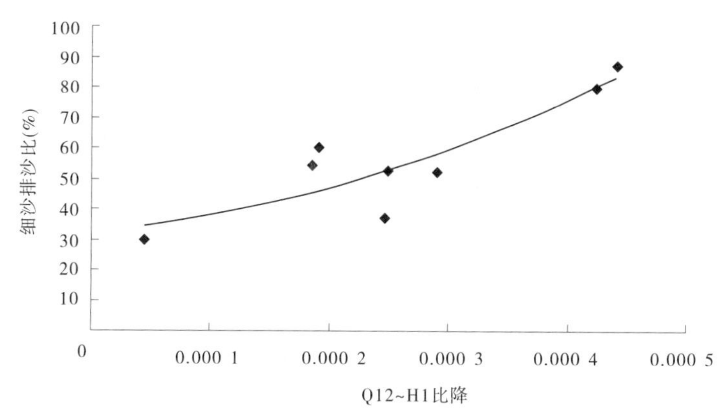

图 4-62　①号淤区尾端水面比降与细沙退进含沙量比关系

$$\rho_o = 0.22486\rho_i + 141147.58i \tag{4-4}$$

式中:ρ_o 为淤区进口(Q10 断面)含沙量,kg/m³;ρ_i 为淤区退水口(Q15 断面)含沙量,kg/m³;i 为淤区尾端(Q12~H1 断面)水面比降。

淤区退进水含沙量比与淤区尾端水面比降关系($R^2=0.7562$)为

$$\xi = 3\times10^6 i^2 - 429.84i + 0.2395 \tag{4-5}$$

式中:ξ 为淤区退进水含沙量比;i 为淤区尾端水面比降。

淤区细沙退进水含沙量比与淤区尾端水面比降关系($R^2=0.7707$)为

$$\xi_s = 2\times10^6 i^2 + 351.63i + 0.3266 \tag{4-6}$$

式中:ξ_s 为淤区细沙退进含沙量比;i 为淤区尾端水面比降。

2)退水闸调度影响

根据 2004 年试验①、③号淤区联合运用时退水闸叠梁门在不同高度的情况(见表 4-40、表 4-41),分析 Q15 断面的 $d>0.05$ mm、$d<0.025$ mm 含量与 Q10~Q15、Q13~Q15、Q14~Q15 比降的相互关系。可知,Q14~Q15 断面之间的比降与 Q15 断面的 $d>0.05$ mm、$d<0.025$ mm 含量的相关性较好;Q10~Q15、Q13~Q15 断面之间的比降与其关系较差,相关性不显著。Q10~Q15、Q13~Q15、Q14~Q15 断面间距分别为 9.063 km、3.475 km 和 1.711 km。说明距退水闸越近,当闸门叠梁高度增加时,闸前水位抬高,形成回水,提高泥沙在淤区的停留时间,对 $d>0.05$ mm、$d<0.025$ mm 含量的影响越明显,有利于提高细沙排出淤区、粗沙在淤区内落淤比例。图 4-63 为粗沙含量、细沙含量与 Q14~Q15 断面比降关系。

(二)淤区调度运用指标

1. 淤区粗沙淤积比与细沙排沙比之间的关系

根据连伯滩放淤试验"淤粗排细"的目标,粗沙淤积比越高越好,细沙排沙比越高越好。但在实际放淤过程中,淤区粗沙的落淤过程中会有部分细沙一起落淤,退水中会有部分粗沙一起退出。

点绘 2004 年放淤各轮次淤区 $d>0.05$ mm 粗沙淤积比与 $d<0.025$ mm 细沙排沙比之间的关系(见图 4-64),可以看出,粗沙淤积比与细沙排沙比之间存在着比较明显的反比

例关系,"淤粗"与"排细"之间存在着密切的关联性,并相互制约。而且可以看出,"淤粗"与"排细"的变化速度存在一定差异,如当 $d<0.025$ mm 细沙排沙比由 30%上升至 60%时,细沙排沙比翻了一番,增加了 30 个百分点,而淤区 $d>0.05$ mm 粗沙淤积比由 97%降低至 88%,粗沙淤积比仅降低了 9 个百分点。可见,适当降低淤区 $d>0.05$ mm 的粗沙淤积比,能够显著提高 $d<0.025$ mm 的细沙排沙比。

表 4-41　2004 年退水闸运用指标统计

时间(月-日 T 时:分)		平均水位(m)	平均流量(m^3/s)	比降		
起	止			Q10~Q15	Q13~Q15	Q14~Q15
08-13T12:00	08-13T22:00	371.65	44.77	0.000 534	0.000 193	0.000 092
08-13T22:00	08-14T15:30	371.81	50.66	0.000 509	0.000 168	0.000 046
08-14T15:30	08-15T14:00	371.88	40.83	0.000 487	0.000 157	0.000 043
08-21T11:06	08-23T11:00	371.81	47.55	0.000 513	0.000 226	0.000 132
08-23T11:00	08-23T18:30	372.04	67.43	0.000 497	0.000 193	0.000 139
08-23T18:30	08-24T09:00	372.05	68.52	0.000 495	0.000 212	0.000 174
08-24T09:00	08-24T16:00	371.96	57.43	0.000 501	0.000 242	0.000 223
08-24T16:00	08-25T12:00	372.14	52.35	0.000 464	0.000 191	0.000 177

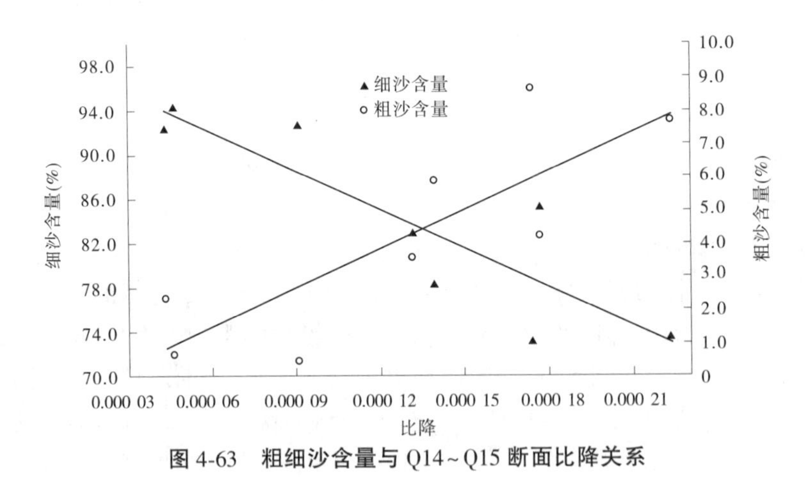

图 4-63　粗细沙含量与 Q14~Q15 断面比降关系

需要指出的是,经过 2004~2006 年放淤运用,淤区粗沙淤积比与细沙排沙比之间关系发生了很大的变化(见图 4-65):2005 年、2006 年与 2004 年相比,在同样的细沙排沙比下,粗沙淤积比大幅度降低,最低情况只有 33%的粗沙在淤区落淤。

分析造成 2005~2006 年粗沙淤积比下降的原因,发现除来水来沙条件外,淤区运行阶段、前期淤积形态、淤区地面植被以及淤区退水粗沙比例与来水粗沙比例的比值过高等,都对淤区粗沙淤积比下降有影响。

综观 2004~2006 年 11 轮次的"淤粗排细"的效果,2004 年第 2 轮和 2004 年第 6 轮两轮次的"淤粗排细"效果是最好的,不但实现了进入淤区粗沙的高淤积比(粗沙淤积比分

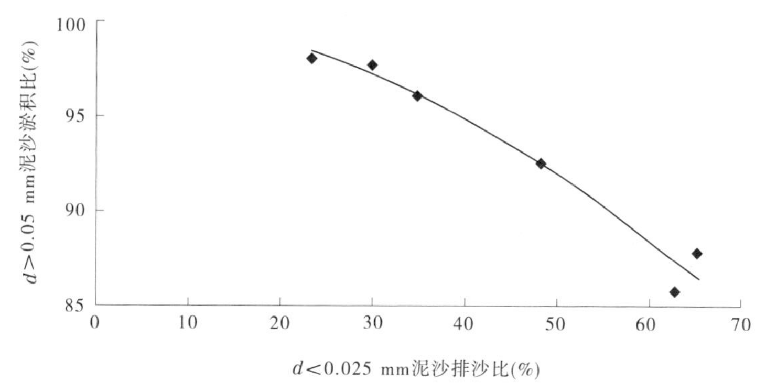

图 4-64　2004 年淤区粗沙淤积比与细沙排沙比之间的关系

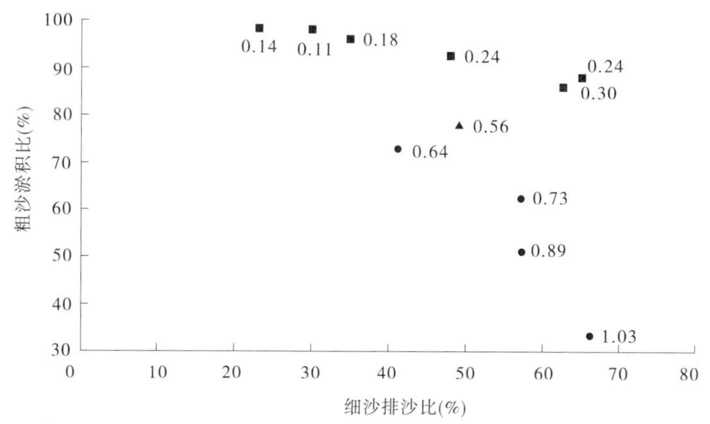

图中参数为淤区退水粗沙比例与来水粗沙比例之比值，■、▲、●分别表示2004年、2005年、2006年。

图 4-65　2004~2006 年淤区粗沙淤积比与细沙排沙比之间的关系

别为 87.9%、85.9%），也实现了进入淤区细沙的高排沙比（细沙排沙比分别为 65.2%、62.8%），很好地达到了“淤粗排细”的目标。两轮次放淤退水粗沙比例与来水粗沙比例的比值也保持在较低水平，分别为 24%、30%。而 2004 年第 1 轮、2004 年第 3 轮、2004 年第 4 轮，虽然淤粗比例高，但排细比例偏低；2006 年第 1 轮淤粗比例太低，在今后放淤中应该尽量避免这样的淤区进出水沙条件。

因此，在今后放淤中，应将退水粗沙比例与来水粗沙比例的比值保持在较低的范围内，在保证粗沙高淤积比的前提下，尽量提高细沙的排沙比。从实际放淤情况看，将退水粗沙比例与来水粗沙比例的比值保持在 30%~40%，可以实现粗沙淤积比大于 80%、细沙排沙比大于 60%这个比较理想的“淤粗排细”目标。

2. 适宜的“淤粗排细”指标

淤区调度运用的目标是“淤粗排细”，从淤区粗沙淤积比和细沙排沙比与淤区进退水有关指标的关系来看，通过控制淤区退水的有关指标，可将淤区的粗沙淤积比和细沙排沙比控制在一个较好的水平上。

从粗沙淤积比和细沙排沙比的关系来看，当粗沙淤积比较高时，细沙排沙比较低；当粗沙淤积比较低时，细沙排沙比较高，“淤粗”与“排细”之间为相互制约关系。从“淤粗排细”的目标来说，两者越高越好，但两者的相互制约关系决定了“淤粗”与“排细”不能只追求一个指标高，而应协调发展。基本的要求应该是，粗沙淤积比和细沙排沙比均在50%以上。从2004~2006年放淤试验的结果看，在全部11轮次放淤中，粗沙淤积比在50%以上有10轮次，细沙排沙比在50%以上有5轮次，粗沙淤积比和细沙排沙比均应在50%以上只有4轮次。说明“淤粗排细”目标是不容易实现的，需要精心调度才行。从粗沙淤积比和细沙排沙比的关系（见图4-65）来看，要使淤区粗沙淤积比和细沙排沙比保持在较高水平，应降低退水粗沙比例与来水粗沙比例的比值。

由于小北干流放淤试验是为了淤粗沙，减少粗沙对下游河道的淤积，因此希望粗沙淤积比比50%要更高一些。从粗沙淤积比和细沙排沙比与排沙比、退进水含沙量比、粗沙退进水含沙量比、细沙退进水含沙量比的关系来看，当细沙排沙比由50%增大为60%左右，粗沙淤积比由80%减小为60%左右，即细沙排沙比增大10个百分点，粗沙淤积比就减小20个百分点。因此，在细沙排沙比满足要求的前提下，使粗沙淤积比更高一些是合理的。基于上述分析，小北干流淤区适宜的“淤粗排细”指标应确定为：粗沙淤积比80%左右、细沙排沙比50%以上。

在2004~2006年放淤期间满足上述“淤粗排细”指标的只有2004年第2轮和第6轮两个轮次。

3. 调度运用指标分析

小北干流淤区适宜的“淤粗排细”指标确定后，围绕“粗沙淤积比80%左右、细沙排沙比50%以上”，再确定相关的退水退沙指标。为便于对比，增加粗沙淤积比70%一组指标。

通过对淤区“淤粗排细”影响因素的分析，要使淤区粗沙淤积比80%，淤区退进水含沙量比应为50%、粗沙退进水含沙量比应为25%、退水中粗沙比例应为8%，退水粗沙比例占来水粗沙比例的比值应为50%。要使淤区粗沙淤积比70%以上，淤区退进水含沙量比应小于60%、粗沙退进水含沙量比应小于37%、退水中粗沙比例应低于10%，退水粗沙比例占来水粗沙比例的比值应小于65%。在淤区调度运用中，要使每轮次淤区细沙排沙比不低于50%，淤区退进水含沙量比应大于47%、细沙退进水含沙量比应大于43%，见表4-42。

表4-42　小北干流淤区淤粗排细相关调度指标　　(%)

退水控制指标	粗沙淤积比		细沙排沙比
	80	≥70	≥50
退进水含沙量比	50	≤60	≥47
粗沙退进水含沙量比	25	≤37	
细沙退进水含沙量比			≥43
退水中粗沙比例	8	≤10	
退水粗沙比例占来水粗沙比例的比值	50	≤65	

从表4-42看出，淤区退进水含沙量比是一个关系到“淤粗排细”的关键控制指标，在

淤区运行调度中,应保证淤区退进水含沙量比不小于47%,否则细沙排沙比难以满足不小于50%的目标;同时退进水含沙量比也不能大于47%太多,否则粗沙淤积比难以满足在80%左右的目标。因此,将淤区退进水含沙量比限制在47%~60%比较合适。

综合上述分析,认为退进水含沙量比应当控制在50%~60%比较适宜,此时的粗、中、细沙含沙量退出比例分别为13%~20%、23%~38%、66%~78%。这样既能够保证粗沙充分落淤,也尽可能地提高细沙的排出比例。

(三)运行效果评估

1.过流能力

统计2004~2007年退水闸退水流量,各年最大退水流量为34~89 m^3/s,小于设计下泄最大流量,说明退水闸规模从"淤粗排细"效果和工程投资两个方面的选择结果比较合理,能够满足实际运行要求。但是,由于放淤试验运行期间退水闸前水位缺测,泄放一定流量级的堰上水深未知,不能从堰上水深的大小方面分析淤区"淤粗排细"效果。

2.闸底板高程

设计时参考模型试验结果,结合退水闸闸址处地形条件,考虑到与黄河水位的平顺连接等因素,工程设计将退水闸底板驼峰堰取消,底板高程由369.85 m降至368.30 m;同时尽量减小堰上水深、尽量减小叠梁厚度,以尽可能地在淤区运用初期多淤粗沙、少淤细沙的设计思想是正确的。

退水闸叠梁厚度采用0.3 m,但实际运行时,叠梁高度每次平均加高为0.15 m,即4个闸孔中每次放置2个叠梁,使出口水位抬高速度较慢,回水范围短。一方面减小了泥沙在淤区的停留时间,有利于细沙排出去,提高淤区"淤粗排细"效果;另一方面也可使淤区先从闸前淤积逐渐向上游推进,呈现出溯源淤积特性,淤积比降逐渐减缓,使淤积形态更加合理。

3.叠梁门调度运行效果

按2004~2006年放淤轮次1~11排序,点绘各轮次淤区退、进粗沙含量,淤积物粗沙含量的变化情况(见图4-66)可以看出,淤区进口粗沙含量变化幅度小,淤区出口粗沙含量和淤区淤积物的粗沙含量变化幅度比较大。2004年①号淤区运行时(放淤轮次的1~4)进口粗沙含量高,退水粗沙含量比较低,淤积物粗沙含量比进口粗沙含量增加量比较小;③号淤区运行时的第5轮、第6轮进口粗沙含量也比较大,通过退水闸退水指标的调整,提高了出口粗沙含量,淤积物粗沙含量就大幅度提高。2005年以后进口粗沙含量与2004年相比较低,虽然出口粗沙含量比较高,但由于淤区冲沟较大,滩地植被茂盛,水流要么顺冲沟走,要么上滩后泥沙粗细全沉,因此淤积物中粗颗粒含量也不是很高;2006年在淤区来沙粗颗粒含量变化不大的情况下,经过叠梁门运行的精心调度,粗沙淤积比也得到了提高。

4.退水工程运行调度指标

通过对退水叠梁闸门的控制运用方式对放淤效果的分析可知,随着退水闸叠梁高度的增加或降低,退水含沙量发生较大变化。退水含沙量一方面随着进入淤区的水沙条件的变化而变化;另一方面也受退水堰高度变化的影响。从粗沙含量上来看,则随着退水堰高度的增加,呈现递减的趋势。表明随着退水堰高度的增加,淤区水面比降变缓,水流速度减小,淤区中粗沙的落淤含量必然增加,相应退出水流中的细沙含量就逐渐升高。

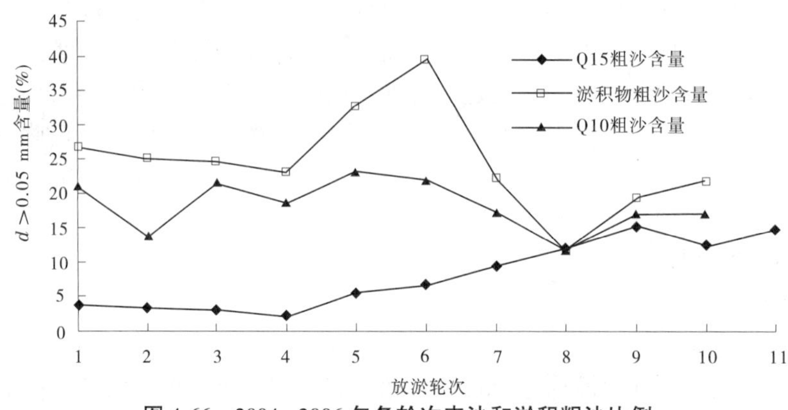

图 4-66　2004~2006 年各轮次来沙和淤积粗沙比例

对典型时段落淤效果分析可知,当退出粗沙含量比较小时,落淤的细沙比例就会增大,当退出的粗沙含量为2%时,落淤的细沙含量可以达到50%以上;当退出的粗沙含量增大到6%时,落淤的细沙含量可以降低到30%~35%。退出的粗沙含量仅仅提高了4个百分点,而落淤的细沙含量就减小了15~20个百分点。由此可见,适当提高粗沙的退出比例,可达到减小细沙落淤比例的目的,真正实现"淤粗排细"的试验目标。

从2004~2006年度的放淤过程中可以看到,通过加高和降低叠梁闸门高程确实起到了控制粗、细沙排放比例的作用。

5. 合理调整退水闸叠梁门高度可有效控制淤区的淤积形态

③号淤区运行初期,水流在淤区内多股分流,首先淤积一些坑洼和低洼地带,随着淤积的发展,淤区从上至下逐步形成主流沟,到2004年试验结束时,③号淤区所形成的主流沟长约1.46 km、深约1 m。2005年、2006年放淤试验结束后,③号淤区上游淤积厚度增幅较大,下游增幅较小,淤区横比降也逐渐增大,主流沟宽度缩窄,但深度增加。2007年放淤③号淤区上游淤积厚度小,下游增幅相对较大,淤区横比降加大,主流沟变得更加窄深。纵向上,2004年放淤结束后厚薄不均,随着2005~2007年的放淤,淤区淤积厚度变得更加均匀,淤区地面坡度逐渐变缓。2004~2007年试验结果表明,出口水位由活动的退水叠梁控制是可行的;由于每次增加叠梁抬高的水位较小,回水范围短,较粗沙能够向下输送,沿程淤积比较均匀,且有利于较细沙的排出。但主流沟及淤区杂草的原因,使泥沙淤积在横向分布上不是很均匀。

6. 简易退水口门要做到精细调度难度较大

在2004年第一次开闸运行中,由于淤区内芦苇、树根等杂草较多,随着时间的推移,杂草混合着泥沙逐渐堵塞了①号池简易退水口处的上游桁架,致使水流集中,流速逐渐增大,左侧一股水流直冲退水口门左岸裹护段,并进入土工布下淘刷土胎。最终导致两侧裹头临河坡脚发生局部坍塌,约20 m长的钢桁架变形。经修复后运行正常,并在运行中随时清除拦在桁架上的杂草,避免了类似问题再度发生。

通过退水口门的运行操作总结出以下的经验教训:在退水口门建简易的钢桁架,通过抛投编织袋近似调节水位是可行的,但要达到"精细调度"显然力不从心。因此,要想较精确地调整水位,靠简易退水口门进行人工调节难度较大且不可靠。

第五章　工程调度及运行❶

黄河小北干流连伯滩放淤试验的目的是实现“淤粗排细”。加强调度运行管理,将水文监测、工程调度和工程抢险紧密融为一体,是一项科技含量高、实施难度大的系统工程。为实现放淤试验的科学调度,专门成立了黄河小北干流放淤试验总指挥部,并成立了由调度管理、建设、设计、科研等部门组成的放淤现场指挥部和技术指导组,加强了放淤试验调度运行的管理。放淤现场指挥部组织机构见图5-1。

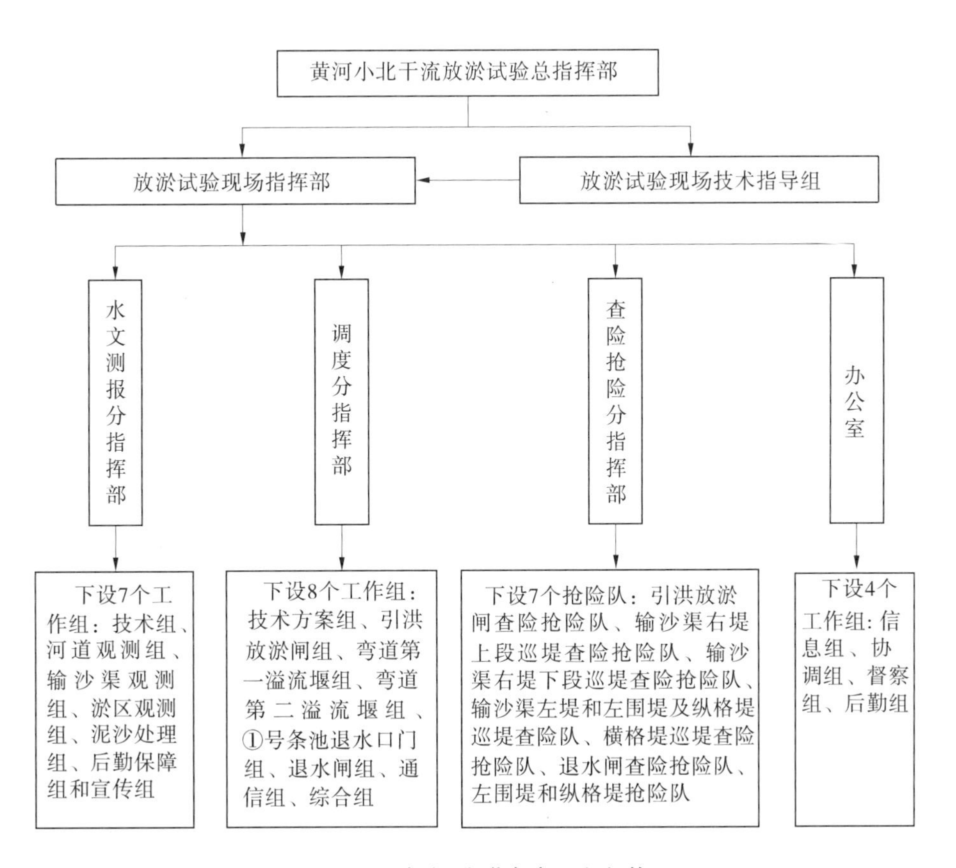

图5-1　放淤现场指挥部组织机构

在总指挥部的统一领导和指挥下,现场指挥部和各工作组既有分工,又有协作,形成一个有机整体。指挥调度工作流程和工作组调度关系见图5-2和图5-3。

---

❶ 本章中有关调度预案部分参考了黄河防汛抗旱总指挥部办公室各年发布的黄河小北干流放淤试验调度预案。

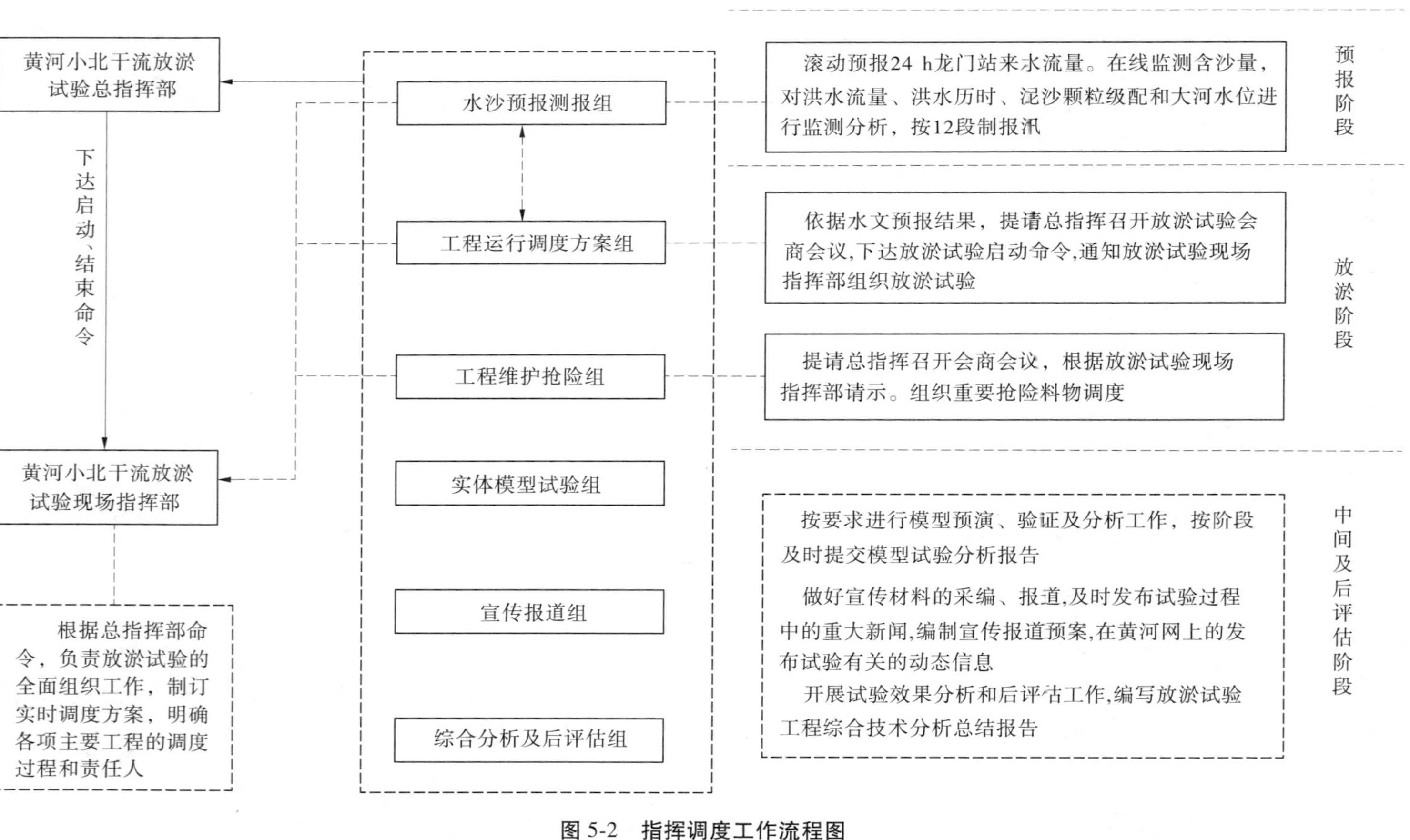

图 5-2 指挥调度工作流程图

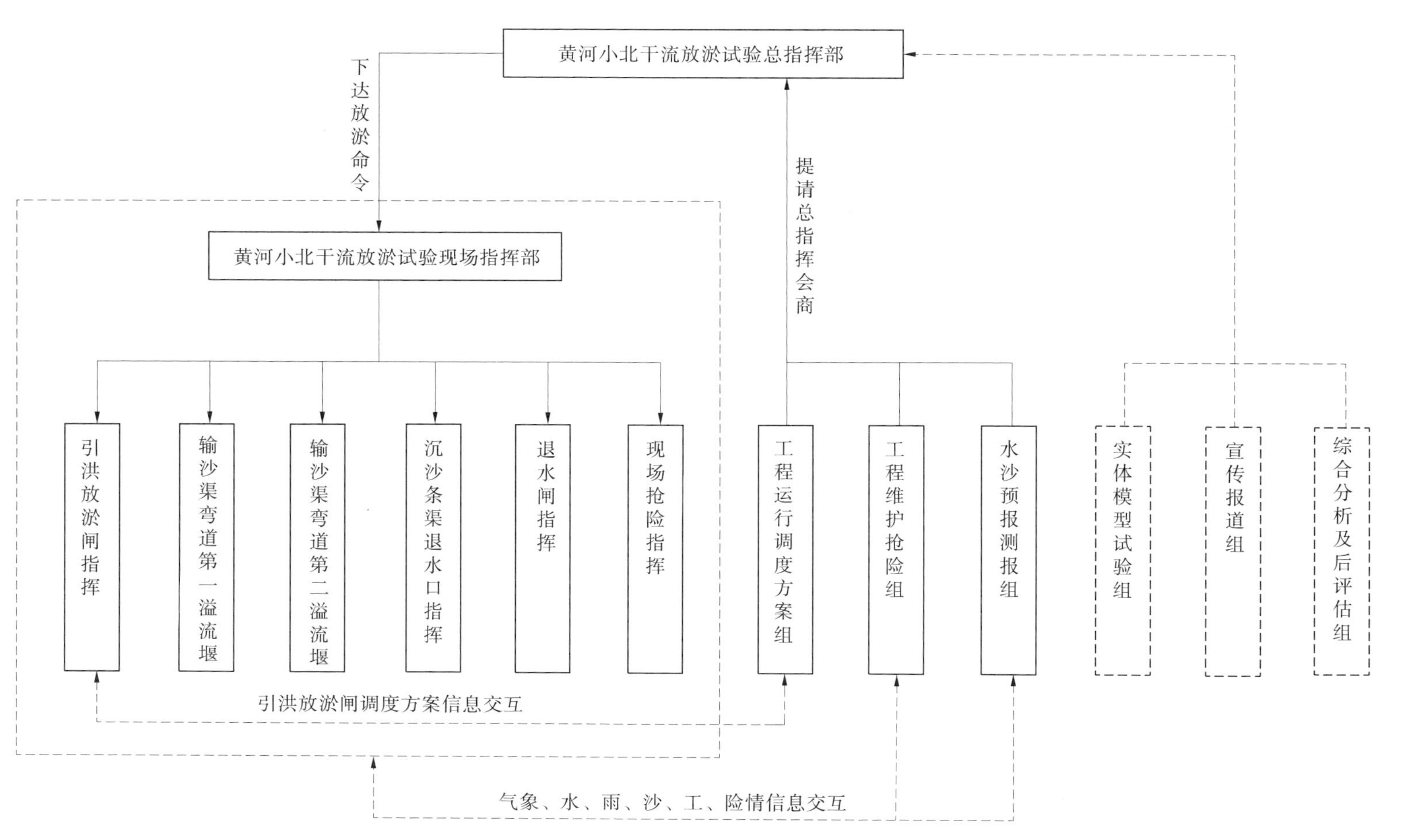

图 5-3　放淤试验工程指挥部工作组调度关系

第一节 调度预案

围绕淤粗排细的试验目标,在工程调度运行上进行了大量深入细致的工作。在 2004 年放淤试验开始之前,根据放淤试验工程组成、放淤闸位置、河道洪水传播规律,通过对黄河干流龙门站的来水来沙情况的分析,编制了《黄河小北干流连伯滩放淤试验操作手册》《2004 年黄河小北干流放淤试验调度预案》。2005 年、2006 年、2007 年放淤前又根据当年的实际情况和以往的运行经验,对上年的调度预案进行了修改完善,分别制定了《2005 年黄河小北干流放淤试验调度预案》《2006 年黄河小北干流放淤试验调度预案》和《2007 年黄河小北干流放淤试验调度预案》。针对放淤闸、溢流堰、退水闸等工程分别制定了不同水沙条件下的调度指标、操作规程和调度方法。

一、放淤闸开闸时机

(一)当预报龙门站洪峰流量为 500~4 000 m^3/s 时

当预报黄河龙门站洪峰流量为 500~4 000 m^3/s(2006 年调高到 800 m^3/s,2007 年又调高到 1 000 m^3/s)时,预估洪水的可放淤洪量大于 1.3 亿 m^3,满足放淤试验水沙同历时大于 16 h,加强对龙门、小石嘴站的水沙监测。当监测到小石嘴站水位达到引水水位 376.89 m、含沙量大于 50 kg/m^3,且龙门、小石嘴平均粒径均大于 0.030 mm、泥沙粒径大于 0.05 mm 的粗沙沙重百分数均大于 16%时,即可下达开闸指令,实施放淤。

(二)当预报龙门站洪峰流量为 4 000~20 000 m^3/s 时

在预报龙门站洪峰流量为 4 000~20 000 m^3/s 时,如果洪水不影响引洪放淤闸、退水闸的安全,则在洪水起涨阶段就相机进行引水放淤,否则只在大洪水退水阶段引水放淤。由于小北干流河道冲淤变化很大,在实际调度过程中,应根据工程现状确定分界流量,判定放淤时机。在确保小石嘴、汾河口控导工程安全的前提下,当龙门、小石嘴平均粒径均大于 0.030 mm、粗沙沙重百分数均大于 16%时,下达开闸指令,实施放淤。

二、放淤闸调度预案

放淤闸调度原则是淤区淤粗排细时期尽量多引沙、多引粗沙,淤区盖淤时期则尽量多引细沙。主要控制指标为黄河来水流量、含沙量及悬移质泥沙级配。

(1)在放淤初期,为避免大流量下泄对输沙渠道造成强烈冲刷,引洪放淤闸调度应遵循由小到大逐渐加大泄流量的原则,以保证输沙渠道的工程安全。在最初泄流时,流量不应超过 10 m^3/s,然后每半小时增加 10 m^3/s,当泄流量达到设计标准时,转入正常调度。

2005 年以后放淤开闸分两个阶段进行。第一阶段,控制放淤流量不大于 40 m^3/s,运行时间 1 h,确保测验船只安全到位;第二阶段,当大河水位高于放淤闸设计引水水位时,按设计引水流量控制放淤闸开启高度,最大引水流量不超过 108 m^3/s;当大河水位低于放淤闸设计引水水位时,控制放淤闸至畅泄运用状态。

在泄流量调整过程中,如果工程出险,应减小泄流量并进行抢险;如果险情在泄流的状态下无法控制,则应关闭闸门进行抢险。

(2)若小石嘴站泥沙中数粒径小于 0.026 mm,含沙量为 50～300 kg/m^3,按闸门开启高度不大于 80%(指闸前水位和闸底板的高差的 80%)运用,2005 年以后此条取消。

(3)若小石嘴站泥沙中数粒径大于或等于 0.026 mm,含沙量为 50～300 kg/m^3 时,则敞开闸门,按相应引水流量的上限引水。

(4)在放淤过程中,当小石嘴站洪水含沙量小于 50 kg/m^3,输沙渠发生淤积时,引洪放淤闸按设计能力引水,冲刷输沙渠,否则停止引水。

2005 年以后改为,若龙门站含沙量小于 50 kg/m^3 或粒径大于 0.050 mm 的粗沙沙重百分数小于 16%,应关闭放淤闸,停止放淤。

(5)在放淤过程中,若短时间出现含沙量大于 300 kg/m^3,则按相应引水流量的上限引水,且控制溢流堰不溢流。

(6)当大河流量小于 500 m^3/s 或大于 20 000 m^3/s 时,或者退水闸前水位高于 374.1 m,应关闭放淤闸,停止放淤试验。

三、弯道溢流堰调度预案

弯道溢流堰调度原则是通过溢流堰溢流使弯道表层细沙含量较高的水流回归黄河,增大进入淤区泥沙的粗沙含量。溢流堰溢流方式分为三种:自然溢流、控制溢流和不溢流。自然溢流时,溢流堰堰顶高程为原始高程且保持不变;控制溢流时,通过调整堰顶高程使堰上水深保持在 0.3H(H 为堰前水深),达到维持一定溢流水量的目的;不溢流即加高堰顶高程与渠顶齐平,阻止溢流堰溢流分水。

在实际调度过程中,通过在堰顶摆放不同层数的预制混凝土块(每块厚 0.06 m),及时调整溢流堰顶高程,当堰上水深大于 0.3H 时,通过增加混凝土块方式抬高堰顶高程;当堰上水深小于 0.3H 时,则减少混凝土块以降低堰顶高程。如堰前水深变化较大,可以采用装满土的编织袋加快控制堰顶调整变化。具体调度方式如下。

(一)输沙渠不发生淤积

(1)若悬移质中数粒径小于 0.026 mm(2005 年以后调整为粒径大于 0.050 mm 的沙重百分数小于 22%、含沙量小于 100 kg/m^3),溢流堰自然溢流,不调整溢流堰高,并且降低沉沙条渠末端水位,增大退水含沙量。

(2)当悬移质中数粒径为 0.026～0.039 mm 时,若放淤闸引水流量小于 71 m^3/s,溢流堰自然溢流,不调整溢流堰高;若放淤闸引水流量大于 71 m^3/s,溢流堰堰上水深按 0.3H 调整溢流堰高。

在实时调度中,根据溢流堰后退水渠监测水沙信息调整溢流堰堰顶高程:当溢流堰监测泥沙中数粒径大于 0.023 mm 或粗沙沙重百分数超过 16%时及时调整堰顶高程减小分流比;当溢流堰监测泥沙中数粒径小于 0.023 mm 或粗沙沙重百分数小于 16%时,及时调整堰顶高程加大分流比。

(3)若悬移质中数粒径大于 0.039 mm(2005 年以后调整为粒径大于 0.050 mm 的沙重百分数大于 22%或含沙量大于 100 kg/m^3),不再通过溢流堰分流,加高堰顶高程与堰前水位相平,所引水沙全部进入淤区。

(二)输沙渠发生淤积

在引水过程中,如果渠道发生淤积,应尽量利用水力作用进行冲刷,若不成功,再应用人工扰动方式清淤。

首先应减小溢流堰分流比,使渠道过流相对加大;其次应加大放淤闸闸门开度,增加引水能力;最后,在运用水力方式进行输沙渠道清淤不成功时,以人工扰动的方式清淤。

四、淤区调度预案

淤区调度原则是使淤区在淤粗排细阶段尽可能提高淤区粗沙的淤积比例,在盖淤阶段尽可能淤积平整,多淤细沙。淤区调度主要通过横向格堤退水口、退水闸的操作来实现,调度任务是根据淤区进出口含沙量、淤区测淤断面、退水口门和退水闸前水位的监测结果,适时调整编织袋或叠梁,实现小北干流放淤试验工程的试验目的。

淤区运行按①、③、②号条池顺序放淤。①号沉沙条渠的调度主要集中在退水口的调节上,②、③号沉沙条渠的调度主要集中在退水闸的调节上。

(1)当监测沉沙条渠末端出口排沙比大于75%(2005年以后调整为根据引水粗沙含量大小采取不同的全沙排沙比,全沙排沙比由75%降低到40%~70%)时或粗颗粒泥沙含量达到3%时,抬高退水堰或退水叠梁闸门高度。

(2)当①号沉沙条渠退水口门前淤积面达到374.1 m时,出口含沙量排沙比达到75%时,启用③号沉沙条渠放淤。

(3)当退水闸闸前淤积面达到373.1 m,出口排沙比达到75%(2005年以后根据引水粗沙含量大小将全沙排沙比调整为40%~70%)时,启用②号沉沙条渠。

(4)当输沙渠末端水位高于设计水位376.05 m,降低退水堰或退水叠梁闸门高度,增加沉沙条渠比降,防止输沙渠淤堵。

五、退水闸调度预案

退水闸调度原则是淤区"淤粗排细"时期尽量多淤粗沙,少淤细沙;淤区盖淤时期尽量多淤细沙。调度方法是通过在退水闸增加或减少叠梁,调整退水叠梁闸门高度,改变淤区水面比降和泄流量,使得退水闸退水含沙量和粗沙含量控制在目标范围内。

(1)引水粗沙含量大于40%,全沙排沙比达到40%且稳定后,退水闸增加两孔闸门的一层叠梁(先增加两边的两孔,再增加剩余的中间两孔,依次交替进行)。

(2)当引水粗沙含量大于30%且小于40%,全沙排沙比达到50%且稳定后,退水闸增加两孔闸门的一层叠梁。

(3)当引水粗沙含量大于23%且小于30%,全沙排沙比达到60%且稳定后,退水闸增加两孔闸门的一层叠梁。

(4)当引水粗沙含量大于16%且小于23%,全沙排沙比达到70%且稳定后,退水闸增加两孔闸门的一层叠梁。

退水闸调度的淤区运行按③号、②号沉沙条渠顺序落淤,当退水闸闸前淤积面高程达到373.1 m时,启用②号沉沙条渠。

在实时调度中,根据退水闸(口)泥沙中数粒径或粗沙沙重百分数调整退水堰或退水叠梁闸门高度。

(1)当沉沙条渠退水闸(口)泥沙中数粒径大于 0.023 mm 或粗沙沙重百分数超过16%时,及时调整退水闸(口)堰顶高程减小过流。

(2)当沉沙条渠退水闸(口)泥沙中数粒径小于 0.023 mm 或粗沙沙重百分数低于16%时,及时调整退水闸(口)堰顶高程加大过流,

(3)退水闸(口)出现险情后,要立即向现场指挥部报告,现场指挥部根据情况通知引洪放淤闸关闭闸门停止引水,同时工程抢险组投入抢险。

第二节　工程运行

2004~2007 年,黄河小北干流放淤试验历经 4 年,共进行放淤试验 12 轮,累计运行 576.5 h。其中,2004 年进行了 6 轮放淤试验,累计放淤历时约 298 h;2005 年进行了 1 轮放淤试验,运行时间 62 h;2006 年进行了 4 轮放淤试验,累计运行 156.5 h;2007 年进行了 1 轮放淤试验,运行 60 h。

一、放淤闸

(一)运用情况

自 2004 年黄河小北干流首次放淤起,开闸条件一直按照调度预案的要求,根据黄河龙门站预测洪水参数进入调度预警状态,根据龙门水文站和小石嘴站的监测水沙信息指挥实时调度,开闸放淤。

龙门站预测洪水参数包括含沙量(需大于 50 kg/m^3)、流量(需大于 500 m^3/s)、次洪总量(需大于 1.3 亿 m^3)、水沙同时满足放淤条件的历时(需超过 16 h)。黄河龙门站和小石嘴站的监测水沙信息包括含沙量(需大于 50 kg/m^3)、泥沙平均粒径(需大于 0.030 mm)、中数粒径(需大于 0.023 mm)、粒径大于 0.05 mm 的粗沙百分比(需超过 16%)、小石嘴站水位(达到 376.89 m)等。

基本控制指标为流量、含沙量;决策控制指标依次为次洪洪量、水沙历时、平均粒径、粗沙沙重百分数、中数粒径。当平均粒径、中数粒径、粗沙沙重百分数同时满足要求时,即可进行放淤。若三者不能同时满足,则以平均粒径和粗沙沙重百分数为主作决定。

根据水文预报和小石嘴站水沙监测结果,2004 年 7 月 26 日龙门水文站将出现含沙量大于 50 kg/m^3、流量大于 500 m^3/s 的洪水过程,预计次洪总量大于 1.3 亿 m^3,水沙同时满足放淤条件的历时超过 16 h,泥沙中数粒径大于 0.023 mm,粒径大于 0.05 mm 的粗沙百分比超过 16%,该洪水符合小北干流调度指标体系要求。7 月 25 日,黄河小北干流放淤试验总指挥部发出预警通知,放淤试验现场指挥部全面进入警戒状态。7 月 26 日 16 时,总指挥部下达了黄河小北干流放淤试验放淤闸开闸令,现场指挥部开启放淤闸正式开始进行放淤试验。

4 年的放淤试验,现场指挥部共发布了约 100 份调度指令,仅放淤闸的调度指令就有 70 余份。闸前大河水沙条件的变化、主流位置的变化,闸后输沙渠、弯道、淤区的出险都影响到放淤闸的调度问题。放淤闸开闸调度运用情况见表 5-1。

表 5-1　放淤闸开闸调度运用参数简表

放淤轮次	流量 (m^3/s)	含沙量 (kg/m^3)	次洪总量 (亿 m^3)	水沙同历时(h)	悬沙中数粒径(mm)	悬沙平均粒径(mm)	粒径大于 0.05 mm 的沙重百分数(%)
调度指标	>500	>50	>1.3	>16	>0.023	>0.030	>16
2004-1	>500	>50	>1.3	>16	>0.023		>16
2004-2	500	300					
2004-3	811	69.1					
2004-4	856	132					>17
2004-5	2 120	83.3					29.6
2004-6							
2005	1 050	45					26.9
2006-1	1 190	36					
2006-2	2 370	58					
2006-3		52					
2006-4	2 020	51					
2007	1 180	70					

由于放淤闸紧靠黄河，加之黄河水位、含沙量变幅大，放淤闸在停止引水期间，闸前 20 m 以外淤积严重。现场通过挖掘机挖、抽水泵抽水冲、救火车高压水流冲、人工挖等措施，保证了放淤闸的正常引水，但在采取这些措施的同时也丧失了部分有利的放淤时机。

另外，由于输沙渠、弯道、①号淤区的左围堤和临时退水堰等工程的出险，都不得不下达关闸或减小引水流量等指令，导致放淤闸引水被迫中断等情况，并错过一些有利的放淤时机。

(二)存在问题

(1)放淤闸前淤堵问题严重，影响正常开闸放淤。

由于放淤闸紧靠黄河，加之黄河水位、含沙量变幅大，放淤闸在停止引水期间，闸前经常处于淤堵状态。只有通过挖掘机清淤、抽水泵抽水冲、救火车高压水流冲、人工挖等措施，才能打通闸前过水通道，往往丧失有利的放淤时间，影响正常开闸放淤。

(2)有时黄河来水含沙量较小、粗颗粒含量偏低，影响放淤效果。

2005 年放淤试验龙门站最大流量为 1 550 m^3/s，最高含沙量为 87 kg/m^3，最小为 19 kg/m^3，大部分时间来水含沙量较小，高含沙洪水历时较短，且粒径大于 0.05 mm 的粗颗粒泥沙比例偏低。放淤闸引水含沙量大于 50 kg/m^3 洪水历时约 20 h，小于 50 kg/m^3 洪水历时约 42 h，且大部分粗沙比例(29.2%~10.3%)偏小，影响了放淤效果。

2007 年放淤试验运行期间，龙门站最大流量为 1 030 m^3/s，最高含沙量为 128 kg/m^3，最低为 32.7 kg/m^3，大部分时间来水含沙量较小，高含沙洪水历时较短，且粒径大于 0.05 mm 的粗颗粒泥沙比例偏低。放淤闸引水含沙量大于 50 kg/m^3 洪水历时仅 6 h，大部分时间维持在 50 kg/m^3 以下,整个放淤过程粗颗粒泥沙比例(19.9%~7.2%)明显偏小,严重影响了放淤效果。

(3)不利的河势给放淤引水造成困难。

在 2005 年放淤试验运行过程中,虽然龙门站洪峰流量最大仅为 1 280 m^3/s,但由于小石嘴工程靠流情况较好,在闸门敞泄的情况下最大引水流量达到 91 m^3/s。而在 2006 年放淤试验第 4 轮运行过程中,龙门站最大洪峰 3 710 m^3/s,放淤闸最大引水流量 72.5 m^3/s,为当年放淤运行以来引入的最大水量。在放淤试验运行过程中,由于高含沙水流造床作用,黄河主河槽大幅度刷深,水流归顺,上游河势发生较大变化,放淤闸引水困难,造成当年第 3 轮和第 4 轮放淤试验工作试验被迫停止。这一问题不仅对当年放淤工作造成了很大的影响,给后来放淤试验的继续运行也带来了较大的困难。

在 2007 年试验运行前,为了调整不利河势,尽可能多引水、多引沙,对闸前河槽进行了开挖,闸前河势和引水条件得到极大改善,放淤闸引水得到一定程度保证,但由于黄河来水来沙总量有限,未出现较大洪水和高含沙量过程,粗颗粒泥沙比例较小。2007 年放淤试验最大引水流量仅为 46.9 m^3/s,最大引沙量为 82.8 kg/m^3,最大粗颗粒泥沙比例 19.9%,且持续时间较短,直接影响了放淤试验的效果。

(4)引水粗沙比例偏低,给调度工作带来难度。

在 2006 年放淤运行中,大部分时间来水含沙量较小,高含沙洪水历时短,且粒径大于 0.05 mm 的粗颗粒泥沙比例偏低。处于临界状态的放淤条件给调度工作带来很大困难,严重影响了放淤试验效果。

(5)输沙渠存在一定程度淤积,给溢流堰调度增加难度。

在 2006 年放淤过程中,按照调度预案要求,应该全部拆除溢流堰挡板进行自然溢流。但由于输沙渠淤积,水位表现很高,溢流堰过水流量明显增大。为此,仅对上游溢流堰进行了局部拆除。不能充分发挥溢流堰"溢细留粗"的作用,同时也与多引水、多引沙产生矛盾。

(三)建议

1. 放淤时机

应扩大放淤时机,在保证放淤工程安全的前提下,当黄河流量降低至 4 000 m^3/s 以下,且水流能够保持一定的放淤时间时,可进入放淤预警期。一旦黄河来水含沙量大于 50 kg/m^3 或粗沙比例大于 16%,即可开始放淤。

2. 闸门调度

为了提高放淤效率,在保证放淤工程安全的前提下,应尽量扩大引水流量,稳定引水流路,增大引水含沙量。

3. 保护放淤闸前引水流路畅通

放淤闸前引水流路在不放淤期间基本处于淤堵状态,影响了放淤工作的及时开展,建议借鉴黄河下游引水渠防淤堵技术,采用网帘拦沙、橡胶坝等技术进行防护。同时配备必要的清淤、疏通机械,保障放淤闸前引水流路畅通。

二、弯道溢流堰

(一)运用情况

2004 年放淤期间由于溢流堰退水渠的淤堵,溢流堰不能按设计情况正常运行,溢流堰基本上为无控制情况下的非正常溢流。2004 年放淤试验结束后,通过对溢流堰和溢流堰退水渠进行重新改建,2005~2007 年上、下两个弯道溢流情况良好。

2005 年上弯道和下弯道溢流堰都进行了单独和合并分流试验,2006 年下堰封堵,只进行了上堰分流试验,2007 年上堰封堵,只进行了下堰分流试验。2005~2007 年,现场指挥部针对溢流堰共发布了十余份调度指令,特别是 2005 年的放淤过程中,现场指挥部把弯道溢流堰的调度作为当年放淤的重中之重,在短暂的放淤时间内,进行了上、下堰单独溢流、合并溢流等试验(见表 5-2),为弯道分流效果的研究积累了资料。

表 5-2　2005 年溢流堰试验调度运行情况统计

溢流堰运行方式		时段		历时	最大值			备注
方式	挡水木板高度(cm)	开始(月-日T时:分)	结束(月-日T时:分)		流量(m^3/s)	含沙量(kg/m^3)	$d>0.05$ mm(%)	
单堰运行	0	08-13 T06:20	08-13 T17:40	11 h 20 min	14.3	27.2	23.4	上堰
合并运行	0	08-13 T17:40	08-14 T09:30	15 h 50 min	9	59.4	20.1	上堰
	20				15.4	57.2	18.4	下堰
单堰运行	20	08-14 T09:30	d8-14 T17:30	8 h	17.6	76.9	12.7	下堰
合并运行	30	08-14 T17:30	08-15 T19:30	26 h	15	46.5	18.9	上堰
	20~60				18	44.2	15.6	下堰
溢流堰运行累计		08-13 T06:20	08-15 T19:30	61 h 10 min	15	71.4	23.4	上堰
					18	76.9	18.4	下堰

(二)存在问题

1. 弯道溢流堰退水不畅

由于弯道溢流后退水渠退水不畅,上、下两个弯道溢流堰在 2004 年放淤过程中无法正常溢流,严重影响了溢流堰的溢流作用。

2. 溢流堰控制溢流操作困难

按照调度预案,通过在溢流堰堰顶加放预制板块和编制袋的方式来改变堰顶高度,实现对溢流堰溢流流量、含沙量、颗粒粗细的控制。但在实际应用中难度操作非常大。在堰顶出现 0.5 m 以上水深时很难进行人工操作加放预制板块和编制袋。

(三)建议

由于放淤时机对黄河来水含沙量、粗沙比例等都有较高的要求,为了增大进入淤区的水沙量和淤区运用机会,应减少弯道溢流堰的溢流时机,只在输沙渠水流含沙量低于某一值(如 50 kg/m^3)或粗沙比例低于某一值(如 16%)时,才进行运用。若在今后放淤中对放淤时机不做限制,可考虑增大弯道溢流堰的溢流时机,利用溢流堰提高进入淤区水流的含沙量和粗沙比例。

三、淤区

(一)运用情况

2004~2007 年黄河小北干流放淤试验只运用了①号淤区和③号淤区,其中 2004 年 8 月 12 日 18 时 30 分之前是①号淤区单独运用,之后是以③号淤区运用为主的①、③号淤区联合运用。

在①号淤区运用期间,主要通过调整退水口门堰高控制淤区退水、退沙,满足淤区的"淤粗排细"的要求。当退水口门堰高加高至 2. 3 m 后,堰上水头已达约 3. 0 m,钢桁架支撑结构部分断裂破坏,随于 8 月 12 日 18 时 30 分破开横格堤,启用③号淤区。

③号淤区启用后,①号淤区成为③号淤区的输水通道。由于①号淤区落淤面高于③号淤区地面 2 m 左右,①号淤区在输水过程中受到溯源冲刷,从上游到下游形成了一条深 1~2. 9 m、宽 55~143 m 的输水冲沟。冲沟体积约为 43. 8 万 m^3,占①号淤区淤积量的 37%。

在③号淤区运用中,通过调整淤区退水闸叠梁高度,将淤区退水含沙量、粗沙比例保持在预案确定的范围内,满足淤区"淤粗排细"的要求。

(二)存在问题

(1)淤区中间设置临时退水堰操作难度非常大。

本次试验设置了 1 条长淤区(②号淤区)和两个短淤区(①号淤区和③号淤区),其中两个短淤区是将一个长淤区用横格堤隔开的,并在横格堤上设置了临时退水堰,临时退水堰在钢桁架中用编织袋临时加高。在实际运用过程中存在的主要问题有三个:一是在①号淤区运用完成后破开横格堤运用③号淤区时,由于比降突然加大,形成严重的溯源冲刷,使①号淤区已淤积约 70 万 t 的泥沙冲刷进入③号淤区,相当于一个长淤区在运行,淤区的粗沙比例难以控制。二是①号淤区的退水围堰加高非常困难。按照预案要求,是在运用中加高,由于过水流速大(超过 1 m/s),水深 0. 5~0. 7 m,水中摆放编织袋无法实施,从上至下抛放的编织袋大部分被水流冲走,实际运用中被迫采用了停水时相机加高,并且将加高的幅度由预案中的 0. 3 m 改为 0. 6~1. 0 m。三是临时工程风险很大。2004 年第一轮放淤试验由于左裹头出现重大险情,被迫中断放淤 59 h,错过最好一次水沙过程的一半时间。

(2)放淤试验工程险点多,查险抢险任务重。

由于围、格堤等堤防工程修筑土质较差,一旦放淤运行,堤防工程就大量出险,加之夜间查险抢险难度大,因此必须加强工程查险抢险,才能确保工程安全和放淤试验正常进行,取得完整的试验运行资料。在本次放淤试验运行中,2004 年第一轮放淤试验因工程出险先后两次调整放淤闸引洪流量；左围堤 1+700 桩号处的重大险情因料物不足导致险情无法及时抢护，使放淤试验流量压低到 10 m^3/s；①号淤区退水口门左裹头坍塌导致钢桁架严重变形，危及工程安全，最终关闭放淤闸进行抢险和工程加固。放淤闸的频繁启闭造成引水流量的波动变化，从而影响到淤区内水流形态和泥沙运动规律的变化，造成粗细颗粒泥沙同时淤积。关闭放淤闸也耽误了宝贵的放淤时机。

在放淤试验运行过程中，对出现险情及时抢护直接关系到试验运行工作是否能够连续开展。但由于个别部位交通不便，抢险料物及人员难以第一时间运送到出险现场，影响了险情的抢护。

（3）淤区芦苇杂草较多，影响淤区淤积效果。

经过 2004 年、2005 年两年的连续放淤，淤区内已初步形成固定的主溜沟。由于连续两年放淤溜沟内植被生长较差，淤区其他部位大部分植被生长茂盛（高约 0.5 m），阻水现象严重。溜沟两岸植被起到了约束水流的生物防护作用，制约了淤区淤积三角洲自由扩散，进入淤区的水沙主要通过主溜沟（宽约 100 m）向前推进，使水流难以进行扩散，从而使泥沙不能得到有效淤积，降低了淤区拦粗排细效果。

（三）建议

（1）淤区规划时，每个淤区都应有独立的进水口和退水口，避免用淤好的淤区作为未用淤区的输水通道，影响淤区的淤积效果。

（2）放淤试验工程抢险应注意以下几点：一是及时查险，发现险情要及时抢护，抢护方法要因地制宜。二是料物准备要充分，组织要得当，供料、抢险形成一条龙。放淤初期阶段，组织人员要多，一旦险情段基本确定，逐步减少人员。三是对于河道型的淤区段出险，由于放淤流量相对不大，采用挂软料方法基本就可以解决，若是没有软料或软料欠缺，建议用编织袋做小垛的方法。四是淤区退水口附近，一旦发现险情，必须组织基干力量全力抢护，如果发展成一定规模，将会酿成重大险情。

四、退水闸（退水口）

（一）运用情况

试验淤区位置的不同，相应退水工程的运用方式也不同。运用①号淤区时，由退水口门控制，通过加高编织袋的方式控制退水口门处流量、含沙量和粗、细沙含量；③号淤区的退水由退水闸进行控制，通过加高或降低叠梁闸门来完成。淤区“淤粗排细”的效果主要依靠对退水闸（口）的控制运用来实现。

2004 年 7 月 26 日 16 时放淤闸开闸，黄河小北干流放淤试验正式开始。当①号淤区运行时采用的是临时退水口，由于用编织袋装土垒高方式控制堰高，堰高高程调整难度大、时间长，并存在一定的危险性，因此实施实时调度比较困难；③号淤区启用后，用退水闸叠梁高度的变化控制淤区运用，调度方便灵活，可实时进行。

根据调度预案要求，当淤区出口排沙比大于 75% 或粗颗粒泥沙含量达到 3% 时，抬高退水堰或退水闸叠梁门高度。①号淤区运行时，共进行了 3 次加高，退水口门堰高达到 2.3 m，出进含沙量比在 16%～79%、退出粗沙含量在 1.9%～5.5% 范围内变化，平均值分别为 39% 和 3.0%。③号淤区运行时，2004 年对叠梁高度进行了 8 次调整（其中第五轮放淤前减小叠梁两层,叠梁高度降低 0.6 m),当年放淤结束时,叠梁高度为 1.2 m,出进含沙量比在 22%~88%、退出粗沙含量在 0.5%~10.5%范围内变化,平均值分别为 39%和 4.0%。2005 年进行了 1 次调整,叠梁高度增加 0.3 m,出进含沙量比在 28%~61%、退出粗沙含量在 6.0%~17.5%范围内变化,平均值分别为 47%和 9.6%。2006 年放淤前将叠梁高度减小一层,叠梁高度减小 0.3 m。在放淤过程中第 2 轮对叠梁高度调整 2 次,叠梁高度增加两层 0.6 m,叠梁高度达到 1.8 m,较 2005 年叠梁高度增加 0.3 m,出进含沙量比在 46%~90%、退出粗沙含量在 8.0%~18%范围内变化,平均值分别为 67%和 13.5%。2007 年退水闸叠梁高度没有变化,出进含沙量比在 16%~79%、退出粗沙含量在 2.2%~5.0%范围内变化,平均值分别为 36%和 5.0%。

四年放淤试验退水闸叠梁高度共调整 12 次,高度增加到 1.8 m。在放淤试验过程中,现场指挥部根据淤区淤积情况,对调度预案的退出水沙比例及时进行了修订,对叠梁高度进行了实时增加或降低的调整。如 2004 年第 4 轮放淤期间,在叠梁高度已经增加到 1.2 m 的情况下,为了实现多淤粗沙的目标,决定在 2004 年第 5 轮放淤开始前,对退水闸 1#、2#、3#、4#闸孔各减少 2 块叠梁高度的调整,降低了退水叠梁高度;在第 5 轮放淤试验开始后,又根据水沙监测资料,结合淤区淤积情况,分四次分别对退水闸 1#、4#孔和 2#、3#孔各增加 2 次叠梁门高度的调整。通过退水闸叠梁高度的增加或降低,增加了淤区粗沙的淤积比例,使淤区淤粗排细效果不断提高。

退水闸调度运用时有关参数见表 5-3。

在退水闸实际调度运用中,尤其是 2004 年在③号淤区运用中,对退水闸叠梁调整要求的参数发生两个方面的变化:一是粗颗粒泥沙含量由调度预案的 3%上调 8%~10%;二是退进水含沙量比值由 70%下调至 50%~65%。这种调度方式的效果是良好的,遗憾的是在 2006 年、2007 年的调度中,退水闸叠梁调整要求的粗颗粒泥沙含量和退进水含沙量比值这两个控制指标采用的过高,使得淤区淤积效果大打折扣。

(二)存在问题

设计中利用分层抬高淤区末端退水闸(口)溢流堰堰顶高程的方法控制淤区淤积粗沙所占比例总思路是可行的,但利用现在水沙运动理论分析出控制抬高的参数与实际运行有一定出入。如原预案中提出按退出淤区的粗沙比例达 3%或含沙量占进入淤区含沙量比例 75%,即可抬高退水堰高度。但在实际调度中退水粗沙比例达 3%这个指标很容易达到,若按此指标加高退水堰高度虽淤积粗沙比例比进入淤区的比例有一定提高,但提高幅度一般小于 5%,效果很不理想。2004 年调度的第二阶段,对此指标做了较大调整,按照本时段淤积物粗沙提高的比例来控制是否加高退水堰,取得较大效果。

(三)建议

在底部叠梁上预留部分孔洞,该孔洞出流流量大于总退水流量 1/10,目的是使闸前 30~50 m 长的范围内不淤积,以减少条池转换时清淤工作量,因为如果清淤工作量较大,极可能耽误一次较好的水沙过程。

表 5-3　淤区退水闸(口)调度运用参数简表

运用淤区	轮次	时间(月-日T时:分)	退水闸(口)				退水闸(口)底高程(m)	退水闸运用方式	放淤运用期
			粗颗粒泥沙含量(%)	退进含沙量比(%)	含沙量(kg/m^3)	流量(m^3/s)			
①号	2004-1	2004-07-26						畅泄	
	2004-1	2004-07-27T22:00			100	47.3	+0.60	控制	
		2004-08-02					+1.60	控制	停水期
	2004-4	2004-08-11T18:00					+2.30	控制	
③号	2004-4	2004-08-13T10:00						畅泄	
	2004-4	2004-08-13T12:00					+0.60	控制	
	2004-4	2004-08-13T22:00					+1.05	控制	
	2004-4	2004-08-14T15:30					+1.20	控制	
		2004-08-20T20:00					+0.60		停水期
	2004-5	2004-08-23T11:00	8.9	50			+0.75	控制	
	2004-5	2004-08-23T18:30	7.5		32.2		+0.90	控制	
	2004-5	2004-08-24T09:00	8	65			+1.05	控制	
	2004-5	2004-08-24T16:00	10	63			+1.20	控制	
	2005	2005-08-13T16:10	16.3		8.1	48	+1.50	控制	
		2006-07-10					+1.20		停水期
	2006-2	2006-08-27T08:00	21.4	70	78.6		+1.50	控制	
	2006-2	2006-08-27T19:00					+1.80	控制	

第三节　调度运行分析

一、放淤闸开闸时机

(一)开闸时机变化

放淤时机包括龙门站洪峰流量为 500~4 000 m^3/s 洪水的全过程和 4 000~20 000 m^3/s 洪水的退水段(流量小于 4 000 m^3/s 以后)。2004 年、2005 年放淤要求洪峰流量的低限为 500 m^3/s,2006 年调高至 800 m^3/s,2007 年又调高至 1 000 m^3/s。

(二)开闸时机分析评价

(1)对放淤洪水要求的历时、洪量应科学核算。

根据《黄河小北干流放淤试验工程技施设计报告》,放淤试验的基本水沙条件是龙门站洪峰流量为500~4 000 m^3/s、含沙量为50~300 kg/m^3。《2004年黄河小北干流放淤试验调度预案》根据对龙门站1986年以来中小洪水(500~4 000 m^3/s)及大洪水的退水段水沙资料的统计和分析,要求:预估洪水的可放淤洪量大于1.3亿m^3、满足放淤试验水沙同历时大于16 h,则加强对龙门、小石嘴站的水沙监测。

放淤试验时,由于放淤现场需要大量的人力、物力,要求黄河洪水大于流量和含沙量最低值并持续一定时间是完全必要的。但依据①号淤区蓄满水量所需时间16 h来确定"水沙同历时大于16 h"似乎不太科学。水沙同历时的时间还影响到洪水总量,因此需要更科学的分析和合理估算。

(2)将黄河龙门站预报洪峰流量由500 m^3/s调高至1 000 m^3/s是合适的。

由于洪峰流量发生在一个时间点上,而放淤需要洪水流量大于500 m^3/s并持续一定的时间,因此洪峰流量为500 m^3/s的洪水是不能进行放淤的,能够放淤的洪水洪峰流量一定要大于500 m^3/s。从龙门水文站洪峰流量与洪水流量大于500 m^3/s的历时、洪水含沙量大于50 kg/m^3的历时的关系来看,洪峰流量大于1 000 m^3/s的洪水,其洪水流量大于500 m^3/s的历时一般大于要求的16 h,洪水含沙量大于50 kg/m^3的历时也大于16 h。因此,将黄河龙门站预报洪峰流量由500 m^3/s调高至1 000 m^3/s是合适的。

(3)开闸指标"平均粒径大于0.030 mm、泥沙粒径大于0.05 mm的粗沙沙重百分数大于16%"有些偏高。

放淤开闸时,除要求"含沙量大于50 kg/m^3"外,同时要求"龙门、小石嘴平均粒径均大于0.030 mm、泥沙粒径大于0.05 mm的粗沙沙重百分数均大于16%"。实际上,平均粒径0.030 mm、粗沙沙重百分数16%是1986~2000年龙门水文站31场中小洪水(洪峰流量500~4 000 m^3/s,最大含沙量小于300 kg/m^3)的平均值。在这31场洪水中,平均粒径不小于0.030 mm的洪水为18场,粗沙沙重百分数不小于16%的洪水为18场,平均粒径不小于0.030 mm且粗沙沙重百分数不小于16%的洪水只有11场。即在1986~2000年共15年中,平均每年发生符合要求的洪水场次为:平均粒径不小于0.030 mm的洪水为1.2场,粗沙沙重百分数不小于16%的洪水为1.2场,平均粒径不小于0.030 mm且粗沙沙重百分数不小于16%的洪水为0.7场。这对于小北干流放淤来说,满足条件的洪水实在是太少了。考虑到还要求"含沙量大于50 kg/m^3",同时满足这三个条件的洪水更是少之又少。因此,开闸放淤的指标应该调整。

另外,考虑到随着近年来水土保持、退耕还林还草措施的不断加大、普及,龙门以上洪水的含沙量、平均粒径、粗沙含量等指标会有所减小,适当调低对放淤洪水的约束性指标是适宜的。实际上,1996~2000年与1986~1995年比较,平均粒径不小于0.030 mm的洪水减少了1~3场,粗沙沙重百分数不小于16%的洪水减少了3~5场,平均粒径不小于0.030 mm且粗沙沙重百分数不小于16%的洪水减少了4场。说明调低对放淤洪水的约束性指标是必要的。

(4)开闸指标"平均粒径大于0.030 mm、泥沙粒径大于0.05 mm的粗沙沙重百分数大于16%"缺乏可操作性。

由于平均粒径0.030 mm、粗沙沙重百分数16%是龙门水文站31场中小洪水的平均值,是根据实际发生洪水的测验数据计算出来的,其作为一个预测洪水的预测指标进行掌握是可以的，但不能作为一个判断开闸的控制指标。因为一场洪水能否放淤，需要根据其起涨（中小洪水）或退水（大洪水）过程监测到实时水文信息进行判断，而整个洪水过程的平均水文参数究竟如何是难以判断的。因此，应根据符合调度指标的历史洪水在起涨或退水过程中的水文参数的变化情况，来制定放淤时的开闸指标是合适。

二、放淤闸调度

（一）放淤闸调度预案变化

1. 闸门调度

为了引粗沙，在2004年调度预案中，要求当预报引水口含沙量大于50 kg/m³、悬移质泥沙中数粒径小于0.026 mm时，引洪放淤闸开启80%（指闸前水位和闸底板的高差的80%）引水。2005年及以后的预案取消了这一限制，要求在保证工程安全的前提下采用畅泄引水。

2. 工程安全

在龙门站洪峰流量为4 000~20 000 m³/s洪水的退水段进行放淤时，强调了在放淤工程、小石嘴和汾河口工程运行安全有保障的前提下，才能进行放淤。当大河水位高于放淤闸设计引水水位时，应控制放淤闸开启高度，使其最大引水流量不超过108 m³/s。

3. 测验安全

为了保证测验船只的安全，在开、关闸前留有1 h的安全过渡期：一是开启放淤闸后1 h内控制放淤流量不大于40 m³/s，确保测验船只安全到位；二是关闸前1 h提前通知测验船只撤离。

4. 闸门关闭

明确了闸门关闭的条件：①龙门站含沙量小于50 kg/m³；②粗沙沙重百分数小于16%；③退水闸前水位高于374.1 m；④龙门站流量小于500 m³/s或大于20 000 m³/s；⑤放淤工程出险，急需关闸抢修。

在闸门操作上，取消了逐步关闭闸门的方式，要求尽快关闭闸门；在工程出险时，一般不采取减小泄流量除险的措施，除非万不得已。

（二）放淤闸调度分析评价

（1）将“含沙量小于50 kg/m³或粒径大于0.050 mm粗沙沙重百分数小于16%”作为放淤闸的关闸条件，有些偏高。

含沙量大于50 kg/m³，是《黄河小北干流放淤试验工程技施设计报告》确定的放淤试验的基本水沙条件之一，粗沙沙重百分数16%则是1986~2000年龙门水文站31场中小洪水的平均值。前面已经叙述，采用多次洪水的平均水沙参数确定开闸放淤的指标有些偏高，同样采用多次洪水的平均水沙参数确定放淤闸关闸的指标也有些偏高。满足粗沙沙重百分数不小于16%这一指标的洪水平均每年只有1.2场，这对大规模放淤来讲是远远不够的。况且，关闸水沙指标也应该根据洪水退水段与整场洪水平均水沙指标的关系，在确定了整场洪水平均水沙指标的前提下来确定。

（2）采用小石嘴站的水沙参数作为放淤闸的调度指标更合理。

小石嘴站是放淤闸前黄河水沙的监测站，它监测的黄河水沙实时信息，直接决定了进入放淤闸的水沙参数,因此利用小石嘴站的监测信息指导放淤,比龙门站更具有代表性。此外,在放淤过程中,小石嘴站在放淤现场指挥部的领导下,一直在实时监测黄河水沙信息,在监测频次、通信迅捷等方面,更便于放淤现场指挥部进行实时调度。

三、弯道溢流堰调度

(一)溢流堰调度方式变化

(1)溢流堰溢流的方式由2004年的三种(自然溢流、控制溢流和不溢流)调整为2005年以后的两种(自然溢流、不溢流)。

(2)溢流堰自然溢流的条件进行了调整:由2004年悬移质泥沙中数粒径小于0.026 mm,调整为2005年的粗颗粒含量小于22%、含沙量小于100 kg/m³。

(3)溢流堰不溢流调度的条件进行了调整:由2004年悬沙中数粒径大于0.039 mm,2005年以后更改为含沙量大于100 kg/ m³ 或粗沙含量大于22%。

(二)溢流堰调度分析评价

(1)溢流堰自然溢流的条件偏高。2004年溢流堰自然溢流的条件是悬移质中数粒径小于0.026 mm,2005年以后调整为粒径大于0.050 mm的沙重百分数小于22%、含沙量小于100 kg/m³。这个标准远高于龙门站中小洪水的平均水沙指标,在这种情况下溢流,会造成宝贵泥沙资源不能进入淤区而退回河道。

(2)溢流堰不溢流的条件偏高。2004年溢流堰不溢流的条件是悬移质中数粒径大于0.039 mm,2005年以后调整为粒径大于0.050 mm的沙重百分数大于22%或含沙量大于100 kg/m³。这个标准同样由于订得太高,会使大部分放淤时间内的引水由于必须溢流而损失大量水沙资源。

(3)改进溢流堰运用的时机。在放淤的水沙条件较低、不满足放淤闸开闸条件时,应该通过运用溢流堰,提高进入淤区的水流含沙量和粗颗粒泥沙比例,提高放淤效果。

四、退水闸(退水口)调度

(一)退水闸调度方式变化

(1)退水闸叠梁闸门变化的控制指标做了精简,由2004年退水粗颗粒泥沙含量或淤区出口含沙量与进口含沙量的比(全沙排沙比)两个指标,精简为2005年以后全沙排沙比一个指标。

(2)退水闸叠梁闸门变化的控制指标做了调整,2004年排沙比大于75%, 2005年调整为根据引水粗沙含量大小采取不同的全沙排沙比,全沙排沙比由75%降低至40%~70%。

(二)退水闸调度分析评价

1.适宜的“淤粗排细”目标

淤区调度运用的目标是“淤粗排细”,从粗沙淤积比和细沙排沙比的关系来看,当粗沙淤积比较高时,细沙排沙比较低;当粗沙淤积比较低时,细沙排沙比较高,“淤粗”与“排细”之间为相互制约关系。就“淤粗排细”的目标来说,两者越高越好,但两者的相互制约关系决定了“淤粗”与“排细”不能只追求一个指标高,而应协调发展。最基本的要求,粗沙淤积比和细沙排沙比均应在50%以上。

由于小北干流放淤试验是为了淤粗沙，减少粗沙对下游河道的淤积，因此希望粗沙淤积比比50%要再高一些。从粗沙淤积比与细沙排沙比的关系来看，当细沙排沙比由50%增大为60%左右，粗沙淤积比由80%减小为60%左右，即细沙排沙比增大10个百分点，而粗沙淤积比却减小了20个百分点。因此，在细沙排沙比满足要求的前提下，使粗沙淤积比更高一些是合理的。

基于上述分析，小北干流淤区适宜的"淤粗排细"具体指标确定为：粗沙淤积比80%左右、细沙排沙比50%以上。

2. 退水闸调度指标

根据粗沙淤积比、细沙排沙比与排沙比、退进水含沙量比的关系分析，将淤区退进水含沙量比限制在50%左右比较合适。此时，淤区粗沙淤积比80%左右，细沙排沙比在50%左右，粗沙退进水含沙量比为25%左右、退水中粗沙比例为8%左右，退水粗沙比例占进水粗沙比例之比值为50%左右(见表4-42)。

根据以上分析，对退水闸调度运用的指标调整如下：

应控制淤区退水含沙量与进水含沙量之比在47%～50%，当退水含沙量高于该区间时，增加退水闸叠梁高度；当退水含沙量低于该区间时，降低退水闸叠梁高度。

此外，还应控制如下指标：退水中粗颗粒泥沙比例在8%左右，粗沙退进水含沙量比在25%左右，细沙退进水含沙量比不低于43%，退水粗沙比例占进水粗沙比例的比值为50%左右。

第六章　影响放淤效果的主要因素

黄河小北干流连伯滩放淤试验“淤粗排细”效果受多种因素制约，大河来水来沙条件、主流位置、河势变化，放淤闸位置、淤区平面布置，弯道溢流堰、进退水工程的运行调度指标等，都对淤粗排细效果有一定的影响。

第一节　主流及河势

黄河小北干流河段，河床宽浅，水流散乱，主槽摆动不定，为典型的堆积游荡型多泥沙河道。河槽深度、主流带位置、摆动幅度、引水口靠流等河势变化情况是决定放淤闸能否进行正常引水放淤的关键因素。

一、主流位置

黄河小北干流是指黄河禹门口至潼关干流河道（简称禹潼河段），全长132.5 km，平均宽度8.5 km。小北干流河段属典型的堆积游荡性河段，河床宽浅，水流散乱，河槽平面摆动迅速频繁，大的摆动周期为几年或十几年不等，小的摆动则每年都有。最大摆幅达10 km，素有“三十年河东、三十年河西”之说。20世纪60年代以前禹潼河段没有河道整治工程，主流主要受天然节点控制。80年代后期，相继完成了黄河小北干流河段河道整治规划和设计，修建了部分河道整治工程。河道主流既受天然节点的控制，又受工程的控导，黄淤68～黄淤59断面主流遍及两岸及河道工程之间。

2004年第一轮放淤前水流出禹门口经黄淤68断面，在大石嘴坐弯，主流靠左岸。7月27日高含沙洪水后，在黄淤67断面上游约800 m的河心滩将大河水流分为两股，主流靠向右岸，左股水流沿左岸经放淤闸进水口，经小石嘴改建工程向下500 m拐向西与右股汇合，走中线（偏西）顺势而下。8月11日，在小流量大含沙量的作用下，黄淤67断面上游滩嘴淤积，使左、右股水流的分流比发生明显变化，上午10时左股水流的流量22.0 m^3/s，仅为龙门总流量的5%，小石嘴（S3）断面最低水位377.92 m，出现了水流全部被放淤闸引走的现象。8月27日查勘发现，黄淤67断面处夹心滩经后期洪水冲刷坍塌，使左股水流水面宽加大，左股水流的流量已占龙门总流量的60%左右，黄淤67断面与黄淤66断面之间河势有较大改善，比较明显的是河心滩减小，主流相对集中。9月16日又对黄淤65～黄淤68断面进行了大断面观测，图6-1是黄淤67断面和黄淤68断面的实测情况。可以看出，2004年汛后在黄淤67断面左股水流河槽明显，并且紧靠左岸。

2005年小北干流河势总体变化不大。基流偏小在大石嘴坐弯，黄淤67左上800 m处分叉走中间一股，至黄淤67下游1 800 m处汇合，以下主流走中偏西，基本顺直。左股靠左岸经放淤闸进水口沿小石嘴改建工程经下500 m拐向西与右股汇合，走中线（偏西）

顺势而下。

2006 年汛前黄河水流出禹门口后,分成三股,其中主流居中偏左而下;一股沿左岸禹门口工程 1#~5#坝、清涧湾调弯工程、清涧湾工程 6+650~6+950 下行,在清涧湾调弯工程至大石嘴工程之间的空当坐弯与主流汇合;另一股沿桥南工程及其上延工程行河,出流后与主流汇合,居中经侯禹高速公路大桥主桥墩而下。虽然汛前主流靠左岸行洪,但右岸桥南及其上延工程流势集中归顺,河槽刷深迅速,而左岸流路主要由 3~4 股汊流漫滩形成,散乱行河。

2007 年放淤期间,引水口附近黄河干流河势与往年相比发生较大变化,主要表现为主流由居中行洪左移为靠左岸行洪,大桥断面主流左移约 1 600 m,左岸 2006 年汛后靠汊流的小石嘴、汾河口工程逐渐靠黄河主流,有利于放淤试验的引水。9 月 2 日 18 时,由于大河水位回落,主流小水坐弯,给小北干流放淤的引水引沙造成了一定影响,引水口流量仅为 8.70 m^3/s。为改善放淤闸前的引水条件,改善放淤闸前河势,同时促进左股汊流的发育发展,放淤试验现场指挥部积极采取有效措施,组织民工在放淤闸前对河道进行开挖疏浚,最终开挖出一条约 18 m 宽、1 m 深、40 m 左右长的渠道,与大河主流连通,在一定程度上改善了放淤闸前的河势。

2004~2007 年放淤结束后的黄淤 66~黄淤 68 断面变化情况见图 6-1。

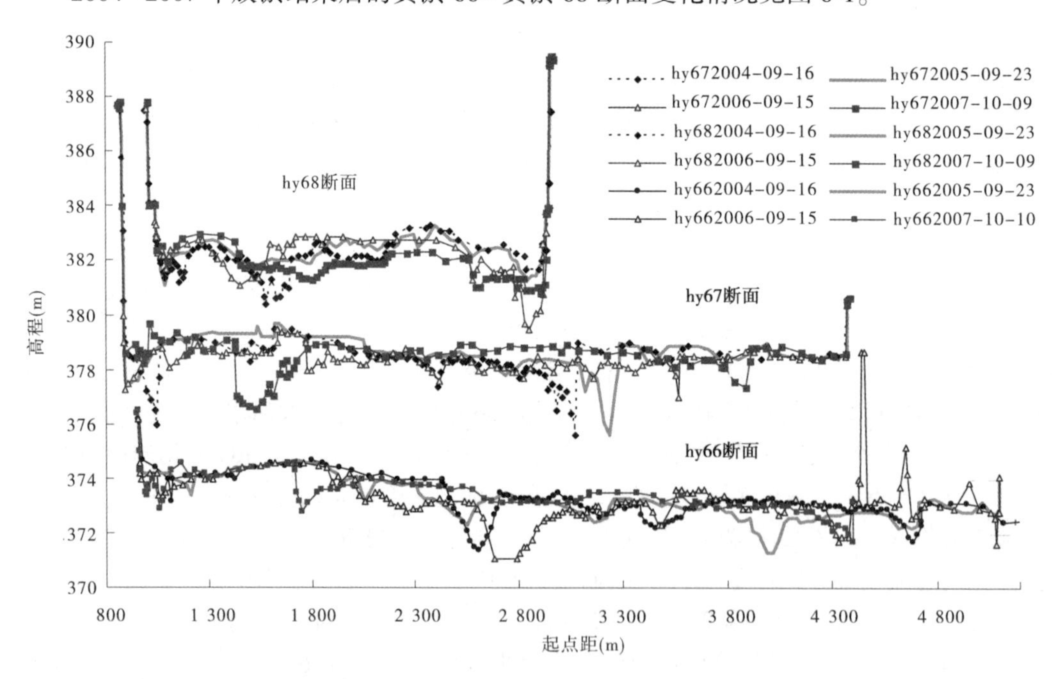

图 6-1　2004~2007 年汛后黄淤 66~黄淤 68 大断面变化情况

二、河势变化

(一)放淤前河势变化

小北干流河段的河势变化具有一定的规律,随着来水来沙条件的变化,河床调整存在一个往复性演变过程。在一定的河床边界条件下,经过高含沙洪水产生“揭河底”冲刷,主槽强烈冲刷,滩地大量淤积,淤滩刷槽,滩槽高差增大,形成高滩深槽,河势趋于归顺,一般洪水漫滩机会减少,削峰滞洪能力减小。自 1950 年以来,黄河小北干流河段共发生了 9 次“揭河底”,冲刷深度一般为 2~4 m,最深达 9 m(1970 年 8 月)。“揭河底”过后,在一般水沙条件下,河床又回淤抬高,短则当年就回淤,长则需 2~3 年,河槽变宽浅,河势游荡摆动,河槽平滩流量和输沙能力降低,洪峰漫滩机会增大,削峰滞洪率增大,当河床调整达到临界状态时,在适宜的来水来沙情况下,再次发生“揭河底”冲刷现象。这一周期性循环和河道往复性演变,孕育了该河段由淤积—强烈冲刷—淤积的周期性变化,但河床总的趋势是淤积抬高的。这是该河段河床冲淤演变的基本规律。

近年来,随着黄河小北干流河段主槽的严重淤积和不断萎缩,河床变得更为宽浅散乱,沙洲密布,汊流丛生,串沟交织,主流摆动频繁,往往形成横河、斜河,危害严重。水沙条件的变化导致河床不断发生冲淤变化,从而使河床比降和断面形态都随之进行调整,冲刷时,横向环流的作用,促使泥沙横向运动,原有河漫滩遭到旁蚀、坍塌,使河曲发展,平面呈现弯曲性河道。淤积时,往往旧河槽被淤平,又拓出新河槽,形成河道迁徙。特别是大水大沙时,具有很强的造床能力,裁弯、抹尖作用强,将使河势发生大幅度的摆动,如 1933 年、1940 年、1953 年、1959 年、1964 年、1966 年、1967 年及 1977 年等。若遇高含沙洪水产生“揭河底”冲刷,河势将产生较大变化,往往塑造新的河槽。在“揭河底”冲刷前,由于河床淤积较高,河床宽浅,水流散乱,河势摆动较频繁;在产生“揭河底”冲刷摆动后,形成一定的滩槽高差,尔后如遇一般水沙年份,河势一般不会产生大的摆动。

黄河禹潼河段属游荡型河道,河床宽浅,水流散乱,河槽平面摆动频繁,大的摆动周期为几年或十几年不等,小的摆动则每年都有,最大摆幅约 10 km。20 世纪 60 年代以前禹潼河段属于天然河道,河道内没有河道整治工程,主流主要受天然节点控制。80 年代后期开展河道整治,工程已初具规模,河道主流既受天然节点控制又受工程控导。黄淤 68~黄淤 59 断面主流在两岸河道工程之间变化。90 年代后期随着小北干流“九五”治理等工程的逐步开展,河势进一步归顺。1997 年陕西省韩城市航运公司在禹门口以上修建码头对禹门口流向有一定影响,河出禹门口后多走清涧湾。1999 年清涧湾调弯工程建成后,河由清涧湾调弯工程直至大石嘴,经小石嘴汾河口工程后流向对岸史代工程,后沿右岸行至东雷太里工程至左岸吴王工程,行至浪店、夹马口后主流开始走中,受控导工程影响主流在 3 km 范围内摆动,右至新兴工程下首,左距尊村工程末端约 1 km,之后河归于右岸华原工程,顺华原工程下行形成河湾出湾。

(二)2004 年河势变化

黄河出禹门口后,河道由数百米宽突然增至几千米,流势较为散乱。根据多年河势套绘图,主流一般分为两条流路:第一条流路沿清涧湾调弯工程至大石嘴工程,再到小石嘴工程送出;第二条流路沿桥南工程向下,在工程末端分成两股,一股继续向下,一股在桥南工程下端折向大石嘴,再到小石嘴,由小石嘴工程送出。

2004 年放淤试验时,两条流路同时行河,第一条流路行河过流比例较大。水出禹门口后,主流经左岸禹门口工程 1#~5#坝、清涧湾调弯工程 3#~20#坝、大石嘴工程(地管)流向小石嘴工程 1#坝后,水分两股下行,一股为主流,逐渐右移流向下峪口工程下首直至史代工程;另一股为汊流,沿汾河口工程经大裹头行至 8#坝出流后偏西流向史代工程与主流汇合，受河势影响，位于小石嘴工程1#坝附近的放淤闸引水顺利。

（三）2005年河势变化

2005年河势的变化与上游来水来沙条件有关。当年黄河中游龙门站最大流量1 600 m^3/s，是1933年以来有实测资料以来最小的一次。2005年汛后河势基本流路为禹门口至下峪口河段主流偏左，下峪口至太里主流偏右，太里至新兴主流居中，华原至七里主流偏右。

主流出禹门口后，分为两股，一股为主流，沿左岸禹门口工程1#～5#坝、清涧湾调弯工程、清涧湾工程末端6+400～6+950，在大石嘴工程前居中而下；另一股为汊流，沿右岸桥南工程下行与主流汇合。主流在大石嘴工程上首分为两股，一股为主流，在大石嘴工程前居中偏右流向右岸史代工程，而后沿右岸南谢工程、芝川工程下行；另一股为汊流，沿大石嘴工程下行至小石嘴1#坝前出流与主流汇合。在小石嘴1#坝前还有一股汊流，沿小石嘴工程7#～22#坝下行至汾河口8#坝出流后右移与主流汇合。

（四）2006年河势变化

黄河出禹门口后，主流分两条流路行洪，第一条流路由3～4股汊流漫滩形成，散乱行河，沿禹门口工程、清涧湾调弯工程下行至大石嘴，在清涧湾调弯工程至大石嘴工程之间的空当坐弯，然后由大石嘴工程向西南方向送出；第二条流路沿桥南工程下行，流路发育较好。两条流路在桥南工程以下汇合后，主流居中而行通过侯禹高速公路大桥主桥孔。放淤闸引水来源主要是第一条流路从大石嘴工程至小石嘴工程送出的一股汊流，随着大河流量递减，水面下降，放淤闸前断流。

黄河小北干流河段2006年汛后河势主要呈现特点为：上、下河段河势明显右移，右岸靠流长度大于左岸，右岸河道工程多靠主流，且靠流长度大于2005年汛后，而左岸靠流长度则逐渐减少。

（五）2007年河势变化

2007年桃汛前在大石嘴至小石嘴河段实施了挖河疏浚工程，在引河过流和黄河主流的共同冲刷作用下，禹门口高速公路大桥建设形成的水下弃渣得到冲刷，大桥断面河槽逐渐疏通。2007年7月至10月上旬，黄河龙门站平均流量1 010 m^3/s，平均含沙量14.4 kg/m^3，有利于河槽的进一步冲刷，大桥以下河势继续左移。尤其是10月7日，黄河龙门站发生了2 350 m^3/s洪峰流量的洪水，10月7～9日龙门站平均流量1 419 m^3/s，平均含沙量23.9 kg/m^3，该次洪水过后，大桥断面河势继续左移，仅距小石嘴工程70 m，大桥以下逐步形成汛后的主河槽流路。

三、小石嘴断面与龙门站水沙关系

（一）流量传播时间确定

根据2004年龙门水文站水位、流量和放淤闸前小石嘴断面水位资料，点绘两断面的水位、流量过程线（见图6-2）。可见龙门站的水位过程线和流量过程线具有较好的一致性，小石嘴断面的水位变化峰值与龙门站水位变化峰值相比滞后一定的时间，龙门站流量大时滞后时间短，流量小时滞后时间长。通过对这部分资料的整理分析并根据资料情况，从龙门站到小石嘴断面的流量传播时间采用1 h。

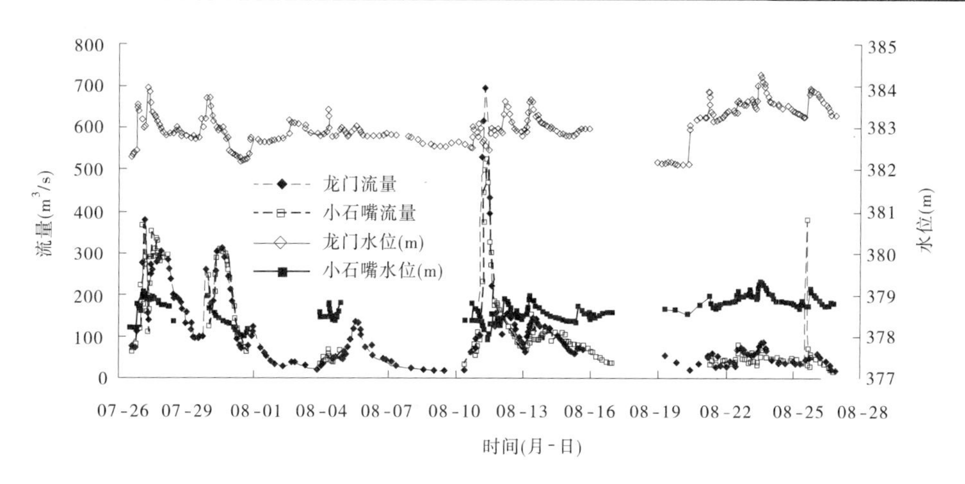

图 6-2　2004 年放淤期间龙门站和小石嘴断面水位、流量过程线

(二)水位变化

建立小石嘴断面与龙门站时间相差 1 h 观测资料的水位关系(见图 6-3),两者相关关系很好,相关系数 R^2 达到了 0.904 6,但由于小石嘴断面比龙门水文站断面宽度大得多,所以水位变幅较龙门站水位变幅偏小许多。

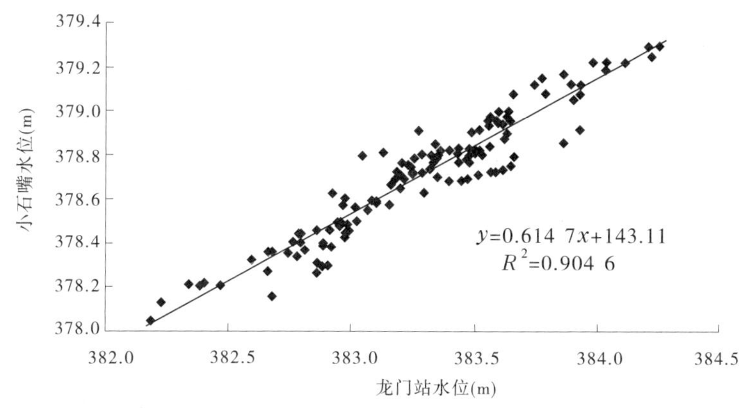

图 6-3　2004 年小石嘴断面与龙门站水位关系图

(三)含沙量变化

点绘 2004 年小石嘴断面与龙门站相差 1 h 的含沙量关系线,相关系数 R^2 达到了 0.960 9(见图 6-4)。可以看出,当龙门站含沙量在 300 kg/m³ 以下时,两断面含沙量都在对角线附近,说明两个断面的含沙量差别不大。

(四)小石嘴断面与龙门站悬移质泥沙颗粒级配关系

对龙门站和小石嘴断面悬移质中的粒径组成进行分析。将两断面实测单沙的粒径以 0.05 mm、0.025 mm 为控制点分成 $d>0.05$ mm、$0.025\ \text{mm}<d<0.05$ mm、$d<0.025$ mm 三组。点绘小石嘴断面与龙门站相差 1 h 的粒径级配资料关系曲线,几个粒径组的关系都比较散乱。经对比分析发现,$d<0.025$ mm 的关系比 $d>0.05$ mm 的关系略好(见图 6-5、图 6-6)。

当龙门站悬沙中 $d>0.05$ mm 含量较小时,小石嘴断面 $d>0.05$ mm 含量大小与龙门站相比,呈现大小相互交替状态,关系点子集中分布在对角线两侧;当龙门站 $d>0.05$ mm

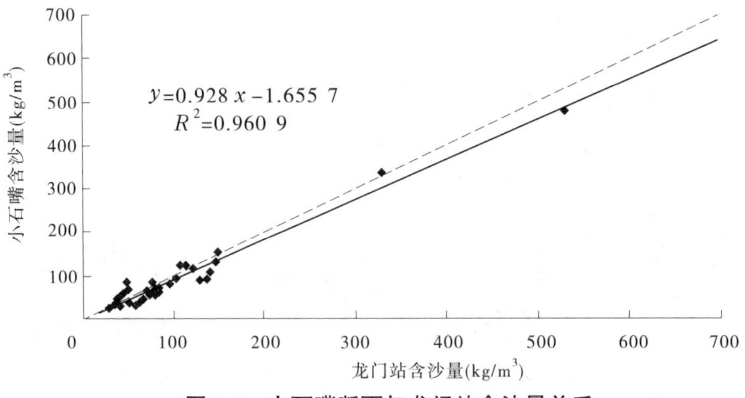

图 6-4　小石嘴断面与龙门站含沙量关系

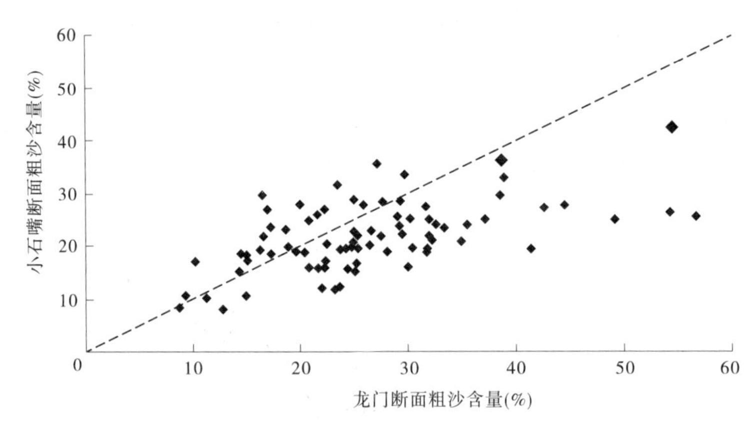

图 6-5　小石嘴与龙门站悬沙中 d>0.05 mm 含量的关系

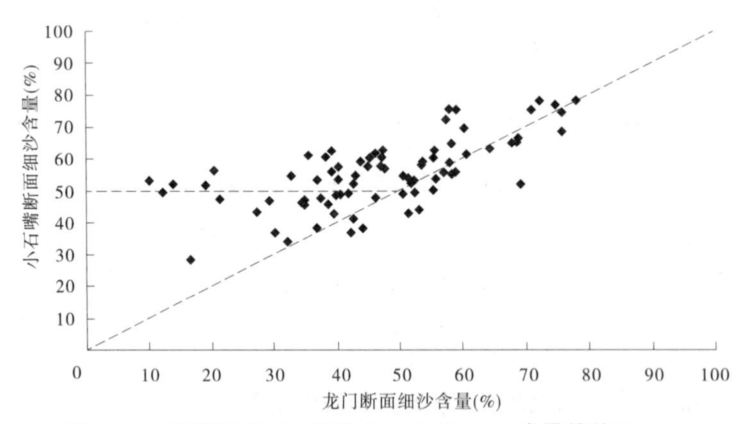

图 6-6　小石嘴与龙门站悬沙中 d<0.025 mm 含量的关系

含量大于 30%时，小石嘴断面 d>0.05 mm 含量比龙门站 d>0.05 mm 含量减小较多，基本上稳定在 25%左右。由此说明，在龙门站悬沙中粗颗粒含量较小时，在禹门口以下的河道中，水流中的悬沙与床沙发生自然交换，时冲时淤，致使小石嘴断面的悬沙中 d>0.05 mm 含量有时大于龙门站的含量，有时小于龙门站的含量；当龙门站悬沙中粗颗粒含量大于 30%时，粗颗粒泥沙在向下游行进中产生落淤现象，并且随着粗颗粒含量的增加，小石嘴断面的粗颗粒含量保持一个相对稳定的含量范围(20%~30%)。但是,当含沙量较高时会发生另外一种情况,即多来多排现象,图6-5中两个较大的点子即是8月11日发生高含沙水流时的关系点子,位置与对角线相距较近。

当龙门站悬沙中 $d<0.025$ mm 含量小于50%时,小石嘴断面 $d<0.025$ mm 含量不随龙门站含量变化而变化,大小基本在30%~70%中间变化;当龙门站 $d<0.025$ mm 含量大于50%,小石嘴断面 $d<0.025$ mm 含量随着龙门站的增加而增加,两者相关点子集中分布对角线两侧。由此说明,当龙门站悬沙中细沙颗粒含量小于50%时,在禹门口以下的河道中,水流自动将床沙中 $d<0.025$ mm 的泥沙挟起带向下游;当龙门站悬沙细颗粒含量大于50%时,水流在禹门口以下的河道中,表现出细颗粒泥沙多来多排的自然特性。

从以上分析得知,放淤闸前大河的来水来沙条件主要取决于龙门站的来水来沙情况。闸前水位的变化取决于龙门站流量的大小,同理含沙量的大小也与龙门站的含沙量紧密相关,对于 $d<0.025$ mm 的泥沙,水流具有多来多排的自然特性,当 $d<0.025$ mm 的泥沙含量较低时,水流对河床产生冲刷,并将床沙中的细沙带至下游;对于 $d>0.05$ mm 的泥沙,当龙门站含量较低时,小石嘴断面的粗沙含量与龙门站变化不大,但当其含量较高时,将在运行过程中发生自然落淤。所以,水流在从禹门口向放淤闸的行进中,悬沙中的细沙含量小石嘴断面应大于或等于龙门站的,粗沙含量应小于或等于龙门站的。

四、河势变化对放淤的影响

(一)河势变化原因分析

禹潼河段属典型的淤积游荡型河道,在边界条件和河床相对稳定的情况下,河势主要受水沙的影响而发生变化,尤其是高含沙洪水过程影响较为显著。通过小北干流放淤河段河势演变分析,认为导致河势变化的主要原因如下:

(1)受上游来水来沙条件的影响。连续几年河道水枯沙少,小流量持续时间长,形成河曲发育;加上汛前利用桃汛洪水冲刷降低潼关高程试验和调水调沙运行对黄河小北干流河床均具有一定冲刷作用,使部分河段的河湾进一步加深。

(2)河道淤积严重,且滩槽分布不均,有的河段甚至出现横比降,造成河道宽浅散乱,河势摆动不定,河无定槽,横河、斜河时有发生。受河道边界条件的影响,部分工程之间空当过大,导流不力,使主流入湾,形成入袖之势,一湾变,引起湾湾变。

(3)清涧湾调弯工程的修建。修建工程尚不完善,造成河势入弯较深,主流出流后在弯道的作用下,将水流送到河中,导致原汊流淤积。

(4)侯禹高速公路大桥的建设、施工栈桥和施工围堰对左岸流路造成了一定影响。虽然在放淤试验前要求大桥建设单位对弃渣进行彻底清理,但由于施工栈桥桥墩排列较密,特别是在左岸一侧,施工栈桥围堰及其弃渣形成阻水,水面壅高使放淤闸至大桥之间的滩面存在一定的淤积。同时,水流下泻不畅,导致河势逐渐西倒。

(二)对放淤效果的影响

从第四章中引水引沙与大河水沙关系分析可知,放淤闸前大河主流带位置、引水口靠流情况、引水流量大小以及闸前的淤积程度等情况都会对引水放淤效果产生影响。

2004年、2005年放淤闸与大河主流位置基本靠近,引水流量较大、引水含沙量及其粗沙含量也较高。但在部分时间段引水口有脱流现象，如 2004 年第 4 轮开始以后不久，由于干流左股水流的外移，从 4:00 开始，放淤闸引水流量从 58.3 m^3/s 开始减少，至 11:00 放淤闸引水流量仅剩 22 m^3/s，直到 18:00 放淤闸引水流量才恢复到 59 m^3/s。该段时间如果按 58 m^3/s 计算，引水流量减少了 26%，引水量和引沙量则分别减少 1 836.95 万 m^3、263.27 万 t（见表 6-1）。

表 6-1　2004 年第 4 轮部分时段引水引沙效果统计

时段 (年-月-日 T 时:分)	平均流量 (m^3/s)	平均含沙量 (kg/m^3)	水量 (万 m^3)	沙量 (万 t)
2004-08-11T04:00～18:00	42.81	143.32	5 178.73	742.21
假定	58	143.32	7 015.68	1 005.48
减少量	15.19		1 836.95	263.27

2006 年汛初黄河小北干流上段呈一股主流行河，河势较为归顺。经过 8 月 31 日和 9 月 22 日两次高含沙水高强度冲刷，黄河主槽出现较大幅度冲刷，原有的汊流停止过流，小北干流上段河势西倒，黄河主流出禹门口后，沿右岸桥南工程行河，经桥南工程作用，水流居中行河，左岸禹门口、清涧湾调弯、清涧湾、大石嘴、小石嘴等常年靠流的工程全部脱流，造成放淤闸引水引沙困难，导致 2006 年第 3 轮、第 4 轮放淤试验被迫停止。

2007 年放淤试验引水为汊流或边流，引水平均流量 23.6 m^3/s，引水最大流量仅为 46.9 m^3/s，且引水含沙量较低，平均含沙量仅为 39.6 kg/m^3，不利于淤区多引水、多引粗沙。通过采取人工开挖疏导水流的方式对闸前心滩进行疏浚后，河势和引水条件得到极大改善，放淤后期放淤闸引水得到一定程度的保证，引水流量从 12～20 m^3/s 逐渐增大到 40 m^3/s 以上。

由上述分析可知，黄河主流位置和河势变化是放淤试验引水引沙效果关键的影响因素。主流位置靠近岸边，放淤闸靠流条件好、引水角度好，闸前淤积程度小，引水流量大、引水顺畅时，“多引沙、引粗沙”的目的就容易实现；否则主流外移、放淤闸不能够正常引水，就是有好的来水来沙条件也不会出现好的引水引沙效果。

第二节　放淤水沙条件

进行小北干流放淤能否实行“淤粗排细”受到黄河干流来水来沙、放淤闸的引水引沙条件影响较大，因此在放淤试验工程设计中也进行了充分考虑，本节主要讨论在设计水沙条件下和实际引水引沙条件下淤区“淤粗排细”效果及其影响因素。

一、设计“淤粗排细”效果

（一）干流设计水沙条件

放淤闸设计引水引沙条件采用龙门水文站资料。根据 1919 年 7 月至 2001 年龙门水文站实测资料统计，龙门水文站多年平均水、沙量分别为296.3亿m^3、8.88亿t，多年平均含沙量为30 kg/m^3，见表6-2。

表6-2　龙门水文站水沙量统计

时期	水量(亿m^3)			沙量(亿t)		
	7~10月	11月至次年6月	水文年	7~10月	11月至次年6月	水文年
1919~1949年	198.4	130.4	328.8	8.90	1.30	10.20
1950~1959年	191.5	123.6	315.1	10.75	1.11	11.85
1960~1969年	202.9	138.0	340.9	10.12	1.26	11.38
1970~1979年	150.6	132.6	283.1	7.81	0.86	8.67
1980~1989年	146.6	132.1	278.7	3.88	0.81	4.69
1990~2001年	75.7	109.6	185.3	3.75	0.83	4.58
1986~2001年	84.0	113.0	197.0	3.89	0.82	4.71
1919~2001年	168.4	128.0	296.3	7.79	1.09	8.88

近年来，由于黄河流域的降雨偏少、工农业用水的增加、水库调节及水土保持的减水减沙作用，来水来沙发生了较大的变化(见表6-3)，水、沙量减少幅度较大。龙门站1986~2001年平均年水量仅占20世纪50年代来水量的62.5%，汛期水量减少尤其突出，仅为20世纪50年代的43.9%；平均年沙量仅占50年代来沙量的39.7%，汛期沙量为50年代的36.2%；年内水量的分配比例由50年代汛期水量占年水量的比值为60.8%降到占全年水量的42.6%；汛期大流量出现机遇大幅度减少(见表6-3)。

表6-3　龙门站实测汛期各级流量出现天数统计

水文系列	流量级(m^3/s)	天数(d)	年平均天数(d)
1950~1985年(36年)	$0<Q\leq400$	217	6
	$400<Q\leq1\ 000$	973	27
	$1\ 000<Q\leq2\ 000$	1 815	50
	$2\ 000<Q\leq2\ 500$	605	17
	$2\ 500<Q\leq3\ 000$	381	11
	$3\ 000<Q\leq4\ 000$	310	9
	$4\ 000<Q\leq5\ 000$	78	2
	$Q>5\ 000$	49	1
	$Q>2\ 000$	1 423	40
	合计	4 428	123

续表 6-3

水文系列	流量级(m^3/s)	天数(d)	年平均天数(d)
1986～2001 年(16 年)	$0<Q\leq400$	566	35
	$400<Q\leq1\ 000$	886	55
	$1\ 000<Q\leq2\ 000$	411	26
	$2\ 000<Q\leq2\ 500$	57	4
	$2\ 500<Q\leq3\ 000$	32	2
	$3\ 000<Q\leq4\ 000$	10	1
	$4\ 000<Q\leq5\ 000$	2	0
	$Q>5\ 000$	4	0
	$Q>2\ 000$	105	7
	合计	1 968	123

根据放淤试验工程的特点,选择水沙条件发生了较大变化后的 1986 年以来的典型年作为设计水沙条件,原则是按接近 1986 年以来多年平均沙量、水量的原则选取,同时考虑偏丰、偏枯等不同情况。

1986～2001 年龙门水文站实测多年平均水、沙量分别为 197.0 亿 m^3、4.71 亿 t。1986 年以来水沙量最接近多年平均值的典型年为 1998 年,该典型年水、沙量分别为 160.1 亿 m^3、4.14 亿 t,汛期水、沙量分别为 55.7 亿 m^3、3.52 亿 t,与多年平均值相比,水量略偏枯,为使计算的引沙量留有余地,选择 1998 年作为引水引沙分析的基本设计典型年。在 1986～2001 年 16 年中,年水量大于 1998 年的有 10 年,汛期水量大于该年的有 11 年;年沙量、汛期沙量大于 1998 年的有 7 年。选择 1992 年作为引水引沙偏有利年份考虑,该年为偏丰沙年,水、沙量分别为 207.8 亿 m^3、6.48 亿 t。选择 2001 年枯水枯沙年作为引水引沙偏不利年份考虑,年水、沙量分别为 139.4 亿 m^3、2.36 亿 t,详见表 6-4。历年汛期各级流量出现天数见表 6-5。

表 6-4　龙门水文站 1986 年以来历年水沙量

年份	水量(亿 m^3)			沙量(亿 t)		
	7～10 月	11 月至次年 6 月	水文年	7～10 月	11 月至次年 6 月	水文年
1986	109.3	89.5	198.8	1.54	0.45	1.99
1987	50.8	101.5	152.3	2.16	0.57	2.73
1988	101.9	136.1	238.0	8.43	1.11	9.54
1989	173.5	165.8	339.3	5.10	1.02	6.12
1990	90.1	148.4	238.5	3.61	1.73	5.34
1991	44.5	106.6	151.1	2.09	0.81	2.90
1992	80.9	126.9	207.8	5.41	1.07	6.48

续表 6-4

年份	水量(亿 m^3)			沙量(亿 t)		
	7~10 月	11 月至次年 6 月	水文年	7~10 月	11 月至次年 6 月	水文年
1993	96. 6	124. 0	220. 6	2. 70	0. 63	3. 33
1994	116. 0	123. 3	239. 3	7. 74	0. 78	8. 52
1995	101. 5	122. 1	223. 6	6. 27	1. 35	7. 62
1996	89. 8	82. 5	172. 3	6. 09	0. 84	6. 93
1997	49. 6	94. 8	144. 4	2. 10	0. 99	3. 09
1998	55. 7	104. 4	160. 1	3. 52	0. 62	4. 14
1999	77. 5	105. 4	182. 9	1. 71	0. 58	2. 29
2000	57. 7	86. 0	143. 7	1. 68	0. 28	1. 96
2001	48. 5	90. 9	139. 4	2. 04	0. 32	2. 36
1986~2001	84. 0	113. 0	197. 0	3. 89	0. 82	4. 71

表 6-5　1986 年以来历年汛期各级流量出现天数统计　(单位:d)

年份	各级流量(m^3/s)出现天数								流量>500 m^3/s、含沙量>50 kg/m^3天数
	<500	500~1 000	1 000~2 000	2 000~3 000	3 000~4 000	>4 000	>500	>1 000	
1986	25	43	44	11	0	0	98	55	0
1987	81	34	6	2	0	0	42	8	11
1988	28	54	32	8	0	1	95	41	33
1989	14	23	36	44	5	1	109	86	9
1990	27	57	38	1	0	0	96	39	25
1991	93	23	6	1	0	0	30	7	12
1992	57	34	28	3	1	0	66	32	28
1993	27	50	44	2	0	0	96	46	11
1994	30	41	39	10	1	2	93	52	24
1995	44	24	50	2	2	1	79	55	24
1996	44	36	40	2	0	1	79	43	25
1997	82	29	11	1	0	0	41	12	6
1998	68	48	5	1	1	0	55	7	16
1999	48	53	21	1	0	0	75	22	6
2000	51	64	8	0	0	0	72	8	15
2001	70	50	3	0	0	0	53	3	7
平均	53	42	24	2	0	0	70	27	17

(二)设计引水引沙条件

引水放淤条件的确定要体现多引沙特别是多引粗沙的原则。根据龙门水文站含沙量与泥沙中数粒径的关系,含沙量越高时,粒径越粗,这是由于高含沙量水流主要来自于多沙粗沙区。因此,在含沙量较高时引水放淤,引沙中粗颗粒泥沙含量就较高。

放淤只考虑在汛期进行,一般情况下拟在汛期黄河流量大于 500 m^3/s、含沙量大于 50 kg/m^3 条件下进行引水放淤。

1. 引沙比确定

引沙比是指通过引水闸引出的水流含沙量与同期的闸前大河含沙量之比,一般根据典型引水口的实测资料确定。分析山东省垦利县十八户放淤闸 1975 年 7 月、8 月的引水含沙量与大河含沙量的对比,平均引沙比达到 1.19。分析 1974~1985 年黄河下游黑岗口、柳园口引水含沙量、流量资料,1974~1982 年杨桥、赵口引水引沙资料,以及相应的黄河夹河滩含沙量、流量资料,引沙比多为 1,平均约 0.95。

黄河小北干流河道为游荡型堆积性河道。连伯滩放淤工程引水闸靠流条件较好,引水闸按多引沙、多引粗沙进行设计,引沙比按 1 考虑。

2. 设计引沙量

根据试验工程放淤闸的泄流能力曲线和大河的水沙过程,引沙比采用 1,计算基本典型年 1998 年连伯滩放淤试验工程引水引沙过程见表 6-6。

表 6-6 设计基本典型年 1998 年引水引沙过程

序号	日期(月-日)	大河水沙过程		连伯滩引水引沙过程		
		流量(m^3/s)	含沙量(kg/m^3)	引流量(m^3/s)	引沙量(万 t)	含沙量(kg/m^3)
1	07-06	667	137	63	74.58	137.0
2	07-07	680	205.9	63	112.63	205.9
3	07-13	3 200	284.1	101	248.49	284.1
4	07-14	2 490	327.7	93	264.72	327.7
5	07-15	1 120	159.8	73	101.10	159.8
6	07-16	1 140	92.1	74	58.53	92.1
7	07-17	785	88.9	66	50.63	88.9
8	07-18	761	50.6	65	28.55	50.6
9	07-20	671	52.5	63	28.60	52.5
10	07-21	819	54	67	31.12	54.0
11	07-22	702	58.5	64	32.30	58.5
12	08-02	852	65.1	68	38.03	65.1
13	08-03	869	56.2	68	32.99	56.2
14	08-24	1 880	170.2	86	126.22	170.2
15	08-25	1 220	221.3	75	143.17	221.3
16	08-26	861	61.8	68	36.19	61.8
平均		1 169.8	171.9	72	87.99	140.9
合计					1 407.85	

按引水闸的引水能力计算，设计典型年 1998 年引水闸汛期引水引沙 16 d，连伯滩最大可引沙量 1 407.85 万 t；按枯水枯沙的 2001 年计算，连伯滩引水闸汛期最大可引沙量 843.7 万 t；按偏有利的 1992 年计算，连伯滩引水闸汛期最大可引沙量 2 309.2 万 t。

（三）设计淤积效果

根据设计计算结果，连伯滩淤区运行到第 3 天末时，①号池块淤满，淤积量为 178.9 万 m^3，当第 1 年运行结束时，②号池块淤积泥沙 561.2 万 m^3，整个淤区共淤积泥沙 740.1 万 m^3。运行到第 2 年第 6 天后③号池块达到准平衡，淤区累计淤积泥沙约 1 187.5 万 m^3。设计淤积情况见表 4-24。

淤区淤积物中，粒径大于 0.05 mm 的粗颗粒泥沙含量为 44%，粒径大于 0.025 mm 的中粗颗粒泥沙含量为 74%。

二、连伯滩淤区实际“淤粗排细”效果

（一）龙门站来水来沙

放淤期间，龙门站洪水流量、含沙量过程见图 6-7～图 6-10。

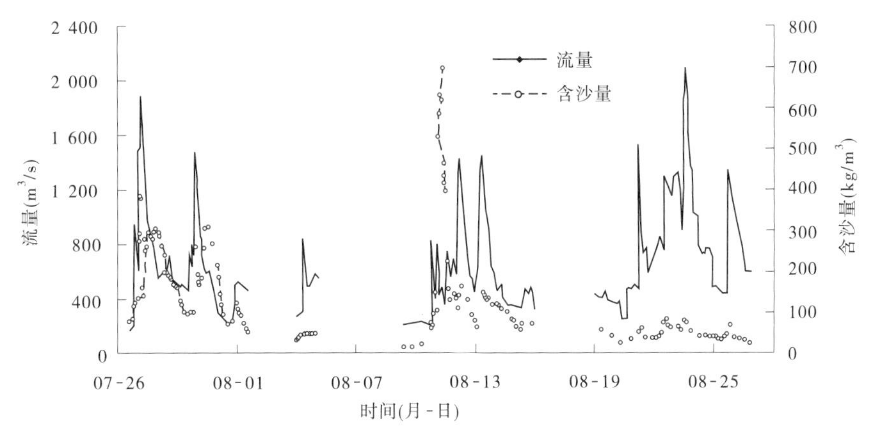

图 6-7　2004 年放淤期间黄河龙门站水沙过程线

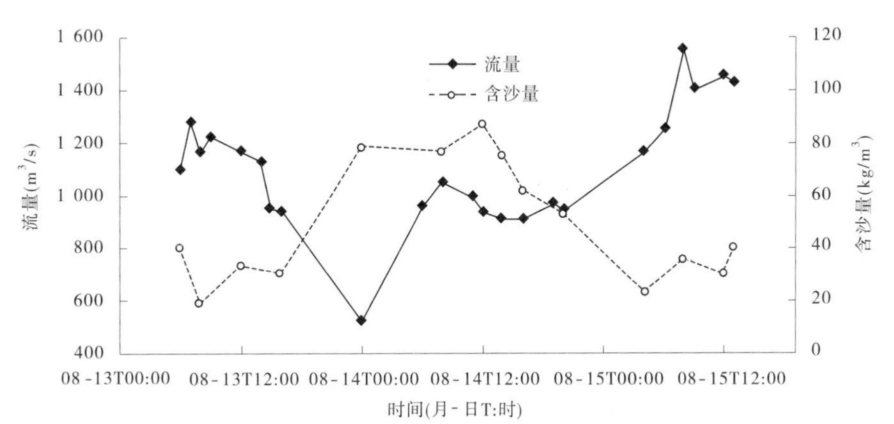

图 6-8　2005 年放淤期间黄河龙门站水沙过程线

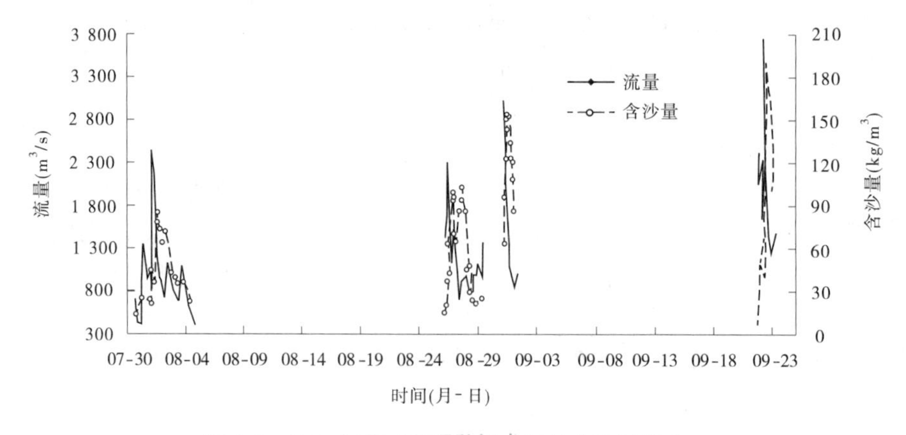

图 6-9　2006 年放淤期间黄河龙门站水沙过程线

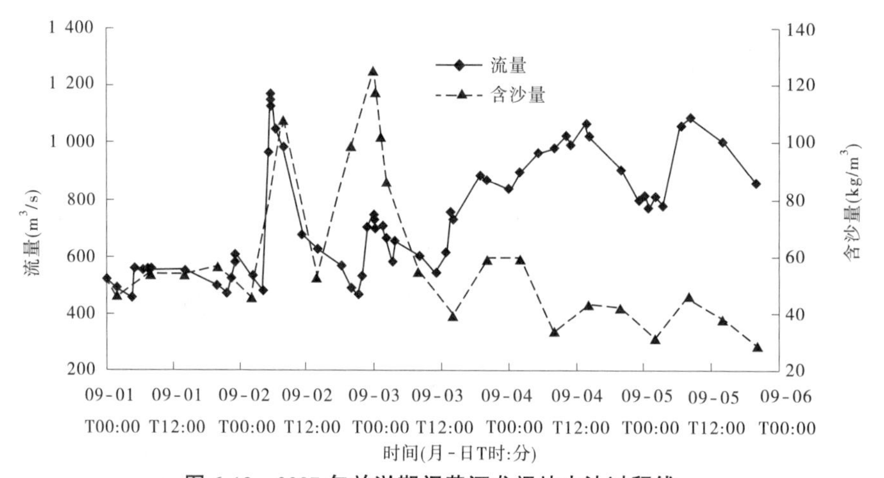

图 6-10　2007 年放淤期间黄河龙门站水沙过程线

黄河的来水来沙状况主要取决于不同的降雨地区。2004 年 7 月 26~28 日的第 1 轮放淤,洪水主要来源于支流清涧河流域,龙门站出现了 1 890 m^3/s 的洪峰流量,最大含沙量 378 kg/m^3(见图 6-7)。放淤闸前干流河道小石嘴断面最大含沙量为 369 kg/m^3,d>0.05 mm 的粗颗粒泥沙最大含量为 36.0%。

2004 年 7 月 30 日、31 日第 2 轮放淤的洪水来源于支流屈产河,龙门站出现了流量为 1 480 m^3/s 和含沙量为 308 kg/m^3 的洪水,小石嘴断面相应最大含沙量为 311 kg/m^3,d>0.05 mm 的粗颗粒泥沙最大含量为 22.7%。

2004 年 8 月 4 日第 3 轮放淤洪水来源于黄河支流大理河、无定河、延水河流域,龙门站 8 月 4 日出现了最大洪水流量 846 m^3/s 和最大含沙量 138 kg/m^3,小石嘴断面的最大含沙量为 69.1 kg/m^3,d>0.05 mm 的粗颗粒泥沙最大含量为 23.8%。

2004 年 8 月 9~10 日,支流清涧河、延水河等流域相继出现高含沙洪水,到达龙门后形成 8 月 12 日、13 日两次洪峰,洪峰流量分别为 1 420 m^3/s、1 440 m^3/s,最大含沙量分别为 696 kg/m^3、150 kg/m^3。此次洪水进行了第 4 轮放淤,放淤期间小石嘴断面最大含沙量为 522 kg/m^3,d>0.05 mm 的粗颗粒泥沙最大含量为 39.6%。本次洪水的特点是沙峰在前、含沙量大、泥沙粒径粗、粗颗粒泥沙比例大、洪水持续时间长(见图6-7)。

2004年8月20日、21日,山陕区间发生强降雨过程,龙门站8月23日12时36分出现2004年汛期最大洪水,洪峰流量2 100 m^3/s,最大含沙量83 kg/m^3(见图6-7)。此次洪水过程进行了第5轮放淤,相应小石嘴断面最大含沙量为83.2 kg/m^3,$d>0.05$ mm的粗颗粒泥沙最大含量为37.0%。该次洪水的特点是洪峰流量和含沙量都不大,但持续时间较长,泥沙粒径级配相对较粗。

2004年第6轮放淤洪水是8月25日17时由局部降雨再次形成龙门站1 360 m^3/s的洪水,最大含沙量65 kg/m^3。相应小石嘴断面最大含沙量为76.3 kg/m^3,$d>0.05$ mm的粗颗粒泥沙最大含量为29.7%。洪水的特点是洪峰流量较大,但含沙量不大。

在2004年度的放淤期间,龙门站来水流量最大值为2 100 m^3/s,最大含沙量为696 kg/m^3。其中,流量大于500 m^3/s的天数为14 d,含沙量大于50 kg/m^3的天数为17 d。相应小石嘴断面最高水位为379.3 m,最大含沙量为522 kg/m^3。

2005年汛期龙门站没有出现较大洪水,仅在8月中旬受山陕区间降雨影响,先后出现两次不大的洪峰过程,洪峰流量分别为1 280 m^3/s、1 550 m^3/s,含沙量分别为40 kg/m^3、36 kg/m^3(见图6-8)。龙门站适宜放淤条件的洪水历时达到60 h以上,最大含沙量87 kg/m^3。相应小石嘴断面最大含沙量为85.5 kg/m^3,$d>0.05$ mm的粗颗粒泥沙最大含量为32.6%。

2006年放淤试验第1轮洪水主要受皇甫川、窟野河等支流降雨影响,8月1日4时龙门站出现了2 480 m^3/s的最大洪峰流量,沙峰较洪峰滞后12 h左右(见图6-9),最大含沙量为82 kg/m^3。相应小石嘴断面最大含沙量为66.8 kg/m^3,$d>0.05$ mm的粗颗粒泥沙最大含量为17.7%。

2006年第2轮放淤试验洪水主要来自黄河中游无定河等支流,8月26日8时48分黄河干流龙门站出现2 370 m^3/s的洪峰,8月27日16时出现最大含沙量104 kg/m^3,相应小石嘴断面最大含沙量为81.2 kg/m^3,$d>0.05$ mm的粗颗粒泥沙最大含量为22.4%。8月底黄河山陕区间普降中到大雨,受降雨影响部分支流相继涨水,8月31日3时30分,龙门站洪峰流量3 250 m^3/s,最大含沙量148 kg/m^3,相应小石嘴断面最大含沙量为123 kg/m^3,$d>0.05$ mm的粗颗粒泥沙最大含量为33.5%,2006年第3轮放淤随即启动。

2006年第4轮放淤洪水主要来自于黄河支流清涧河和无定河。9月22日,黄河龙门站洪峰流量3 710 m^3/s,为当年最大洪峰流量。13时,出现沙峰210 kg/m^3,相应小石嘴断面最大含沙量为146 kg/m^3,$d>0.05$ mm的粗颗粒泥沙最大含量为27.5%。2006年龙门站水沙过程详见图6-9。

2007年放淤受山陕区间局部降水影响,9月1日清涧河延川站出现245 m^3/s的洪峰流量,最大含沙量700 kg/m^3;无定河白家川站出现710 m^3/s的洪峰流量,最大含沙量480 kg/m^3。洪峰于9月2日至龙门站,出现1 180 m^3/s的洪峰流量,相应含沙量70 kg/m^3。本轮最大含沙量达128 kg/m^3,沙峰滞后洪峰约18 h。相应小石嘴断面最大含沙量为79 kg/m^3,$d>0.05$ mm的粗颗粒泥沙最大含量为19.5%。2007年龙门站水沙过程详见图6-10。

2004~2007年放淤期间龙门站来水来沙情况统计见表6-7、表6-8。

表 6-7　2004~2007 年 7~9 月各级流量出现天数统计

年份	各级流量(m^3/s)出现天数				含沙量>50 kg/m^3、流量>500 m^3/s 天数
	>400	>500	>1 000	>2 000	
2004	67	56	8	0	20
2005	60	49	21	0	5
2006	78	75	26	0	7
2007	79	75	32	0	4
平均	71	63	21	0	9

从 2004~2007 年汛期 7~9 月的逐日平均流量和逐日平均含沙量过程来看，龙门水文站来水来沙情况与设计水平年相比(见表 6-7、表 6-8)，2004~2007 年大于 2 000 m^3/s 以上流量级的洪水不曾出现，大于 500 m^3/s 流量级出现天数基本相差不大，但含沙量大于 50 kg/m^3 的出现天数除 2004 年外都明显偏小。因此，与设计水平年相比，来水量的减少就相应的减少了来沙量，放淤闸的引水引沙量也就达不到设计水平年的要求(见表 6-8)。

表 6-8　放淤期间龙门站来水来沙与放淤闸引水引沙逐日统计

时间		龙门站来水来沙过程		放淤闸引水引沙过程			
年	月-日	流量(m^3/s)	含沙量(kg/m^3)	流量(m^3/s)	含沙量(kg/m^3)	沙量(万 t)	引沙比
2004	07-26	283	91.9	26.47	105.96	07-17	1.15
	07-27	1 110	240	48.58	246.37	103.40	1.03
	07-28	575	213	70.05	288.00	18.16	1.35
	07-30	663	240	43.80	287.94	56.30	1.20
	07-31	291	111	33.55	102.30	22.86	0.92
	08-04	491	46.7	43.18	50.01	11.66	1.07
	08-10	330	63.3	27.07	72.10	2.60	1.14
	08-11	574	273	48.32	222.37	92.84	0.81
	08-12	825	128	56.74	111.41	54.62	0.87
	08-13	892	122	64.75	99.97	55.92	0.82
	08-14	416	102	51.50	102.30	45.52	1.00
	08-15	402	67.5	42.91	70.38	11.41	1.04
	08-21	738	44.2	69.65	34.20	13.89	0.77
	08-22	1 040	52.1	79.61	47.60	32.74	0.91
	08-23	1 410	68.7	83.27	60.79	43.74	0.88
	08-24	793	39.6	69.59	38.54	23.17	0.97
	08-25	756	43.6	77.09	46.10	16.93	1.06
	08-26	785	34.8	69.72	36.11	13.59	1.04

续表 6-8

时间		龙门站来水来沙过程		放淤闸引水引沙过程			
年	月-日	流量 (m^3/s)	含沙量 (kg/m^3)	流量 (m^3/s)	含沙量 (kg/m^3)	沙量 (万 t)	引沙比
2005	08-13	871	27.2	70.23	27.11	12.56	1.00
	08-14	915	65.9	68.66	57.76	34.27	0.88
	08-15	1 170	45.6	86.03	44.73	27.29	0.98
2006	07-31	883	29.8	40.50	27.64	4.84	0.93
	08-01	1 400	53.7	58.78	46.42	25.64	0.86
	08-02	897	58.1	52.81	51.57	21.46	0.89
	08-03	844	35.4	46.56	30.17	4.60	0.85
	08-26	1 500	48.1	44.36	72.94	15.26	1.52
	08-27	977	82.8	54.22	80.20	37.57	0.97
	08-28	974	30.4	51.79	36.31	7.45	1.19
	08-31	1 770	92.1	49.38	100.58	33.08	1.09
	09-01	1 030	60.4	0.82	90.56	0.08	1.50
	09-22	2 020	96.5	13.40	68.09	18.19	0.71
2007	09-02	676	82.7	17.20	45.24	4.99	0.55
	09-03	712	60.1	21.52	45.43	8.45	0.76
	09-04	942	43.1	42.34	35.33	11.42	0.82
合计						893.67	

(二)放淤闸引水引沙

1. 引沙比

通过第四章 2004~2007 年引水引沙过程与大河水沙关系分析得知,放淤闸引水含沙量、粗颗粒含量与大河 S3 断面含沙量、粗颗粒含量均呈良好的直线关系,引沙比和引粗沙比均达到 1 左右。从放淤期间的逐日引水引沙过程分析,放淤闸后的 Q1 断面逐日平均含沙量与龙门水文站的逐日平均含沙量相比为 0.99,接近 1,与设计值差别不大。

2. 引沙量

黄河小北干流 2004~2007 年放淤试验总共进行了 12 个轮次的放淤,共计 34 d,2004 年 6 个轮次,引水 18 d;2005 年 1 个轮次,引水 3 d;2006 年 4 个轮次,引水天数 10 d;2007 年 1 个轮次,引水 3 d。2004~2007 年放淤闸引水引沙情况见表 6-8,4 年的放淤试验共引进沙量 893.67 万 t。

尽管在每年含沙量大于 50 kg/m^3 的时候都不失时机地开展了放淤试验,且逐日引水含沙量与龙门水文站逐日含沙量相比(引沙比)平均为 0.99,在 2004 年、2006 年引水时间比较长、引沙量比较大的年份均大于 1,只有 2007 年偏小较多,但总的引沙量与设计值相比偏小很多,4 年的引沙量与设计典型年 1998 年 1 407.85 万 t 相比还少了 36.5%(见表 6-6)。因此,尽管放淤闸引沙比较高,但由于黄河干流来水来沙比较少,使得放淤闸无沙可引。

(三)淤积效果

经放淤闸引进的水沙量,通过输沙渠,经过弯道溢流堰分流后进入淤区。由于2007年Q10断面流量、含沙量缺测,因此只统计了2004~2006年经Q10断面进入淤区的沙量。2004~2006年放淤试验输沙率法进入淤区的沙量及其粒径组成见表6-9。

表6-9　2004~2006年放淤试验进入淤区沙量及粒径组成

年度	总沙量(万t)	d>0.05 mm		0.025 mm<d<0.05 mm		d<0.025 mm	
		沙量(万t)	占总量(%)	沙量(万t)	占总量(%)	沙量(万t)	占总量(%)
2004	599.9	117.4	19.6	138.3	23.0	344.2	57.4
2005	54.9	9.5	17.3	12.9	23.5	32.5	59.2
2006	152.7	24.6	16.1	34.6	22.7	93.5	61.2
合计	807.5	151.5	18.8	185.8	23.0	470.2	58.2

根据第四章分析结果,淤区淤积量选用断面取样法分析法结果,2004~2007年放淤试验淤区共淤积泥沙417.4万m³,其中①号淤区淤积166.5万m³,③号淤区淤积250.9万m³,分别占总淤积量的39.9%和60.1%。2004~2007年放淤试验淤区淤积量及其粒径组成见表6-10。根据淤区淤积物干密度折算,4年共淤积泥沙596.9万t,占2004~2007年进入淤区泥沙量的71.7%。将放淤闸引进沙量减去溢流堰分出沙量计为2007年进入淤区沙量。

表6-10　2004~2007年放淤试验淤区淤积量及其粒径组成

淤区	粒径组	全沙	d>0.05 mm	0.025 mm<d<0.05 mm	d<0.025 mm
①、③号淤区	淤积量(万m³)	417.4	161.1	134.8	121.5
	百分比(%)		38.6	32.3	29.1
①号淤区	淤积量(万m³)	166.5	74.4	50.0	42.1
	百分比(%)		44.7	30.0	25.3
③号淤区	淤积量(万m³)	250.9	86.7	84.7	79.5
	百分比(%)		34.6	33.7	31.7

根据设计淤积效果,连伯滩淤区①号池块淤满,淤积量为178.9万m³,淤区累计淤积泥沙约1 187.5万m³。目前淤区实际淤积量417.4万m³,其中①号淤区淤积量为166.5万m³,③号淤区淤积量为250.9万m³。与设计淤积量相比,①号淤区淤积量已达设计的93.1%,③号淤区淤积量已达设计量的60.5%。

淤积物粒径组成,粒径大于0.05 mm的粗沙含量为38.6%,粒径大于0.025 mm的中粗沙含量为70.9%。与设计值相比,粗沙小了5.4个百分点,粒径大于0.025 mm的中粗沙小了3.1个百分点。

从上述分析可知,进入淤区的水沙量少、粗颗粒含量低是不能满足设计要求的首要因素。

三、来水来沙对引水引沙效果的影响

受大河来水来沙情况试验工程运行状况等因素影响，放淤试验在不同时段内的引水引沙效果呈现明显的差异，选择几个典型时段进行引水引沙效果分析（见表6-11）。

表6-11　典型时段引水引沙效果统计

日期（年-月-日T时:分）	时长（h）	水量（万 m^3）	平均流量（m^3/s）	沙量（万t）	平均含沙量（kg/m^3）	$d>0.05$ mm		$d<0.025$ mm	
						占全沙（%）	沙量（万t）	占全沙（%）	沙量（万t）
2004-07-27T00:00~07-28T02:00	26	482.75	50.60	121.56	251.81	27.34	33.23	47.95	58.29
2004-07-30T11:36~T24:00	12.4	195.53	43.80	56.3	287.94	21.5	12.1	56.3	31.7
2004-08-11T00:00~T24:00	24	417.49	48.32	92.84	222.38	28.57	26.52	27.88	25.89
2004-08-22T00:00~08-24T00:00	72	2 008.64	77.49	99.65	49.61	24.07	23.98	49.53	49.36
2006-08-01T18:00~08-02T14:00	20	380.7	52.88	22.31	58.60	13.78	3.07	65.56	14.63

（1）2004年7月27~28日，黄河干流洪水含沙量高，粗沙含量也大。在27日8时之前，放淤闸引水流量为9.7~31 m^3/s，含沙量高达110~344 kg/m^3，8时之后引水流量逐步增大，至27日17时增大至74.3 m^3/s，之后一直维持在80 m^3/s左右，含沙量在200 kg/m^3以上。28日0时30分之后，由于①号淤区退水口左侧裹头临河堤脚坍塌，约20 m长的钢桁架严重变形。为确保试验正常进行，放淤试验现场指挥部下达命令，于28日2时关闭了放淤闸，导致第1轮放淤结束。在这26 h中，平均引水流量为50.60 m^3/s，引水平均含沙量251.81 kg/m^3，引水量为482.25万 m^3，占2004年度放淤引进水量的7.47%，但引沙量达到了121.56万t，占2004年度放淤引进沙量的19.4%，引进 $d>0.05$ mm粗沙量为33.23万t，引进粗沙含量为27.3%。

（2）2004年7月30日，放淤闸从11:36开闸至24:00的引水过程中，平均引水流量为43.80 m^3/s，含沙量范围为203~370 kg/m^3，平均达到了287.94 kg/m^3，在12.4 h中，引水量为195.53万 m^3，占2004年度放淤引进水量的3.02%，引沙量为56.3万t，占2004年度放淤引进沙量的8.99%，但引进 $d>0.05$ mm粗沙量仅为12.1万t，引进粗沙含量仅为21.5%。

（3）8月11日的13时之前，由于黄河干流河势的变化，放淤闸前左股水流很小，流量仅占龙门流量的5%~30%，最小引水流量仅为22 m^3/s，11时左右出现了水流全部被放淤闸引走的现象。在8月11日的引水过程中，日平均流量48.32 m^3/s，平均含沙量222.38 kg/m^3，引进水量417.49万 m^3，占2004年度放淤引进水量的6.46%，引进沙量92.84万t，占2004年度放淤引进沙量的14.8%，$d>0.05$ mm粗沙量达到了26.52万t，引进粗沙含量为28.57%。

(4)2004 年 8 月 22~24 日,是 2004 年度放淤引水流量较大时段。在这个时段内,引水时间为 72 h,占引水总历时的 23.4%,引水量达到了 2 008.64 万 m^3,占到了 2004 年度引水总量的 31.1%,但引沙量 99.65 万 t,为 2004 年度引沙总量的 15.9%,引进粗沙量为 23.98 万 t,引进粗沙含量为 24.1%。

(5)2006 年 8 月 1 日 18:00 至 8 月 2 日 14:00,放淤闸引水平均流量为 52.88 m^3/s,平均含沙量 58.60 kg/m^3,但由于黄河干流来水含沙量不大,引进水量 380.7 万 m^3,但引进沙量仅有 22.31 万 t,且 $d>0.05$ mm 的粗沙量仅 3.07 万 t,引进粗沙量 13.8%。

2004 年 7 月 27~28 日、7 月 30 日、8 月 11 日时段均是引水含沙量较高时段,这 3 个时段的引沙量占 2004 年度试验引沙总量的 43.2%,占 2004 年度试验粗沙总量的 52.4%;引水量仅为 2004 年度试验引水总量的 16.9%,引水时间为 2004 年度试验引水总历时的 20%。相比之下 2004 年 8 月 22~24 日的时段则是引水流量大,而含沙量较低,但粗沙含量高,使得引进的沙量较少,但粗沙比例较大;2006 年的 8 月 1~2 日是 2006 年第 1 轮放淤的部分时段,该轮次放淤引进的含沙量既小、粗沙含量又低,是几年放淤来水来沙条件最差的一次,也是淤积效果最差的一次。

分析可知,来水来沙条件是决定引水放淤效果的关键因素,来水来沙量大、粗沙含量高,就是放淤效果好的来水来沙条件,否则来水来沙条件就差。因此,引水放淤应在黄河干流洪水含沙量较大、粗沙含量较高时段进行,这样可以有效地提高引水放淤效果。

第三节　弯道溢流堰运行

一、溢流堰分水分沙的影响

从第四章的分析知道,两个溢流堰均具有泥沙分选功能,溢出的沙量比例均小于溢出的水量比例,溢出的粗沙比例均小于溢出的细沙比例。但与退水闸控制指标相比,分出的粗沙含量则远高于退水闸控制指标。因此,在部分粗颗粒含量较低水流分走的同时,部分粗颗粒泥沙也未经淤区随之退入黄河,不仅减少了进入淤区的水量、细颗粒泥沙量,同时也减少了进入淤区的粗沙量。

根据弯道溢流堰分出的水量、沙量及其粒径组成分析,2005~2007 年共分出的粗沙量为 23 万 t。按照淤区粗沙淤积比计算,淤区淤积的粗沙减少了 20 万 t。

二、弯道淤积

修建弯道是为了实现"淤粗排细"试验目标所采取的工程措施之一,从分水分沙效果看也确实实现了"撇细留粗"效果。但是弯道部位的淤积问题从 2004 年放淤试验开始就开始显现。从图 4-14~图 4-17 可以看出 2004 年第 2 轮和第 4 轮放淤结束后输沙渠不同断面的淤积变化情况,显见处于弯道位置的 Q4、Q8 断面,其淤积面积及淤积厚度比 Q1 和 Q10 断面大得多。

2005 年放淤试验开始前,对溢流堰进行了改造,并将 2004 年弯道内的淤积物进行了清除。但在 2005 年放淤试验时间并不长且引水流量比较大的情况下(2005 年放淤期间引水平均流量 71.42 m³/s),弯道内 Q4 断面仍发生了强烈的淤积,淤积情况见图 4-18。

弯道的淤积影响了输沙渠的过流输沙能力,导致输沙渠淤积加重,减少了进入淤区的粗沙含量,也对淤区的"淤粗排细"效果产生间接影响。

从 2004~2005 年 Q4 断面和 Q8 断面的淤积变化过程也可以看出,虽然弯道的凹岸是由浆砌石护岸,弯道顶点不可能移动,但冲淤消长规律仍然存在,河湾曲率半径变小、中心角增大现象导致弯道凸岸的淤积强度加大,使得弯道顶点部位底宽缩窄,过水面积减小,凸岸边坡系数增大。位于弯道顶点的 Q4、Q8 断面凸岸淤积,凹岸被冲刷,底部的水泥土护面甚至被冲毁。

因此,根据对弯道各断面的运行现状以及河流弯道部位的冲淤演变规律分析,认为弯道断面的设计应充分考虑弯道冲淤演变特性,在现有地形条件下,改变现有弯道断面形态,缩窄弯道底部宽度,增大凸岸边坡系数。

三、溢流堰适宜分水分沙指标

(一)适宜分沙关系

根据 2005~2007 年溢流堰溢流出的平均含沙量及粗、细颗粒泥沙含量与放淤闸引进的含沙量及粗、细颗粒泥沙含量,分别建立上、下弯道溢流堰各分组沙含量比与含沙量比关系,见图 6-11 和图 6-12。

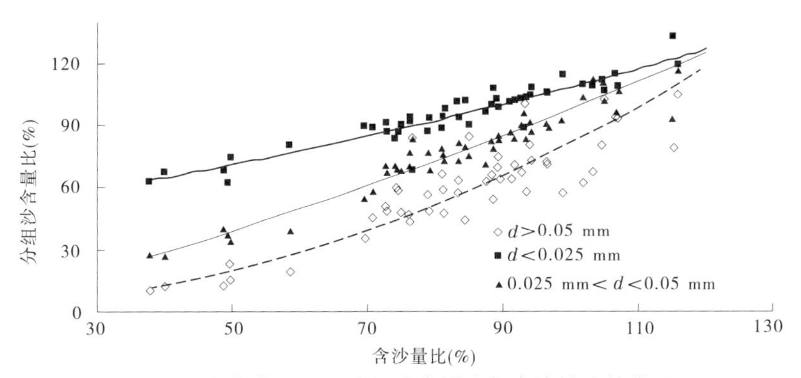

图 6-11 上弯道 S1/Q1 分组沙含量比与含沙量比的关系

可以看出,上弯道溢流堰分组沙含量比与含沙量比关系都不错,$d<0.025$ mm 粒径组与全沙的关系以多项式关系最好,而 $d>0.05$ mm、0.025 mm$<d<0.05$ mm 与全沙的关系以乘幂关系最好,相关系数 R^2 为 0.86~0.93。三个关系式分别为

$d>0.05$ mm 粗沙含量比关系式($R^2=0.8643$):

$$\rho_{粗沙} = 0.0068\rho_{全沙}^{2.041} \tag{6-1}$$

0.025 mm$<d<0.05$ mm 中沙含量比关系式($R^2=0.9256$):

$$\rho_{中粗沙} = 0.1934\rho_{全沙}^{1.3548} \tag{6-2}$$

$d<0.025$ mm 细沙含量比关系式($R^2=0.8643$):

$$\rho_{细沙} = 0.0023\rho_{全沙}^2 + 0.4109\rho_{全沙} + 44.86 \tag{6-3}$$

下弯道溢流堰分组沙含量比与含沙量比关系不如上弯道的好,其中以 $d<0.025$ mm 的细沙与全沙的关系最差,0.025 mm$<d<0.05$ mm 粒径组与全沙的关系最好。三个粒径

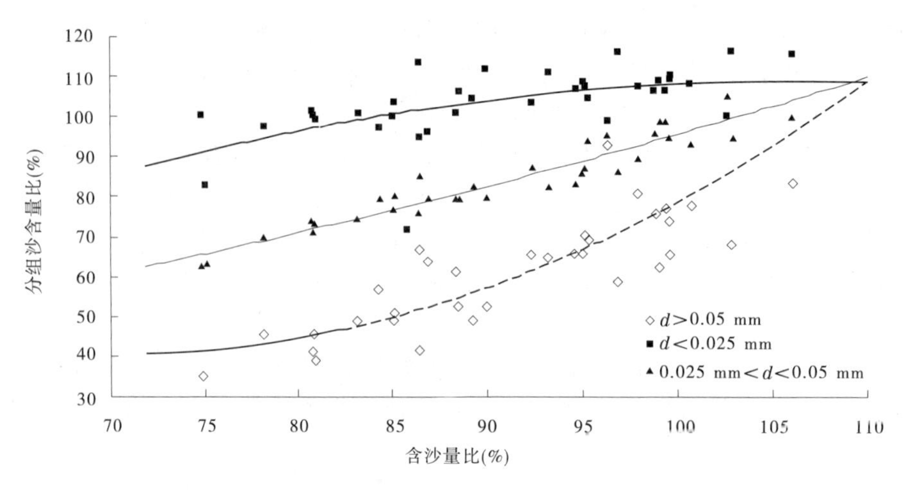

图 6-12　下弯道 S2/Q1 分组沙含量比与含沙量比的关系

组均以多项式关系最好,相关系数 R^2 为 0. 37~0. 92。三个关系式分别为

d>0. 05 mm 分沙比关系式(R^2=0. 760 8):

$$\rho_{粗沙}=-0.0434\rho_{全沙}^2+6.0982\rho_{全沙}+254.87 \tag{6-4}$$

0. 025 mm<d<0. 05 mm 分沙比关系式(R^2=0. 916 5):

$$\rho_{中粗沙}=-0.0068\rho_{全沙}^2+0.0089\rho_{全沙}+26.725 \tag{6-5}$$

d<0. 025 mm 分沙比关系式(R^2=0. 377 2):

$$\rho_{细沙}=-0.0181\rho_{全沙}^2+3.8468\rho_{全沙}-95.589 \tag{6-6}$$

当含沙量比增大或减小时,上、下弯道分组沙含量比变化幅度最大的是粗沙,变化幅度最小的是细沙。从图 6-11、图 6-12 看出,当上弯道含沙量比大于 80%、下弯道含沙量比大于 85%时,含沙量比的增加不能有效增加细沙的排出量,反而使粗沙的排出量迅速增大。

综合分析上、下弯道分组沙含量比与含沙量比关系,认为应当控制含沙量比小于 90%,此时上弯道的粗沙、中沙和细沙的含量比分别小于 65%、85%和 100%,下弯道的粗沙、中沙和细沙的含量比分别小于 60%、83%和 105%,有利于溢流堰“撇细留粗”目标的实现。

(二)适宜分水比例

根据两个弯道 2005~2007 年运行时溢流堰的分水分沙比例情况建立全沙和分组沙与分水比例的关系(见图 6-13),可以看出,随着分水比例的增加,各分组沙分沙比例也随着增大,当分水比例大于 20%时,分沙比例与分水比例的关系呈现较乱的现象。同时还可以看出,当分水比例小于 17%时,分沙比例与分水比例关系较为平缓;当分水比例大于 17%时,随着分水比例的增加,分沙比例快速增大。因此,溢流堰的分水比例最好控制在 17%以内。

第四节　输沙渠淤积

2004 年由于两个溢流堰溢出流量很小,因而输沙渠进出流量、含沙量变化较小。2005~2007 年溢流堰加大运行,使得输沙渠出口流量和含沙量及其粗沙含量与进口相比都有所减小。

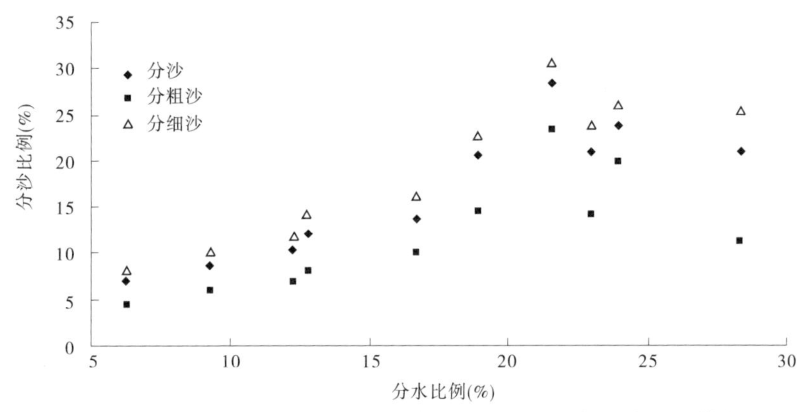

图 6-13　2005~2007 年溢流堰不同粒径组分沙比例与分水比例的关系

2004 年输沙渠的淤积主要发生在放淤期间的小流量、高含沙量运行时段。从表 6-12 中可以看出,2004 年输沙渠在第 1、2 轮的放淤过程中淤积量最大,第 5、6 轮放淤过程中流量大、含沙量小,淤积量也最小。2004 年共输送 599.9 万 t 泥沙进入淤区,输沙渠淤积了 2.43 万 m^3;2005 年、2006 年输送泥沙量不大,但输沙渠的淤积量却比较大,尤其是 2005 年,输送泥沙 54.9 万 t,但淤积量有 1.84 万 m^3。根据对输沙渠淤积原因分析,2005 年、2006 年的淤积原因主要是为防止放淤闸前淤积而进行的小流量引水拉沙所造成,但放淤期间出口沙量的减少、粗沙含量的降低说明输沙渠在放淤过程中也发生了淤积,且淤积的主要是粒径大于 0.05 mm 的粗沙。

输沙渠的淤积改变了设计输沙能力,使实际输沙能力减小,随着输沙渠的继续淤积、输沙渠的过流,输沙能力更低,也必将影响到淤区"淤粗排细"的放淤效果。

表 6-12　2004~2006 年输沙渠输沙量与淤积量统计

项目	第 1、2 轮	第 3、4 轮	第 5、6 轮	2004 年	2005 年	2006 年	3 年累计
输水量(万 m^3)	933.9	2 171.2	2 981.7	6 086.8	1 260.7	2 505.4	9 852.9
输沙量(万 t)	200.8	257.5	141.6	599.9	54.9	152.7	807.5
淤积量(万 m^3)	1.11	1.03	0.29	2.43	1.84	1.86	6.13

从溢流堰分水分沙效果分析中得知,溢流堰溢分出的 $d>0.05$ mm 粗粒径含量少,$d<0.025$ mm 的细粒径含量大,由此应该说明,输沙渠出口断面的含沙量以及泥沙粗颗粒含量应该大于进口断面,细粒径含量应该小于进口断面。但对输沙渠进出口含沙量以及分组粒径含量的变化进行对比分析,发现并非都是这样(见表 6-13),说明部分时段输沙渠内发生了淤积,其淤积物应该是比较粗的泥沙,输沙渠出口断面粗颗粒含量应增加的设计,被输沙渠淤积所抵消。

输沙渠的淤积,减小了进入淤区的粗沙含量,本应淤积在淤区的部分粗沙淤积在输沙渠里。因此,输沙渠的淤积也是影响淤区"淤粗排细"效果的因素之一。

表 6-13　2005~2006 年溢流堰运行时段输沙渠进出口水沙变化

断面	时间	2005 年				2006 年	
	运行方式	S1 单独	合并	合并	S2 单独	S1 单独	S1 单独
	历时(h)	10.7	15.8	25.5	8.0	16.5	1.8
Q1 断面	平均流量(m^3/s)	74.8	64.3	84.3	72.3	48.8	68.8
	含沙量(kg/m^3)	29.7	34.1	46.8	75.8	35.0	102.4
	d>0.05 mm 含量(%)	24.8	18.0	21.6	17.6	16.0	17.0
	d<0.025 mm 含量(%)	45.6	60.1	54.6	61.0	63.7	59.3
Q10 断面	平均流量(m^3/s)	63.5	49.2	60.3	54.9	37.9	53.0
	含沙量(kg/m^3)	34.5	32.7	44.3	74.8	36.3	105.2
	d>0.05 mm 含量(%)	28.2	15.4	15.6	13.7	15.8	19.5
	d<0.025 mm 含量(%)	42.7	62.3	61.3	65.0	63.8	56.4

第五节　退水控制

根据黄河小北干流放淤试验工程设计，退水闸工程的优化调度，也是提高淤区“淤粗排细”效果的工程措施之一。

一、退水控制指标

2004~2007 年的放淤试验中，退水指标控制大致分为三个阶段。第一个阶段是 2004 年的前 4 轮，退水中粗颗粒泥沙含量按 3%进行控制，淤区淤粗比例较高，但排细效果不好。第二个阶段是通过总结前 4 轮的调度经验，2004 年第 5、6 轮开始重新拟定了调度指标，增大了退水中粗颗粒泥沙含量指标，淤区“淤粗排细”效果较好。第三个阶段是 2005 年以后的放淤，由于淤区主流沟的形成，除主流沟外淤区滩地植被生长茂盛，阻水现象严重，起到了约束水流的生物防护作用，制约了淤区淤积三角洲自由扩散，进入淤区的水沙主要通过溜沟(宽约 100 m)向前推进，降低了淤区拦沙排细效果，退水中粗颗粒泥沙含量较大，细沙淤积比例也较高。2004~2006 年 Q15 断面退沙平均情况见表 6-14。

表 6-14　2004~2006 年 Q15 断面退沙平均情况

轮次	平均含沙量(kg/m^3)		Q15/Q10 (%)	$d>0.05$ mm (%)	$d<0.025$ mm (%)
	Q10	Q15			
2004-1 轮	238.2	81.92	34.39	3.71	85.08
2004-2 轮	185.6	117.7	63.42	3.31	85.42
2004-3 轮	53.9	7.62	14.14	3.01	88.93
2004-4 轮	125.4	34.49	27.50	2.13	90.02
2004-5 轮	48.6	19.78	40.70	5.52	79.89
2004-6 轮	42.1	22.54	53.54	6.58	78.46
2004 年合计	98.6	35.50	36.00	3.74	85.07
2005 年	43.58	20.58	47.22	9.6	73.73
2006-1 轮	44.55	29.28	65.72	12.06	70.5
2006-2 轮	65.68	56.67	86.28	15.23	60.95
2006-3 轮	101.02	63.42	62.78	12.45	66.62
2006-4 轮	68.83	34.34	49.89	15.83	48.08
2006 年合计	60.93	40.90	67.13	13.53	64.65
总计	81.95	34.93	42.62	7.30	14.99

二、典型时段落淤效果分析

由于受来水来沙条件、退水叠梁闸门高度变化等因素的影响，淤区的退水退沙过程随着淤区进水流量、含沙量及其粒径组成等因素的变化而变化。以不同的来水来沙条件和退水指标控制作为分析条件，对 2004~2006 年部分时段的落淤效果进行典型分析。表 6-15 是几个典型时段落淤效果比较。

典型时段的选择是根据淤区进、出口的水沙过程，按照流量、含沙量及其粒径组成的大小分别选取。时长的确定是进口水沙条件相对稳定的时间段；退出时间段是考虑相应的流量传播时间，推算出与进口相应时间段的退水退沙资料，由此计算相应时段的落淤效果。

在选取的 10 个时段中，2004 年 8 个，其中放淤的第 1、2、3、6 轮各选取 1 个，第 4、5 轮放淤时间长各选取 2 个，2005 年和 2006 年各选取 1 个。从表 6-15 可以看出，在这 10 个时段中，以第 4 个时段落淤效果最好，进口含沙量大，相应 $d>0.05$ mm 的粗颗粒含量也高，该时段仅 8 h，粗沙落淤量就达到了 16.01 万 t，占该时段落淤泥沙的 38.97%，况且这个时段的细沙落淤比例仅有 30.44%。第 7 个时段仅次于第 4 个时段，其粗沙落淤比例大

表 6-15　典型时段淤区落淤效果分析

序号	时段	时长(h)	断面	平均流量(m^3/s)	平均含沙量(kg/m^3)	全沙落淤强度(万 t/h)	$d>0.05$ mm 落淤强度(万 t/h)	$d>0.05$ mm		0.025 mm$<d<0.05$ mm		$d<0.025$ mm	
								占全沙(%)	沙量(万 t)	占全沙(%)	沙量(万 t)	占全沙(%)	沙量(万 t)
1	2004-07-27T12:00~24:00	12	Q10	69.40	260.52			21.84	17.06	25.29	19.76	52.87	41.29
			Q15	49.26	97.09			3.9	0.8	11.63	2.4	84.47	17.45
			落淤			4.79	1.35	28.29	16.26	30.21	17.36	41.5	23.84
2	2004-07-30T14:00~07-31T04:00	14	Q10	40.09	268.72			15.49	8.41	21.49	11.67	63.02	34.22
			Q15	34.20	155.69			4.56	1.22	13.6	3.65	81.84	21.96
			落淤			1.96	0.51	26.18	7.19	29.2	8.02	44.62	12.26
3	2004-08-04T11:00~16:00	5	Q10	53.27	44.70			20.47	0.88	26	1.11	53.53	2.29
			Q15	51.77	8.89			2.07	0.02	7.08	0.06	90.85	0.75
			落淤			0.69	0.17	24.88	0.86	30.54	1.05	44.58	1.54
4	2004-08-11T06:00~14:00	8	Q10	41.98	393.23			34.56	16.43	28.62	13.61	36.82	17.5
			Q15	21.71	103.13			6.43	0.41	16.08	1.04	77.49	5
			落淤			5.14	2.00	38.97	16.02	30.59	12.57	30.44	12.50
5	2004-08-13T14:00~08-14T20:00	30	Q10	49.40	107.32			12.32	7.05	16.44	9.41	71.24	40.79
			Q15	48.58	30.05			1.04	0.16	5.25	0.83	93.71	14.78
			落淤			1.38	0.23	16.61	6.89	20.69	8.58	62.7	26.01

续表 6-15

序号	时段	时长(h)	断面	平均流量(m³/s)	平均含沙量(kg/m³)	全沙落淤强度(万 t/h)	$d>0.05$ mm 落淤强度(万 t/h)	$d>0.05$ mm		0.025 mm$<d<$0.05 mm		$d<0.025$ mm	
								占全沙(%)	沙量(万 t)	占全沙(%)	沙量(万 t)	占全沙(%)	沙量(万 t)
6	2004-08-21T14:00~08-22T08:00	18	Q10	67.18	38.86			26.17	4.43	28.58	4.84	45.25	7.65
			Q15	44.82	6.98			1.05	0.02	7.84	0.16	91.11	1.85
			落淤			0.83	0.24	29.59	4.41	31.41	4.68	39	5.80
7	2004-08-23T10:00~20:00	10	Q10	82.17	79.10			29.32	6.86	26.86	6.29	43.82	10.25
			Q15	71.01	26.31			6.52	0.44	15.13	1.02	78.35	5.27
			落淤			1.67	0.64	38.51	6.42	31.59	5.27	29.9	4.98
8	2004-08-25T20:00~08-26T12:00	16	Q10	71.45	42.90			19.04	3.36	20.3	3.58	60.66	10.71
			Q15	64.78	20.41			4.81	0.37	12.6	0.96	82.59	6.29
			落淤			0.63	0.19	29.83	2.99	26.15	2.62	44.02	4.42
9	2005-08-14T08:00~08-15T04:00	20	Q10	53.26	59.85			14.41	3.31	21.84	5.01	63.75	14.63
			Q15	51.83	26.97			6.08	0.61	13.17	1.33	80.75	8.13
			落淤			0.64	0.13	20.91	2.70	28.61	3.68	50.48	6.50
10	2006-08-01T04:00~12:00	10	Q10	57.72	44.55			13.52	1.25	20.11	1.86	66.37	6.14
			Q15	58.92	18.99			8.91	0.36	14.46	0.58	76.63	3.09
			落淤			0.52	0.09	17.05	0.89	24.52	1.28	58.43	3.05

(38.51%),细沙落淤比例小(29.9%),从"淤粗排细"角度来说,应该是理想的落淤效果。虽说第1个时段粗沙落淤量也达到了16.25万t,但仅为该时段落淤泥沙的28.29%。落淤效果最差的是第5个时段,该时段的粗沙落淤比例为16.61%,而细沙落淤比例达到了62.7%。

从第4和第7两个时段比较来水来沙对落淤效果的影响,第4个时段来水流量仅为41.98 m^3/s,但含沙量大,细沙含量低,粗沙含量高;第7个时段与第4个时段相比,来水含沙量小,细沙含量高于第4个时段7个百分点,粗沙含量低于5.2个百分点,但粗、细沙落淤比例则差别很小。由此可以说明,流量小、含沙量大的来水条件,水流挟沙能力小,粗细泥沙落淤比例都高;而在流量较大的情况下,水流挟沙能力大,细沙落淤比例较小,粗沙落淤比例相对较大。

从第1和第3两个时段对比分析,第1个时段的来水含沙量远远高于第3个时段,但粒径组成差别不大,经过淤区落淤后,退出比例发生了大的变化。第1个时段的粗、细沙排出比例分别为3.9%和84.47%,相应的粗沙落淤比例为28.29%;第3个时段的粗、细沙排出比例分别为2.07%和90.85%,相应的粗沙落淤比例为24.88%。两个时段相比,第1个时段粗沙排出比仅高了1%,细沙排出比减少了6.3%,但粗沙落淤比例则相应提高了3.4%。从第2、第9个时段也可以看出,在来水粗颗粒含量较低的情况下,相应提高粗沙排出比例,粗沙落淤含量得到了相应的提高,与第3个时段相比效果较好。由此可以看出,控制出口粗沙排出比相当重要,并不是粗沙控制比例越小越好。

从这几个典型时段的对比分析中得知,放淤效果好的时段,退水口的粗颗粒含量也高,第4和第7个时段的粗沙退出比例均在6%以上,而第3、第5、第6个时段的粗沙退出比例均不超过2.1%,第5、第6个时段仅有1%。可见,通过加高和降低叠梁闸门高程确实起到了控制粗、细沙排放比例的作用。

通过对几个典型时段淤区进退水沙条件的综合分析看出,淤区的落淤效果一方面取决于进入淤区的水沙条件,另一方面受退水控制指标影响较大。建立典型时段退出的粗沙含量与落淤的细沙含量关系(不包含2005年、2006年),二者存在较好的相关关系(见图6-14),相关系数 R^2 达到了0.82,关系式为

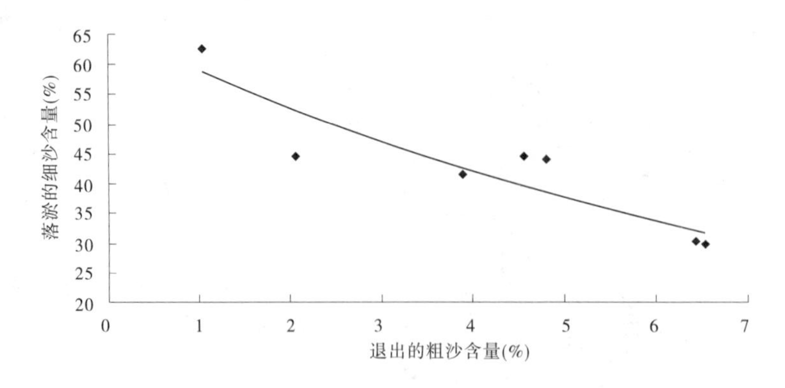

图6-14　退出粗沙含量与落淤细沙含量关系

$$Y = 66.09e^{-0.1118X} \tag{6-7}$$

式中:Y 为落淤细沙含量(%);X 为退出粗沙含量(%)。

从式(6-7)可以看出,当退出粗沙含量比较小时,落淤的细沙比例就会增大。当退出的粗沙含量为2%时,落淤的细沙含量达50%以上;当退出的粗沙含量增大至6%时,落淤的细沙含量可以降低至30%~35%。退出的粗沙含量仅仅提高了4个百分点,而落淤的细沙含量就减小了15~20个百分点。由此可见,适当控制(提高)粗沙的退出比例,可达到减小细沙落淤比例的目的,实现"淤粗排细"的试验目标。

第七章　结论与建议

一、主要结论

(1)黄河小北干流连伯滩放淤试验自始至终贯彻“淤粗排细”的总体指导思想。在规划设计中，通过放淤闸、输沙渠、弯道溢流堰、淤区、退水闸 5 个分项工程，达到无坝引水、引粗排细的目的。在工程调度运行中，制定了一系列的调度指标，实现高含沙量、高粗沙含量的洪水期引水以及高细沙含量的排水。整个放淤试验有利于最大限度地利用小北干流河段的有利地形拦蓄黄河粗颗粒泥沙，指导思想是正确的。

(2)黄河小北干流连伯滩放淤试验 2004~2007 年先后进行了 4 年 12 轮放淤，总历时约 576.5 h。放淤闸 4 年累计引水量 1.15 亿 m^3、引沙量 894 万 t，其中粗、中、细颗粒泥沙分别为 183 万 t、208 万 t、503 万 t，分别占引沙量的 20.5%、23.2%、56.3%。引水平均含沙量 77.6 kg/m^3。

退水闸 4 年累计退水量 0.829 亿 m^3、退沙量 279 万 t，分别占放淤闸累计引水量的 71.9%、引沙量的 31.2%。退沙中粗、中、细沙分别为 20.2 万 t、41.6 万 t、217.3 万 t，占退沙量的 7.24%、14.9%、77.9%，占同期同粒径引沙量的 11.0%、20.0%、43.2%。退水平均含沙量 33.7 kg/m^3。

根据断面法计算及淤区取样颗分结果，2004~2007 年小北干流放淤试验共淤积泥沙 417.4 万 m^3，其中粒径大于 0.05 mm 的粗沙淤积量为 161.1 万 m^3，占总淤积量的 38.6%；粒径介于 0.025~0.05 mm 的中沙淤积量为 134.8 万 m^3，占总淤积量的 32.3%；粒径小于 0.025 mm 的细沙淤积量为 121.5 万 m^3，占总淤积量的 29.1%。

(3)放淤试验工程放淤闸 2004~2007 年平均引沙比为 1，粒径大于 0.05 mm 的粗沙引沙比也为 1，基本达到了设计要求。根据放淤试验前大河河势、主流位置、水沙条件等情况，放淤闸闸位选择、工程布局、闸底板高程的确定也基本是合理的。

(4)从 2004 年溢流堰正常运用时段，2005 年、2006 年两年的弯道溢流堰分水分沙效果看，两个弯道溢流堰均具有一定的“留粗撇细”功能。2005~2006 年上弯道粗沙分沙比平均为 0.68，细沙分沙比平均为 1.10；下弯道粗沙分沙比平均为 0.72，细沙分沙比平均为 1.18。从两堰的分选效果和弯道内水沙特性变化规律综合对比来看，上堰的泥沙分选效果好于下堰，且比下堰稳定。

根据对上、下弯道分水分沙效果分析，应当控制溢流堰分水比例为 17%左右，此时的全沙分沙比小于 90%，粗沙、中粗沙和细沙的分沙比分别小于 65%、85%和 100%，有利于溢流堰“撇细留粗”目标的实现。

根据对弯道各断面的运行现状以及河流弯道部位的冲淤演变规律分析，弯道断面的设计应充分考虑弯道冲淤演变特性，在现有地形条件下，改变现有弯道断面形态，缩窄弯道底部宽度,增大凸岸边坡系数。具体的断面形态、边坡系数还有待进一步研究,或进行模型试验研究确定。

(5)在4年的放淤试验中,输沙渠引水流量、引水含沙量变幅较大。在设计引水条件下,输沙渠可以满足输送不同含沙量的要求。输沙渠淤积的主要原因:一是小流量过水,特别是小流量、大含沙量过水更容易导致输沙渠淤积;二是弯道部位的淤积,防止放淤闸前淤积拉沙也是导致输沙渠淤积的一个重要因素;三是随着淤区地面的淤高,输沙渠水力坡降减小,输沙渠出流受阻,加速输沙渠的淤积。

(6)输沙渠采用水泥土作为护面护坡衬砌材料,施工安全方便,施工速度比浆砌石和混凝土护砌大大加快,工艺易掌握,价格较低,对保证工期发挥了很大作用。但水泥土最大抗冲流速约2.5 m/s,比浆砌石小,在弯道段以及受水流冲刷作用较强的部位作为衬砌材料,抗冲强度不足,应以浆砌石材料取代。同时施工中对施工难度较大部位的水泥土施工要加以高度重视,密切关注施工工序及质量,避免造成工程出险。

(7)淤区进口平面布置基本合理,淤区进口淤堵问题不大;横格堤将一个长条形的淤区分成①号和③号淤区。①号淤区独立运行时,减小了泥沙在淤区的停留时间,缩短了泥沙的运行距离,减少了部分中、细泥沙的落淤,与没有横格堤相比(①、③号淤区连同一起运用),有助于"淤粗排细"目标的实现。

但由于横格堤的存在,在①号淤区运用之时,简易退水口的操作困难较大,退水调度指标不易控制;在③号淤区运用时,由于采用①号淤区输水,造成①号淤区形成冲沟,影响了①号淤区落淤厚度的均匀性,并使得③号淤区上段落淤不均匀;破除不彻底的横格堤控制了其上下区段主流沟的变化,也阻碍了淤区水流的自由扩散、摆动,影响了淤积形态的自由发展过程和淤区部分区段落淤的均匀性。

淤区淤积物粒径组成的时空分布主要受来水来沙、尾门调控和淤区内主流沟位置等多种因素影响。水位抬高越慢,淤区淤粗比例越高,否则"淤粗排细"效果越差。淤区形成主流沟后,漫滩水流由于受自然运行规律和淤区滩面植被的影响,较粗颗粒泥沙首先在滩唇部位淤积,主流沟两侧淤积物颗粒粗,由近至远逐渐变细,并逐渐形成滩面横比降。

在今后淤区规划设计时,需根据设计水沙条件,合理确定淤积物的粒径组成,优化布置淤区的长度和宽度及其布置型式。还要充分发挥叠梁闸门灵活方便的优势,控制出、进含沙量比值和相应的粒径组成,尽量不用增加横格堤的型式来实现"淤粗排细"目标。

(8)2004年第2轮和第6轮两轮次的淤粗排细效果最好,不但实现了进入淤区粗沙的高淤积比(粗沙淤积比分别为87.9%、85.9%),也实现了进入淤区细沙的高排沙比(细沙排沙比分别为65.2%、62.8%),达到了淤粗排细的目标。两轮次放淤退水粗沙比例与来水粗沙比例的比值也保持在较低水平,分别为0.24、0.30。而2004年第1轮、第3轮、第4轮,虽然淤粗比例高,但排细比例偏低;2006年第1轮淤粗比例太低。

因此,在今后放淤中,将退水粗沙比例与来水粗沙比例的比值作为退水调控指标,使其保持在0.3~0.4,可以实现粗沙淤积比大于80%、细沙排沙比大于60%这个比较理想的"淤粗排细"目标。

(9)对典型时段来水和退水流量、含沙量及其相应的粒径组成的综合对比分析得知,来水来沙条件是决定"淤粗排细"放淤效果的主要因素,但控制出口流量、含沙量、粗细沙排出比例也非常重要。

在淤区运行初期,退水闸应保持低水位运行,尽量使淤区水面比降达到最大,粗沙含量比例控制应略大;当淤区形成冲沟以后,当来水流量小、含沙量大、粗颗粒含量较高时,保持退水口低水位运行,适当提高粗沙排出比例,退出粗沙比例不小于6%;当来水流量较大、粗颗粒含量较小时,应保持退水口在相对较高的水位条件下运行,适当降低粗沙排放比例,退出粗沙比例不小于4%。实践表明,退水工程的控制运用也是提高"淤粗排细"放淤效果的一个重要因素。

二、认识与建议

(1)黄河小北干流连伯滩放淤试验初步实现了"淤粗排细"的试验目标,为今后黄河小北干流大规模放淤积累了丰富和宝贵的经验。试验表明,通过放淤闸闸位的合理布置和运用,可以把较粗的泥沙引进输沙渠;通过弯道溢流堰的分选泥沙,可以增加进入淤区泥沙的粗颗粒含量;通过淤区围格堤的优化布置,可以提高淤区排沙比和排出细沙的比例;通过退水闸的优化设计和调度,可以提高淤区"淤粗排细"的效果。

(2)黄河小北干流河段为典型的游荡性河段,主流摆动频繁且幅度大,2006年以后小北干流河势的变化、闸前主流外移就充分说明了其河势的不稳定性。要在小北干流实施大规模的放淤,首先要保证放淤闸所处河段河势的稳定和引水的安全。因此,建议对黄河小北干流的河道演变情况进行深入的研究,摸清其变化规律,在以后的放淤规划设计中才能有的放矢。另外,还要制定措施,防止河势变化而导致引水口脱流问题;放淤闸闸前的淤堵问题也不容忽视,在工程设计时要充分考虑。

(3)从溢流堰调度上看,为了保证溢出的泥沙粗沙含量小、细沙含量大,充分发挥溢流堰"撇细留粗"的分选效果,溢流堰溢出流量不能太大。正常情况下上堰溢出流量不要大于12 m^3/s,下堰溢出流量不要大于10 m^3/s;在输沙渠淤积渠底增高(溢流堰高度相应减小)时,上、下堰溢出流量还要相应的减小,最好都不要超过8 m^3/s。

溢流堰调度方式要尽量简便,尤其是在自流放淤的推广应用中,运行工况不宜复杂,考虑自然溢流或不溢流两种工况,使堰上水深控制在一定的范围内即可。

(4)由于围格堤筑堤材料均为沙性土,土质差,并且就近取土在堤脚处形成低洼坑塘,在工程运行过程中,导致主流沟多处顶冲左围堤堤脚,产生险情。今后大规模放淤工程的围格堤修筑中,应在距堤脚50 m以外的地方取土。

围、格堤工程修筑土质较差,放淤运行时可能大量出险,加之夜间查险抢险难度大,因此必须加强工程查险抢险,才能确保工程安全、放淤试验正常进行和取得完整的试验运行资料。

(5)输沙渠的设计是在一定流量情况下的不冲不淤设计,如果长时间小流量运用,势必加大输沙渠渠道淤积,减小渠道过流能力。因此,需尽量避免放淤闸低开度、小流量运行。每次放淤初期,水量损失较大,淤区水流推进速度慢、挟沙能力小,泥沙落淤比例高。因此,在退水闸的调度中,每次放淤初期,退水闸的运用应在低水位状态运行。退水叠梁闸门的调度,应根据进口流量、含沙量的大小以及相应的粒径组成分别考虑,合理确定相应的退水控制指标,利用工程合理调度的方式实现"淤粗排细"的目的。

（6）放淤闸、退水闸上下游水位观测是掌握引、退水闸过流流量和流态变化、输沙渠和淤区水面比降变化的重要数据，也是精确分析工程运用方式对引水引沙和退水退沙过程影响的主要因素。因此，应将引、退水闸的测流功能进行充分利用。

（7）淤区植被的生长如不加抑制而任其茂盛，会造成阻水现象严重，影响淤区泥沙的横向扩散，使淤积泥沙分布不均，降低淤区拦粗排细效果。因此，建议在每年放淤前，采取措施去除淤区杂草。

参考文献

[1] 赵文林. 黄河泥沙[M]. 郑州:黄河水利出版社,1996.
[2] 孟庆枚. 黄土高原水土保持[M]. 郑州:黄河水利出版社,1996.
[3] 武汉水利电力学院河流泥沙工程学教研室. 河流泥沙工程学[M]. 北京:水利电力出版社,1981.
[4] 钱宁,万兆惠. 泥沙运动力学[M]. 北京:科学出版社,1983.
[5] 水利部黄河水利委员会. 黄河近期重点治理开发规划[M]. 郑州:黄河水利出版社,2002.
[6] 水利部黄河水利委员会. 黄河下游治理方略专家论坛[M]. 郑州:黄河水利出版社,2004.
[7] 姜乃迁,王德昌,宋莉萱,等. 黄河小北干流放淤试验工程引水闸引沙效果试验研究[C]//第十八届全国水动力学研讨会文集. 北京:海洋出版社,2004.
[8] 王自英,姜乃迁,黄富贵,等. 2004年度连伯滩放淤试验"淤粗排细"效果影响因素分析[C]//第六届全国泥沙基本理论研究学术讨论会论文文集. 郑州:黄河水利出版社,2005.
[9] 武彩萍,李远发. 黄河小北干流放淤模型试验研究[M]. 郑州:黄河水利出版社,2007.
[10] 姜乃迁,胡春宏,吴保生,等. 黄河潼关高程控制及三门峡水库运用方式研究[M]. 郑州:黄河水利出版社,2017.
[11] 姜乃迁,刘斌,王自英,等. 2004年黄河小北干流连伯滩放淤试验效果[J]. 人民黄河,2005(7):43-44.
[12] 王自英,黄富贵,姜乃迁,等. 弯道溢流堰"留粗排细"效果分析[J]. 人民黄河,2005(7):45-46.
[13] 黄富贵,王自英,姜乃迁,等. 黄河小北干流连伯滩淤区泥沙运动特点分析[J]. 人民黄河,2005(7):47-48.
[14] 武彩萍,陈俊杰,姜乃迁,等. 黄河小北干流放淤试验工程放淤调度指标探讨[J]. 人民黄河,2005(7):49-50.
[15] 梁国亭,姜乃迁,兰华林,等. 黄河小北干流连伯滩淤区数学模型改进与验证[J]. 人民黄河,2005(7):51-52.
[16] 王自英,姜乃迁,黄富贵,等. 黄河小北干流试验"淤粗排细"效果分析[J]. 泥沙研究,2010(2):43-47.
[17] 姜乃迁,孙赞盈,刘晓燕. 提高洪水细颗粒含量输送黄河泥沙[J]. 水利学报,2010(10):1208-1211.